普通高等教育"十三五"规划教材

土壤学与农作学

（第4版）

武汉大学　王康　编著

中国水利水电出版社
www.waterpub.com.cn

·北京·

内 容 提 要

　　本书着重阐述与农田水利工程、农业灌溉和排水有密切关系的土壤和作物的基础知识和基本理论。全书分为7章，第1章简述了土壤学和农作学的任务和重要性，第2章介绍了土壤物理和水动力性质，第3～6章分别就影响作物生长的水、肥、气、热等关键要素在土壤中的存在形式、迁移和转化过程及其动力学描述方法进行了论述，第7章重点阐述了我国水稻、小麦、玉米和棉花4种主要作物的需水特性和合理用水。

　　本书是为高等学校农业水利工程专业编写的教材，也可以供从事农田水利工程、环境工程等相关专业的技术和工作人员参考。

图书在版编目（ＣＩＰ）数据

　　土壤学与农作学 / 王康编著. -- 4版. -- 北京：
中国水利水电出版社，2016.11（2022.5重印）
　　普通高等教育"十三五"规划教材
　　ISBN 978-7-5170-4886-2

　　Ⅰ. ①土… Ⅱ. ①王… Ⅲ. ①土壤学－高等学校－教材②耕作学－高等学校－教材 Ⅳ. ①S15②S34

　　中国版本图书馆CIP数据核字(2016)第276256号

书　　名	普通高等教育"十三五"规划教材 **土壤学与农作学（第4版）** TURANGXUE YU NONGZUOXUE
作　　者	武汉大学　王康　编著
出版发行	中国水利水电出版社 （北京市海淀区玉渊潭南路1号D座　100038） 网址：www.waterpub.com.cn E - mail：sales@mwr.gov.cn 电话：（010）68545888（营销中心）
经　　售	北京科水图书销售有限公司 电话：（010）68545874、63202643 全国各地新华书店和相关出版物销售网点
排　　版	中国水利水电出版社微机排版中心
印　　刷	清淞永业（天津）印刷有限公司
规　　格	184mm×260mm　16开本　11印张　261千字
版　　次	1979年10月第1版第1次印刷 2016年11月第4版　2022年5月第2次印刷
印　　数	3001—5000册
定　　价	**33.00**元

前言

土壤学与农作学是高等学校农田水利专业的专业基础课。20 世纪 90 年代至 21 世纪，随着国民经济的发展和社会的转型，农业水资源短缺的问题日益突出，农田水利学的任务已经由传统的调节农田水利状态和地区水情状况，扩展到农业水资源高效利用、环境和生态的可持续发展等多个方面。土壤与农作学的任务也由传统通过维持土壤良好的状态以满足作物的生长需求、农作物的生理和合理用水，扩展到农田水土质量保持、农业水土资源综合调控以及农业面源污染控制等多个方面。为了适应农田水利工程学科的发展和生产实践的需求，本版教材在土壤与农作学的教学目标和任务、教材体系、教学内容等方面进行了全方位的修订。土壤学部分按照影响作物生长的四大要素："水""肥""热"和"气"进行了整编。作物学部分将内容集中在水稻、小麦、玉米和棉花 4 种我国主要作物的水分需求和合理用水。

土壤与农作学的教学以基本理论和基本概念的掌握为核心，以农田水利实践和应用为目的，力图精益求精，提高教材质量。我们总结第二版和第三版教材的经验，发现学生完成教学后，更多的是对理论和知识的认知和了解，而将土壤与农作学的知识应用于农田水利实践仍存在着较大的不足。考虑到工科院校特色和特点，本版教材大幅强化了数学基础理论和方法在土壤学和农作学的应用，相应的为了方便教学以及学生学习，教材中大幅度增加了例题分析的内容，以求完成教学环节后，能够大幅提升学生的基础素质和实践能力。

本书由武汉大学水利水电学院王康教授负责编写，沈荣开教授担任主审，2015 年 12 月完成初稿的编写，2016 年 5 月根据审查意见修改定稿。在编写过程中多次征求国内相关科研院所和生产单位的意见，得到了中国农业科学院农田灌溉研究所、中国水利水电科学研究院、辽宁省水利水电科学研究院等单位的支持，在此表示感谢！

书中难免存在着缺点和错误，敬请读者批评指正！

编者

2016 年 5 月于武汉

第一版前言

　　本书是根据一九七八年四月制订的高等学校《农田水利工程》专业教学计划及一九七八年至一九八一年高等学校水利电力类教材编审规划的有关规定进行编写的。

　　《土壤与农作》是《农田水利工程》专业的技术基础课。在多年的教学实践中，我们体会到对这一课程的教学，既要紧密结合专业，贯彻"少而精"的原则，又要使学生对土壤与农作有较系统和全面的了解；既要重点阐述有关的基础知识和基本理论，又要适当介绍有关的技术措施和应用知识。为此，本书共编写成六章：第一章绪论，简要论述了实现农业现代化的重大意义和学习本课程的目的要求；第二章主要介绍土壤组成和土壤的基本性状；第三章专门介绍了土壤水分；第四章介绍土壤培肥和盐碱土、红壤及冷浸田改良的基本措施；第五章介绍作物与水分的关系；第六章着重介绍水稻、水麦、玉米和棉花的需水特性和灌排经验；最后在附录里介绍了有关教学实验的内容。

　　由于我国幅员辽阔，各地区土壤和作物栽培情况差异较大，为了照顾各地需要，本书编写了较多的内容。各院校采用本书进行教学时，可根据实际情况作适当的取舍。

　　本书由武汉水利电力学院黎庆淮、张明炷、石秀兰执笔编写，由黎庆淮主编。初稿完成后，由主审单位——江苏农学院召开了审稿会议。参加审稿的有谢昌诚（江苏农学院）、胡毓祺（中国农科院农田灌溉研究所）、蔡大同（中国科学院南京土壤研究所）、刘圭念（华东水利学院）、骆凤仪（合肥工业大学）、彭毓华（太原工学院）等同志。本书编审过程中，还得到李学垣（华中农学院）、张元禧（合肥工业大学）等同志的大力支持。在此一并表示衷心的感谢。

　　对于书中的缺点和错误，恳希读者批评指正。

编者

1979 年 4 月

第二版前言

　　《土壤学与农作学》是"农田水利工程"专业的一门技术基础课。本版教材是根据水利电力部教育司一九八三年三月颁发的高等学校"农田水利工程"专业教学计划和《土壤学与农作学》教学大纲，以及一九八三至一九八七年高等学校水利电力类教材编审出版规划的要求，在一九七九年出版的高等学校教材《土壤与农作》的基础上进行编写的。

　　在编写过程中，我们对以往的教学和教材编写工作进行了总结，充分注意到必须使教材的体系和内容与专业的要求紧密结合。既加强有关基础知识和基本理论的阐述；又适当介绍有关的国内外先进技术经验；同时还贯彻了"少而精"的原则。全书除绪论外，包括三部分：第一部分是土壤，有土壤的形成与组成、土壤的基本性状、土壤水分和主要低产土壤改良等；第二部分是农作，仅论述了作物与水和主要农作物的合理用水；第三部分是实验，包括教学大纲中所规定的六个实验的教学指导。本版教材与一九七九年版本比较，主要是增加了土壤基础知识和基本理论，并补充了土水势和作物水势方面的材料，同时精简了某些章节中不太必要的内容。

　　本书的编写是面向全国的。由于我国幅员辽阔，各地区自然条件和农田水利方面存在的主要问题不同，土壤和耕作栽培情况也有一定的差异。因此，各兄弟院校在进行《土壤学与农作学》的教学时，可根据当地的实际情况对本书内容作适当的取舍。

　　参加本书编写的有黎庆淮（绪论和第五、六章）、石秀兰（第一、二章和实验部分）和张明炬（第三、四章），黎庆淮负责主编工作。初稿完成后，由主审人谢昌诚（江苏农学院）召开了审稿会议。参加审稿会的除主审人外，还有刘圭念（华东水利学院），沈弥英（西北农学院）和林国信（合肥工业大学）等。在编审过程中，还请茆智和李恩羊（武汉水利电力学院）分别对有关章节进行了审阅，彭毓华（太原工学院）对全书的编写也提了一些宝贵的书面意见。此外，还得到一些兄弟院校和生产单位的积极支持，在此一并表示衷心的感谢。

对于书中的缺点和错误之处，恳希读者批评指正。

编者

1984 年 2 月

第三版前言

　　遵照水利部 1990～1995 年有关教材编审出版规划的安排，我们在 1986 年出版的《土壤学与农作学》第二版基础上，进行了第三版教材的编写。

　　在这次编写中，我们总结了七年来使用第二版教材的经验，并听取了 1990 年全国"土壤学与农作学"教学经验交流暨学术讨论会上同行们对教材所提的宝贵意见，力图精益求精，进一步提高教材的质量。新版教材大的体系依旧，内容有较多的修改。部分章节删去了许多次要的内容，补充了一些较为重要的新内容。在文字图表方面，对全书做了较仔细的修订，使之更趋精练、严谨和完善。

　　编写工作基本上同第二版的分工，由黎庆淮编写前言、绪论、第五和第六章及附录；石秀兰编写第一和第二章及实验部分；张明炷编写第三和第四章并负责全书统稿。江苏农学院水利系谢昌诚担任主审。1993 年 10～11 月根据审查意见修改定稿。

　　书中难免还有缺点和错误，敬请读者批评指正。

编者

1993 年 11 月

目 录

第 1 章 绪 论

传统的农田水利学的基本任务是通过各种工程技术措施，调节农田水分状况和地区水利条件，以促进农业生产的发展。在灌溉排水工程规划设计中，工程规模和技术参数的确定，均需要根据灌区农业生产的要求，特别是土壤特性和作物需水特性等情况来确定。灌溉制度和灌水方法的确定和实施，也必须根据土壤的水分物理特性和作物的需水规律，以保证既能够满足作物需水，又能够提高水的利用效率，并满足可持续发展的需求。近30年来，随着人口的急剧增加和经济的迅速发展，人均耕地面积日益减少，粮食问题越来越突出，并且随着工业的发展和人民生活水平的提升，工业和生活用水量大幅增长的趋势不可避免，可供农业用水的水量进一步减少，如何最合理、最有效地利用有限的水量成为农业生产的关键问题之一。而了解土壤、植物、大气系统中水分循环及其伴生和伴随过程的内在规律，了解土壤水肥气热状态、了解作物生长和产量与水分的关系，最大程度的发挥有限水量的效益，势在必行。

粮食生产是干物质累积的过程，其场所是土壤、植物和大气系统，土壤是水分量交换、能量交换、气体交换和养分吸收的主要场所，因而研究土壤中的水分迁移和溶解于水中的营养元素的迁移特性，土壤中的能量的传递和状态变化，植物的水分适应性，干物质的形成规律及其受水分的影响等，是土壤学与农作学的首要目标。农业面源污染已经成为环境污染的主要来源之一，过量施用的化肥和农药残留进入地表水和地下水后造成了水体污染，农业种植区 CO_2 和 CH_4 等温室气体排放，对气候变化起到了极大的推动作用，认知土壤水分驱动条件下的溶质迁移转化过程，土壤中温度状态变化和气体的运动规律对于促进农业生产、维持农业生态环境可持续发展都具有重要的意义，也是新形势下土壤学和农作学所需要学习和掌握的内容。

1.1 土壤中的水分概述

根系区的土壤水量平衡如图 1.1.1 所示。根区水均衡要素包括发生在土壤表面的蒸发，根系从土壤中吸收水分后传输到植物叶片后发生的蒸腾，由于地下水通过上升毛管水形成的补给，土壤水分超过了毛管持水能力后以重力水形式渗漏到根系层以下深度的深层渗漏，通过降雨和灌溉方式入渗进入到田间的水分，通过地表径流流失的水分，和从侧向进入和流出土壤中的水分。

一个时段内土壤根系层的水量平衡方程可表示为

$$P+I+L_I+K=ET+R_0-D_{ep}+D_r+L_O \tag{1.1.1}$$

式中：P 为以雨雪形式的降水量；I 为灌水量；L_I 为从侧向进入土壤根系层的水量；K 为地下水补给土壤水量；ET 为包括土壤蒸发和作物蒸腾的腾发量；R_0 为地表径流量

（从地表流入和流出的水量）；D_{ep} 为土壤储存水分的变化量；D_r 为包括地表排水和深层排水的排水量；L_O 为侧向流出的水量。

式（1.1.1）的左边为进入土壤的水量，而方程的右边则为流出土壤的水量。通常情况下，在一个水文年中，各种水文要素之间达到一个均衡，土壤的来水和消耗平衡。然而在不同的地区，水均衡要素之间的变化则表现出显著的差异，表 1.1.1 为美国不同地区的水均衡表：在湿润的东南部，土壤来水中的 78% 以 ET 的形式损耗，22% 以 R_0 的形式损耗，在平原区，ET 的损耗高达 94%，R_0 和 D_r 所占的损耗为 6%。在山区的旱地 90% 的来水以 ET 损耗，R_0 和 D_r 所占的损耗为 10%，而在山间的灌溉地，ET 的损耗下降至 78%，R_0 和 D_r 所占的比例则上升为 22%。山区的旱地中，来水量的 57% 用于蒸发，仅 33% 用于作物生长所需要的蒸腾量，而在山间的灌溉地，则来水中的 50% 用于蒸腾量，28% 用于蒸发量，灌溉土壤中水分的利用效率显著提升。

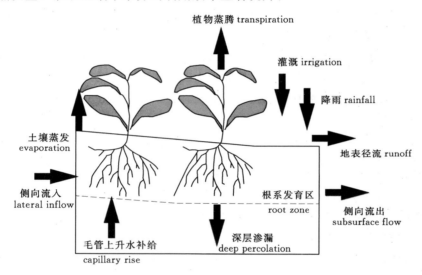

图 1.1.1　植物根区水量平衡

表 1.1.1　　　　　　　　　　　水文要素中分项组成的变化　　　　　　　　　　单位：mm

水文要素	东南部	平原区	山间的旱地	山间的灌溉地
降雨量	1270	500	300	300
灌溉量	0	0	0	500
腾发量	990	470	270	620
蒸腾量	—	170	100	400
蒸发量	—	300	170	220
排水量	—	5	5	130
径流量	280	25	25	50

注　资源来源于美国的不同地区的监测资料。

大部分水均衡要素进入土壤，在土壤中停留一部分时间后，以 ET 的形式返回大气，或者以深层排水的形式通过土壤层进入地下水，土壤的性质影响了这些过程，即使不进入土壤层的水均衡要素，例如地表径流，同样也在很大程度上受到了土壤性质的影响。

土壤类似一个巨大的水库，具有储水能力，而且土壤这个水库中提取水分的方式有很多种。水在相当长的时间内被储存在土壤中以供植物吸收。土壤这种储水能力在很大程度上影响了许多重要的水文过程。表 1.1.2 为在玉米生育期不同灌水量情况下的水均衡（美国 Davis CA、Ft. Collins CO 和 Logan UT 3 个地区，1971 年、1972 年数据）以及玉米的产量。数据显示，在 Davis CA 地区，没有灌溉和降雨的情况下，ET 消耗了 409mm 的水量，这些水分的消耗主要来源于土壤所蓄存的水分。在其他两个地点，尽管降雨和灌水量有明显的增加，然而对于缺水处理，土壤中水分储量仍然有显著的消耗，并且土壤中水分储量的变化与土壤的质地、根系深度和气象等条件都有着密切的关系。

表 1.1.2　　　　　　　　玉米生育期不同灌水量情况下的水均衡及产量

地点	处理	灌水量 /mm	降雨量 /mm	腾发量 /mm	储水变化量 /mm	排水量 /mm	产量 /hm²
Davis CA	缺水	3	4	409	−402	0	15.4
	充分灌水	406	4	611	−243	42	22.0
Ft. Collins CO	缺水	11	186	365	−233	65	10.7
	充分灌水	346	186	526	−104	110	15.8
Logan UT	缺水	64	81	366	−222	1	8.8
	充分灌水	334	81	543	−142	14	15.6

表 1.1.3 是没有种植作物的裸地和种植了不同作物的田块水量平衡的比较，在 6 月11 日至 8 月 2 日期间，没有作物生长的裸地，腾发量（ET）仅为 33mm，在有植物生长的情况下，ET 达到了 143～193mm。这一结果显示，没有作物生长的情况下的蒸发量与有作物生长条件下腾发量的差异显著。种植玉米、小麦、燕麦和大麦的田块，在 6 月 11日，土壤储水量为 240～290mm，到 8 月 2 日，植物吸收了其中的 120～160mm。土壤具有很强的水分保持能力，蒸发仅能够消耗很小的一部分水量，而保持的水分能够在很长的时间内被作物持续的吸收和利用。

水分是植物生长的第一要素，而土壤学和农作学中，土壤的水分状态、土壤中的水分运动、植物的水分生理特性等内容都是土壤学与农作学所需要重点掌握的内容。

表 1.1.3　　　　　　　1m 土壤深度内不同种植情况下的土壤含水率的变化

作物	土壤储水量/mm		降雨量/mm	腾发量/mm
	6 月 11 日	8 月 2 日		
无种植裸地	260	230	3	33
玉米	260	120	3	143
小麦	240	80	3	163
燕麦	280	90	3	193
大麦	290	100	3	193

1.2　土壤中溶质的迁移和转化

土壤溶液由水、溶解物质以及胶体物质组成。土壤溶质是指溶解于土壤水溶液中的化学物质。土壤中的溶质主要包括：硝酸盐（NO_3^-）、铵氮（NH_4^+）、正磷酸根（PO_4^{3-}）、钾离子（K^+）等能够被植物吸收和利用的营养元素，Cl^-、CO_3^{2-}、SO_4^{2-}、Br^-、Ca^{2+}、Mg^{2+}、Na^+等盐分成分。此外，镭（Ra）、铍（Be）、氦（He）等天然放射性物质，汞（Hg）、铅（Pb）、铜（Cu）等重金属也都在土壤中以各种形式微量存在。近年来，由于人类活动的影响，镉（Cd^{2+}）等重金属在土壤中发生了富积。

土壤中溶质来源主要包括：空气中的CO_2和O_2，来源于工业的硫和氮的氧化物，以及空气中悬浮颗粒所含的盐分，溶解于雨水中，随降雨进入土壤；土壤中矿物和有机质的溶解，增加了水溶液的溶质浓度，例如在干旱地区，化石盐是土壤中盐分含量增加的主要来源，而在沿海地区，海水入侵导致沿海地区土壤和地下水盐化；农业产生的化肥、除草剂（或杀虫剂）向土壤中的施用也在很大程度上增加了土壤中溶质的含量。

溶质在土壤中的运移过程非常复杂，受到了各种物理、化学以及生物等因素的影响。溶质随着土壤水分的运动而运移，在布朗运动作用下，溶质也会在有效浓度（或活度）梯度的作用下由高浓度向低浓度运移。此外，一些溶质也会吸附在土壤中的可移动的物质（如土壤胶体），随着可移动物质的运动而发生迁移。溶质运动还受到吸附-解吸、作物吸收、沉淀-溶解、离子交换等过程的影响。土壤质地、土壤结构和孔隙度影响土壤孔隙的大小、多少、形状和连通状况，从而影响溶质在土壤中的运动速率。

各种物质在土壤中表现出复杂的物理、生物和化学特性，以近年来的土壤镉污染为例：水稻根系可以从土壤里吸收镉并迁移累积到稻米中，长期食用受镉污染的稻米会给人体健康带来严重的危害。镉在土壤中的化学形态是二价镉离子（Cd^{2+}），主要吸附在有机质、无机质和胶体成分上，能溶解到土壤溶液中的Cd^{2+}数量很小，并且这些溶解的Cd^{2+}还可以与溶解的有机酸和无机配位体发生络合反应并形成络合物。土壤吸附的镉可以分为5种形态：可交换的，吸附在碳酸盐上的，吸附在铁-锰氧化物上的，吸附在有机质上的和残余部分；可交换的和吸附在碳酸盐上的镉可以被植物吸收，属于非稳定的镉，而后面3种在土壤中相对很难被植物吸收，属于稳定的镉。而溶解在水中和吸附在土壤胶体中的镉能够发生迁移，进入地下水。

土壤中的营养物质对于植物的生长发育具有重要的作用。植物根系在土壤中吸收水分和养分。图1.2.1为土壤根系系统中营养物质从土壤向根系运动的示意图，包括了：①土壤中植物根系从土壤中吸收水和营养物质；②营养物质从土壤中以对流和扩散的形式向植物根区运动；③土壤固体颗粒中的离子与土壤溶液中的离子发生交换；④从根系渗出的物质溶解了

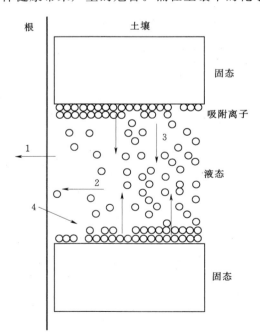

图 1.2.1 土壤中根系从土壤中吸收营养物质的过程

土壤中的养分等多个环节。在土壤学与农作学中，营养元素（氮和磷）的迁移转化特性及其动力学描述，溶质迁移的对流弥散描述方法等内容都是需要重点掌握的内容。

1.3 土壤的热状况和通气状态

从赤道到两极，土壤类型呈现有规律的变化，主要原因就是由于温度的不同造成的。在土壤分类中，土壤的热状况是一个重要的依据，放在高级分类单元。

土壤温度势是土壤肥力的重要影响因素之一。土壤温度状况影响养分的有效性，影响土壤中各种物理过程和化学反应速率，并且影响微生物的活动特性。土壤中温度也影响水的能量状况、黏滞度，在一些环境下（如冻土），也对水分的运动和有效性有一定的影响。此外土壤温度还影响土壤空气的交换和更新，以及植物的生命活动。

土壤中热量主要来源于太阳的辐射能、生物热和地热 3 个方面。太阳的辐射能是地球上最重要的能量源泉，也是土壤热量的最主要来源。当地球与太阳为日地平均距离时，在大气上部边界测得的太阳辐射强度为 $7.95J/(cm^2 \cdot min)$。但是，实际上到达地面的太阳辐射远远小于这个数量。因为太阳光线通过大气层时，一部分被大气和云层吸收，一部分被云层和大气散射。到达地表面的热量，还有一部分被辐射和反射回大气，真正被土壤吸收的只是其中的一部分。

微生物在分解有机质的生命活动中，产生一些热量，其中一部分被微生物作为同化作用的能源，大部分则用来提高土温。据估算，含有机质 4% 的土壤，每亩耕层有机质的潜能为 $1.03 \times 10^9 \sim 1.55 \times 10^9 kJ$，相当于 $3.3 \sim 8.2t$ 无烟煤的热量。在局部范围内，利用生物热来提高地温还是很有效的。如早春温度偏低，用各种有机物料作成温床培育幼苗，可以延长生育期，使蔬菜提早上市，有一定的经济效益。

地球内部也可以缓慢地向地表土壤传递热量，只因为地壳导热能力很差，地面全年从地球内部获得的热量只有 $226.0J/cm^2$，相当于 $0.5h$ 的太阳辐射。

土壤空气存在于无水的土壤孔隙中，其含量取决于土壤孔隙度和土壤含水率，土壤空气与大气的组成相似，但是在含量上存在一些差异。土壤中的 CO_2 浓度比大气高十几倍甚至几百倍。主要是因为土壤中有机质分解释放出大量的 CO_2；根系和微生物的呼吸作用释放出 CO_2；土壤中碳酸盐溶解会释放出 CO_2。土壤中的氧浓度比大气低，主要是因为根系和微生物的呼吸作用需要消耗 O_2，有机质的分解也会消耗掉 O_2。土壤中的相对湿度比大气高。除表层干燥土壤外，土壤空气湿度一般都在 99% 以上，处于水汽饱和状态，而大气只有在多雨季节才接近饱和。

土壤空气中含有较多的还原性气体。当土壤通气不良时，土壤含氧量下降，土壤中的有机质在微生物作用下进行厌氧分解，产生大量的还原性气体比如 CH_4、H_2 等，而大气中一般还原性气体很少。

土壤呼吸是土壤空气与大气间通过气体扩散作用不断地进行着气体交换，使土壤空气得到更新的过程。大多数作物在通气良好的土壤中根系长、颜色浅、根毛多，缺氧土壤中的根系则短而粗，颜色暗，根毛大量减少。根系生长需要氧：氧浓度小于 9% ~ 10%，生长受阻；<5% 时，发育停止。通气不良时，根系呼吸作用减弱，吸收养分和水分的功能

降低，特别是抑制对 K 的吸收，依次为 Ca、Mg、N、P 等。

土壤空气的数量和 O_2 的含量对微生物活动也有显著的影响。间接影响到了有机质的分解速度和养分的转化。土壤空气中 CO_2 的增多，使土壤溶液中 CO_3^{2-} 和 HCO_3^- 的浓度增加，这虽有利于土壤矿物质中的 Ca、Mg、P、K 等养分的释放，但过多的 CO_2 往往会使 O_2 的供应不足，抑制根系对这些养分的吸收。

土壤通气不良，土壤中产生的还原性气体（如 H_2S）能抑制细菌含铁酶（细胞色素氧化酶、过氧化酶等）的活性。缺氧还会使土壤酸度增大，适于致病霉菌发育，使作物生长不良，抗病力下降。

1.4　土壤学与农作学的数学基础

数学方法在土壤学和农作学，特别是在土壤物理学中占了特别重要的地位，土壤水分运动、溶质迁移和转化、土壤热运动和土壤中气体运动中都采用了偏微分方程进行描述。了解偏微分方程以及偏微分方程的求解对于土壤学和农作学是十分重要的。

1.4.1　偏微分方程

如果一个微分方程中出现的未知函数只含一个自变量，这个方程叫做常微分方程，也简称微分方程。如果一个微分方程中出现多元函数的偏导数，或者说如果未知函数和几个变量有关，而且方程中出现未知函数对几个变量的导数，那么这种微分方程就是偏微分方程。偏微分方程本身是表达同一类物理现象的共性，是作为解决问题的依据；定解条件却反映出具体问题的个性，提出了问题的具体情况。偏微分方程理论研究一个方程（组）是否有满足某些补充条件的解（解的存在性），有多少个解（解的唯一性或自由度），解的各种性质以及求解方法等等，并且还要尽可能地用偏微分方程来解释和预见自然现象以及将其应用于各门科学和工程技术。

客观世界的物理量一般是随时间和空间位置而变化的，因而可以表达为时间坐标 t 和空间坐标（x_1，x_2，x_3）的函数 $u(x_1，x_2，x_3)$，这种物理量的变化规律往往表现为时间和空间坐标的各阶变化率之间的关系式，即函数 u 关于 t 与（x_1，x_2，x_3）的各阶偏导数之间的等式。

例如在一个均匀的传热物体中，温度 T 就满足下面的等式：

$$\frac{\partial T}{\partial t}=a^2\left(\frac{\partial^2 u}{\partial x_1^2}+\frac{\partial^2 u}{\partial x_2^2}+\frac{\partial^2 u}{\partial x_3^2}\right) \tag{1.4.1}$$

这样一类的包含未知函数及其偏导数的等式称为偏微分方程。一般说来，如果（x_1，x_2，x_3）是自变量，以 u 为未知函数的偏微分方程的一般形式为

$$F\left(x_1,x_2,x_3,t,u,\frac{\partial u}{\partial x_1},\frac{\partial u}{\partial x_2},\frac{\partial u}{\partial x_3},\frac{\partial u}{\partial t},\cdots,\frac{\partial^a u}{\partial x_1},\frac{\partial^a u}{\partial x_2},\frac{\partial^a u}{\partial x_3},\frac{\partial^a u}{\partial t}\right)=0 \tag{1.4.2}$$

所包含的偏导数的最高阶数称为偏微分方程的阶数。由若干个偏微分方程所构成的等式组就称为偏微分方程组，如果一个偏微分方程（组）关于所有的未知函数及其导数都是线性的，则称为线性偏微分方程（组）。否则，称为非线性偏微分方程（组）。在非线性偏微分方程（组）中，如果对未知函数的最高阶导数来说是线性的，那么就称为拟线性偏微

分方程（组）。

1.4.2　土壤学中偏微分方程的求解

对于描述土壤水流运动、溶质迁移，土壤中的热运动和气体运动的偏微分方程，其求解方法为有限差分法与有限元法。

有限差分是一种古典的数值计算方法，是一种近似的计算方法。在数学上的概念是用差商代替微商，把原来的连续的函数经过差分后变化为断续的函数，在每一个差分内，变量的值为常数，这样就把函数取极限求导的计算变换成有极限的比例计算。经过变换后，原土壤水微分方程变为差分方程，成为可直接求解的代数方程组。在物理概念上以每一差分网络区作为独立的均衡区域。根据水量平衡原理，建立节点方程。

1. 导数的有限差分近似

对于一个连续的单值函数 $f(x)$，可展开为泰勒级：

$$f(x+\Delta x)=f(x)+\Delta x f'(x)+\frac{\Delta x^2}{2!}f''(x)+\frac{\Delta x^3}{3!}f^3(x)+\cdots+\frac{\Delta x^{n-1}}{(n-1)!}f^{n-1}(x)+\cdots$$

$$(1.4.3)$$

则一阶导数可表示为

$$f'(x)=\frac{f(x+\Delta x)-f(x)}{\Delta x}+O(\Delta x)\tag{1.4.4}$$

其中

$$O(\Delta x)=\frac{\Delta x^2}{2!}f''(x)+\frac{\Delta x^3}{3!}f^3(x)+\cdots+\frac{\Delta x^{n-1}}{(n-1)!}f^{n-1}(x)+\cdots\tag{1.4.5}$$

由式（1.4.5）舍去 $O(\Delta x)$ 项，得一阶导数向前差分近似式：

$$f'(x)\approx\frac{f(x+\Delta x)-f(x)}{\Delta x}\tag{1.4.6}$$

式（1.4.6）中 Δx 为自变量 x 的有限差分步长。当 $\Delta x \to 0$ 并取极限，则变为函数 $f(x)$ 的一阶导数。

同理：

$$f(x-\Delta x)=f(x)-\Delta x f'(x)+\frac{\Delta x^2}{2!}f''(x)+\frac{\Delta x^3}{3!}f^3(x)-\cdots+(-1)^{n-1}\frac{\Delta x^{n-1}}{(n-1)!}f^{n-1}(x)+\cdots$$

$$(1.4.7)$$

舍去高阶导数项，得 $f(x)$ 的一阶导数向后差分近似式为

$$f'(x)\approx\frac{f(x)-f(x-\Delta x)}{\Delta x}\tag{1.4.8}$$

将式（1.4.3）与式（1.4.7）式相减并除以 $2\Delta x$ 得

$$\frac{f(x+\Delta x)-f(x-\Delta x)}{2\Delta x}=f'(x)+\frac{\Delta x^2 f^3(x)}{3!}+\cdots+\frac{\Delta x^{2n-2}f^{(2n-1)}(x)}{(2n-1)!}\tag{1.4.9}$$

舍去高阶导数项，得 $f(x)$ 一阶导数中心差分近似式为

$$f'(x)\approx\frac{f(x+\Delta x)-f(x-\Delta x)}{2\Delta x}\tag{1.4.10}$$

可以看出，泰勒级数舍去高阶导数项（通称截断误差），对于向前或者向后差分为包含 Δx 和其更高次项的函数，而对于中心差分则是 $(\Delta x)^2$ 和更高次项的函数，因此中心

差分具有截断误差较小的优点。

将式（1.4.3）与式（1.4.7）相加，得

$$f(x+\Delta x)+f(x-\Delta x)=2f(x)+\frac{2(\Delta x)^2}{2}f''(x)+\frac{2(\Delta x)^{2n-2}}{(2n-2)!}f^{(2n-2)}(x)+\cdots$$

$$(1.4.11)$$

移项并舍去高阶导数项，得 $f(x)$ 二阶导数差分近似式为

$$f''(x)\approx\frac{f(x+\Delta x)-2f(x)+f(x-\Delta x)}{(\Delta x)^2} \qquad (1.4.12)$$

其截断误差为 $O[\Delta(x)^2]$，为含有 $\Delta(x)^2$ 和其更高次项的函数。类似的方法可以求得更高阶导数的差分近似形式。

对于多元函数 $f(x,y,\cdots)$ 的偏导数 $\frac{\partial f}{\partial x}$，$\frac{\partial f}{\partial y}$，$\cdots$，其差分近似式和求偏导数过程一致，即对某一变量取差分近似时，将其他变量视为常数，以二元函数 $u=f(x,y)$ 为例，其对变量 x 的向前差分、向后差分和中心差分近似式为

向前差分： $\qquad \frac{\partial u}{\partial x}\approx\frac{f(x+\Delta x,y)-f(x,y)}{\Delta x} \qquad (1.4.13)$

向后差分： $\qquad \frac{\partial u}{\partial x}\approx\frac{f(x,y)-f(x-\Delta x,y)}{\Delta x} \qquad (1.4.14)$

中心差分： $\qquad \frac{\partial u}{\partial x}\approx\frac{f(x+\Delta x,y)-f(x-\Delta x,y)}{2\Delta x} \qquad (1.4.15)$

对变量 x 的二阶导数的差分近似式为

$$\frac{\partial^2 u}{\partial x^2}\approx\frac{f(x+\Delta x,y)-2f(x,y)+f(x-\Delta x,y)}{(\Delta x)^2} \qquad (1.4.16)$$

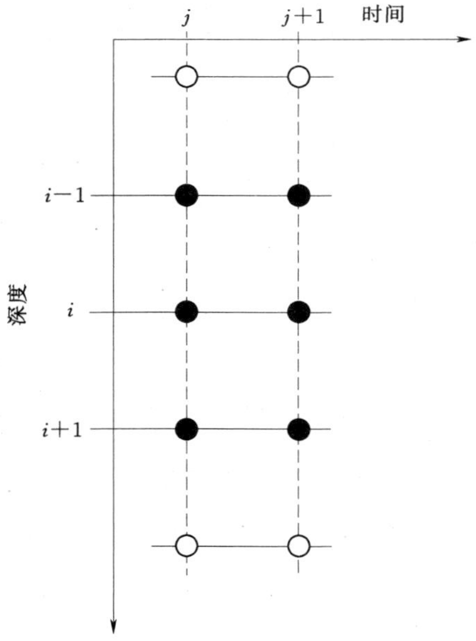

图 1.4.1 一维网格剖分示意图

2. 差分网格划分

有限差分是将空间和时间进行离散化，在建立差分网格方程之前，首先将研究区域用网格分成小区，并将时间分段，若某一研究区域分为 n 个小区，对于某一时段就可以建立 n 个差分方程。

差分网格包括矩形差分网格和非矩形差分网格两种，矩形差分网格是用相互垂直的线段对区域进行剖分，有时由于不同的计算精度要求，对于计算区不同部分，采用不同的差分格距。计算精度要求较高，则差分格距较小，反之较大。图 1.4.1 为一维计算区（沿着土壤深度的垂向一维）间矩形网格剖分示意图。

如 h 表示土壤基质势，在某一节点 i 的相应数值 h_i 为该点控制区的平均基质势。由于土壤含水率（基质势）随时间变化，因此基质势的表示式中还应加上代表不同时段的符号，设时段大小以 Δt 表示，则在 t 时刻和 $t+\Delta t$ 时刻，土壤基质

势表示为 h_i^j 和 h_i^{j+1}。

3. 显式差分格式及其求解

函数的两次导数的差分采用时段初数值时,称为显式差分格式。以含水率为变量的土壤水运动基本方程为

$$\frac{\partial \theta}{\partial t} = \frac{\partial}{\partial Z}\left[D(\theta)\frac{\partial \theta}{\partial Z}\right] + \frac{\partial k(\theta)}{\partial z} \tag{1.4.17}$$

所谓显式差分格式,如图 1.4.1 所示,是以 j 时刻在 $i-1$、i 和 $i+1$ 3 个位置的土壤含水率对 $j+1$ 时刻,在 i 节点位置的含水率进行求解。

方程式(1.4.17)的左手项(土壤含水率与时间的导数)用差分格式展开后为

$$\frac{\partial \theta}{\partial t} = \frac{\theta_i^{j+1} - \theta_i^j}{\Delta t} \tag{1.4.18}$$

方程式(1.4.17)的右手第一项为二次偏微分方程,展开为

$$\frac{\partial}{\partial Z}\left[D(\theta)\frac{\partial \theta}{\partial Z}\right] = \frac{1}{\Delta z}\left\{\left[D(\theta)\frac{\partial \theta}{\partial Z}\right]^{i \sim i+1} - \left[D(\theta)\frac{\partial \theta}{\partial Z}\right]^{i-1 \sim i}\right\} \tag{1.4.19}$$

进一步地将方程式(1.4.19)中含水率与位置的微分进行差分展开

$$\left[D(\theta)\frac{\partial \theta}{\partial Z}\right]^{i \sim i+1} = D_{i+\frac{1}{2}}^j \frac{\theta_{i+1}^j - \theta_i^j}{\Delta z} \tag{1.4.20a}$$

$$\left[D(\theta)\frac{\partial \theta}{\partial Z}\right]^{i-1 \sim i} = D_{i+\frac{1}{2}}^j \frac{\theta_i^j - \theta_{i-1}^j}{\Delta z} \tag{1.4.20b}$$

则将式(1.4.20)代入式(1.4.19)后,与式(1.4.18)共同代入式(1.4.17)后,得离散后显式差分格式为

$$\frac{\theta_i^{j+1} - \theta_i^j}{\Delta t} = D_{i+\frac{1}{2}}^j \frac{\theta_{i+1}^j - \theta_i^j}{(\Delta z)^2} - D_{i-\frac{1}{2}}^j \frac{\theta_i^j - \theta_{i-1}^j}{(\Delta z)^2} - \frac{k_{i+\frac{1}{2}}^j - k_{i-\frac{1}{2}}^j}{\Delta z} \tag{1.4.21}$$

式中:$D_{i+\frac{1}{2}}^j$ 为 $\theta_{i+\frac{1}{2}}^j$ 的函数,$\theta_{i+\frac{1}{2}}^j = \frac{\theta_{i+1}^j + \theta_i^j}{2}$;$D_{i-\frac{1}{2}}^j$ 为 $\theta_{i-\frac{1}{2}}^j$ 的函数,$\theta_{i-\frac{1}{2}}^j = \frac{\theta_i^j + \theta_{i-1}^j}{2}$,有时也采用 $D_{i+\frac{1}{2}}^j = \frac{D(\theta_{i+1}^j) + D(\theta_i^j)}{2}$ 或 $D_{i-\frac{1}{2}}^j = \frac{D(\theta_{i-1}^j) + D(\theta_i^j)}{2}$;$j$ 为时间网格顺序号;Δz 为空间步长;Δt 为时间步长;i 为结点编号。

可以看出,在方程式(1.4.21)中,未知数为节点 i 位置在 $j+1$ 时刻的土壤含水率 θ_i^{j+1},可通过在 j 时刻,在 $i-1$、i 和 $i+1$ 3 个节点的含水率进行求解。

以压力水头 h 为变量的土壤水流方程为

$$C(h)\frac{\partial h}{\partial t} = \frac{\partial}{\partial z}\left[k(h)\frac{\partial h}{\partial z}\right] + \frac{\partial k(h)}{\partial z} \tag{1.4.22}$$

其显式差分格式为

$$C(h_i^j)\frac{h_i^{j+1} - h_i^j}{\Delta t} = k_{i+\frac{1}{2}}^j \frac{h_{i+1}^j - h_i^j}{(\Delta z)^2} - k_{i-\frac{1}{2}}^j \frac{h_i^j - h_{i-1}^j}{(\Delta z)^2} - \frac{k_{i+\frac{1}{2}}^j - k_{i-\frac{1}{2}}^j}{\Delta z} \tag{1.4.23}$$

式中:$k_{i+\frac{1}{2}}^j$ 为 $h_{i+\frac{1}{2}}^j$ 的函数,$h_{i+\frac{1}{2}}^j = \frac{h_{i+1}^j + h_i^j}{2}$;$k_{i-\frac{1}{2}}^j$ 为 $h_{i-\frac{1}{2}}^j$ 的函数,$h_{i-\frac{1}{2}}^j = \frac{h_i^j + h_{i-1}^j}{2}$,有时也采用 $k_{i+\frac{1}{2}}^j = \frac{k(h_{i+1}^j) + k(h_i^j)}{2}$ 或 $k_{i-\frac{1}{2}}^j = \frac{k(h_i^j) + k(h_{i-1}^j)}{2}$。

因式 (1.4.22)、式 (1.4.23) 中分别只包含一个未知数 θ_i^{j+1} 或 h_i^{j+1}，因此，可以直接求解。为了保持这种差分格式的稳定性，时间步长 Δt 和空间步长 Δz 的选定应符合以下准则：

$$\Delta t < r \frac{(\Delta z)^2}{D_{max}} \tag{1.4.24}$$

一般 r 可取 0.5，有时也取 0.15～0.3。土壤接近饱和时，具有很大的 D_{max}，这种情况下 Δt 步长较小，以控制计算精度。

4. 隐式差分格式及其求解

在函数的二次导数采用时段末的差分数值时，称为隐式差分格式。以下以 θ 方程为例，隐式差分格式为

$$\frac{\theta_i^{j+1} - \theta_i^j}{\Delta t} = D_{i+\frac{1}{2}} \frac{\theta_{i+1}^{j+1} - \theta_i^{j+1}}{(\Delta z)^2} - D_{i-\frac{1}{2}} \frac{\theta_i^{j+1} - \theta_{i-1}^{j+1}}{(\Delta z)^2} - \frac{k_{i+\frac{1}{2}}^j - k_{i-\frac{1}{2}}^j}{\Delta z} \tag{1.4.25}$$

或写作

$$E_i \theta_{i-1}^{j+1} + F_i \theta_i^{j+1} + G_i \theta_{i+1}^{j+1} = H_i \tag{1.4.26a}$$

式中：$E_i = r D_{i-\frac{1}{2}}$；$F_i = r(D_{i+\frac{1}{2}} + D_{i-\frac{1}{2}}) + 1$；$G_i = -r D_{i+\frac{1}{2}}$；$r = \frac{\Delta t}{(\Delta z)^2}$，$H_i = \theta_i^j - \frac{\Delta t}{\Delta z}(k_{i+\frac{1}{2}}^j - k_{i-\frac{1}{2}}^j)$。

$D_{i+\frac{1}{2}}$、$D_{i-\frac{1}{2}}$ 可采用前述线性化方法任一种进行计算。与显式差分格式不同，在隐式差分格式中，方程式 (1.4.26a) 需要同时对 $j+1$ 时刻，在 $i-1$、i 和 $i+1$ 3 个节点位置的含水率（或者基质势）进行求解。这样就需要联立所有节点的方程，以及两个边界条件，形成 $(n-2)\times(n-2)$ 的矩阵，同时对 $n-2$ 个节点位置在下一个时刻的值进行求解。

$$\begin{bmatrix} F_1 & G_1 & & & \\ E_2 & F_2 & G_2 & & \\ \ddots & \ddots & \ddots & & \\ & & E_{n-1} & F_{n-1} & G_{n-1} \\ & & & E_n & F_n \end{bmatrix} \begin{bmatrix} \theta_1 \\ \theta_2 \\ \vdots \\ \theta_{n-1} \\ \theta_n \end{bmatrix} = \begin{bmatrix} H_1 \\ H_2 \\ \vdots \\ H_{n-1} \\ H_n \end{bmatrix} \tag{1.4.26b}$$

同理，可写出以 h 为变量方程的隐式差分格式：

$$C_i \frac{h_i^{j+1} - h_i^j}{\Delta t} = k_{i+\frac{1}{2}} \frac{h_{i+1}^{j+1} - h_i^{j+1}}{(\Delta z)^2} - k_{i-\frac{1}{2}} \frac{h_i^{j+1} - h_{i-1}^{j+1}}{(\Delta z)^2} - \frac{k_{i+\frac{1}{2}}^j - k_{i-\frac{1}{2}}^j}{\Delta z} \tag{1.4.27}$$

或写作

$$E_i h_{i-1}^{j+1} + F_i h_i^{j+1} + G_i h_{i+1}^{j+1} = H_i \tag{1.4.28}$$

其中：$E_i = -k_{i-\frac{1}{2}}$；$F_i = k_{i+\frac{1}{2}} + k_{i-\frac{1}{2}} + r C_i$；$G_i = -k_{i+\frac{1}{2}}$；$H_i = r C_i h_i^j - \Delta z(k_{i+\frac{1}{2}}^j - k_{i-\frac{1}{2}}^j)$；$r = \frac{(\Delta z)^2}{\Delta t}$。

其中 $k_{i+\frac{1}{2}}$、$k_{i-\frac{1}{2}}$、C_i 同样可用前述线性化方法任一种进行计算。

5. 中心差分格式

在函数的二次导数采用计算时段始末的平均值时，称为中心差分格式。

以 θ 为变量的中心差分格式

$$\frac{\theta_i^{j+1}-\theta_i^j}{\Delta t}=D_{i+\frac{1}{2}}^{j+\frac{1}{2}}\frac{\theta_{i+1}^{j+1}+\theta_{i+1}^j-\theta_i^{j+1}-\theta_i^j}{2\Delta z^2}-D_{i-\frac{1}{2}}^{j+\frac{1}{2}}\frac{\theta_i^{j+1}+\theta_i^j-\theta_{i-1}^{j+1}-\theta_{i-1}^j}{2\Delta z^2}-\frac{k_{i+\frac{1}{2}}^{j+\frac{1}{2}}-k_{i-\frac{1}{2}}^{j+\frac{1}{2}}}{\Delta z}$$

$$(1.4.29)$$

或写成

$$E_i\theta_{i-1}^{j+1}+F_i\theta_i^{j+1}+G_i\theta_{i+1}^{j+1}=H_i \qquad (1.4.30)$$

式中

$$E_i=-rD_{i-\frac{1}{2}}^{j+\frac{1}{2}}$$

$$F_i=r(D_{i+\frac{1}{2}}^{j+\frac{1}{2}}+E_{i-\frac{1}{2}}^{j+\frac{1}{2}})+1$$

$$G_i=-rD_{i+\frac{1}{2}}^{j+\frac{1}{2}}$$

$$H_i=rD_{i-\frac{1}{2}}^{j+\frac{1}{2}}\theta_{i-1}^j+\left[1-r(D_{i-\frac{1}{2}}^{j+\frac{1}{2}}+D_{i+\frac{1}{2}}^{j+\frac{1}{2}})\right]\theta_i^j+rD_{i+\frac{1}{2}}^{j+\frac{1}{2}}\theta_{i+1}^j-\frac{\Delta t}{\Delta z}(k_{i+\frac{1}{2}}^{j+\frac{1}{2}}-k_{i-\frac{1}{2}}^{j+\frac{1}{2}})$$

$$r=\frac{\Delta t}{2\Delta z^2}$$

式中 $D_{i+\frac{1}{2}}^{j+\frac{1}{2}}$、$D_{i-\frac{1}{2}}^{j+\frac{1}{2}}$、$k_{i+\frac{1}{2}}^{j+\frac{1}{2}}$、$k_{i-\frac{1}{2}}^{j+\frac{1}{2}}$ 可用显式外推法、迭代法或预报校正法计算求得。

6. 有限单元法

有限元法把连续体离散成有限个单元。每个单元的场函数是只包含有限个待定节点参量的简单场函数，这些单元场函数的集合就能近似代表整个连续体的场函数。根据能量方程或加权残量方程可建立有限个待定参量的代数方程组，求解此离散方程组就得到有限元法的数值解。

在土壤学与农作学中，掌握偏微分方程的概念，以及差分求解方法，是土壤-植物-大气中的水分传输和物质迁移转化动力学描述方法的数学基础。

第 2 章　土　壤　物　理　性　质

2.1　土壤及土壤的形成

2.1.1　土壤的形成

土壤是独立的自然体，有着自己的发生发展历史。自然土壤的形成是风化作用与成土作用同时同地进行的结果。也可以说是微生物和绿色植物在土壤母质上活动的结果。

地球表面的岩石，长期在阳光、水分、空气等自然条件的影响下，产生了物理、化学等风化过程，使岩土发生崩解、碎裂，并在构造、成分和性质上产生明显变化，从而形成一种疏松的岩石碎屑，这就是土壤形成的基本材料——成土母质。

岩石风化以后形成的一些可溶性及非溶性物质，由于雨水的淋洗和地表径流，不断流向低地、河流，最后汇至海洋。经过长时间的蒸发、浓缩、淀积等过程而形成各种沉积岩。以后又由于地质作用，再次进行风化、淋溶、入海、沉积等过程。这种不断地循环过程，不仅周期长，而且涉及范围特别广，一般称之为地质大循环或植物营养物质的地质淋溶过程。

地质大循环中形成的母质与岩石性状有显著的不同。母质已具有通气、透水和一定的保水性能，风化释放出的养料元素，为生物繁殖生长创造了条件。首先是低等微生物吸收空气中的氮制造有机物质，使母质中积累了一定的氮素养料，继之才出现绿色植物，绿色植物不但可通过选择吸收养料形成有机质集中保蓄起来，而且在生物死亡以后，经过分解作用又会重新被释放出来，为下一代植物提供营养。由于生物的生存与死亡，有机物质的合成与分解，营养元素被吸收、固定和释放的这种循环过程，时间短、速度快、涉及范围小，一般称之为生物小循环或物质的生物积累过程。

可见，土壤形成的实质是大、小循环对立统一发展的结果，是在地质大循环基础上，有机质合成与分解的过程。自然条件下，未经人类开垦耕作的土壤，称为自然土壤。影响土壤形成和发育的主要因素包括：

（1）母质：母质是构成土壤的原始材料。母质的组成及其物理、化学等特性，均直接影响土壤的性状，加速或延缓土壤的形成和发展，在一定时间内制约着肥力的高低差异，对土壤形成有深刻的影响。

（2）气候：气候条件特别是气温和雨量，对土壤形成具有最普遍的意义。气候条件不仅直接影响土壤的水、热状况，而且影响土壤中的矿物质和有机质的分解转化及其产物的迁移变化过程，对土壤形成及性状产生明显的作用。

（3）地形：地形不同，可以引起气候条件的明显差异，如水、热条件的变化，从而产生地表物质与能量的再分配过程。地形条件深刻地影响着土壤的形成和发育，不同的地形

（如低洼地和丘陵地区）所形成的土壤类型可以完全不同。

（4）时间：时间的长短，决定土壤形成发展的程度和阶段。各自然成土因素对土壤形成的综合作用的效果，是随时间的延长而加强的。土壤形成过程持续的时间不同，土壤中物质的淋溶与聚积的程度也不相同。

（5）生物：生物是土壤形成中最重要的因素。由于生物特别是绿色植物的作用，才能把分散的、易于淋失的营养元素进行选择性的吸收、集中和积累起来，构成地质大循环基础上的生物小循环，促进土壤肥力的发生与发展。所以，在一定意义上说，没有生物的作用，就没有土壤的形成过程。

在土壤形成过程中，上述五大自然成土因素之间互相影响、互相制约，其中生物因素起主导作用。

土壤在人类开垦利用以后，虽然仍受自然因素的作用，但同时更多地受人为因素的影响。人类的活动对土壤形成和发育的影响极为深刻，可通过改变某一成土因素和各因素之间的对比关系来控制土壤的发育方向。如灌溉排水，可以改变自然土壤的水、热条件，从而改变土壤中物质的运动和变化过程。通过耕作、施肥及其他农业技术措施等，可促使水、肥、气、热诸肥力因素的演变，使土壤进入一个新的阶段，并加速农业土壤的形成和发育。可见，与自然土壤不同，农业土壤是在自然土壤的基础上发展起来的，是自然因素与人为因素共同作用的结果，其中人为因素起主导作用。人类可以有意识有目的地对土壤进行利用、改造和定向培育，不断提高肥力，使土壤朝着有利于农业生产的方向发展。但当利用不合理时，也会引起土壤的退化，如土壤的沙化、次生潜育化、次生盐渍化等。

2.1.2 土壤的组成

土壤是由固相、液相和气相三相物质组成的疏松多孔体（图 2.1.1）。固相物质的体积约占 50%，其中包括 38% 的矿物质和 12% 的有机质。液相物质的体积约占 15%～35%，其中主要是土壤水和溶于水中的物质。气相物质的体积约占 15%～35%，其中包括 O_2、CO_2、N_2 及其他气体。土壤液相与气相共同存在于固相物质之间的孔隙中，形成一个互相联系、互相制约的统一整体，为植物提供必要的生活条件，是土壤肥力的物质基础。

土壤中的矿物质一般占土壤固相部分重量的 95% 左右，是构成土壤的"骨架"和植物养分的重要来源。土壤矿物质包括原生矿

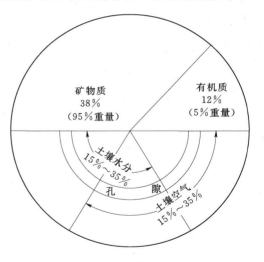

图 2.1.1　土壤物理组成

物和次生矿物以及一些分解彻底的简单的无机化合物。

原生矿物是指地壳上最先存在的经风化作用后仍遗留在土壤中的一些原始成岩矿物，如常见的石英、长石、云母、角闪石和辉石等。在原生矿物中，石英最难分解，常成为较粗的颗粒遗留在土壤中，构成土壤的沙粒部分。黑云母、角闪石、辉石等则容易风化成土壤的黏粒部分。

次生矿物是指原生矿物经风化和成土作用后，逐渐改变其形态、性质和成分而重新形成的一类矿物。如高岭石、蒙脱石、伊利石等铝硅酸盐矿物（次生黏土矿物），一般粒径小于 $5\mu m$ 是土体中最活跃的部分。

土壤矿物的化学组成中 SiO_2、Al_2O_3、Fe_2O_3、FeO、CaO、MgO 等含量较多。其中尤其以 SiO_2 为最多，Al_2O_3 次之，Fe_2O_3 再次之，三者之和常占化学组成总量的 75% 以上。就元素组成来说，更为复杂，几乎含有全部化学元素，但主要是 O、Si、Al、Fe、Ca、Mg、K、Na、Ti、C 等 10 种元素，约占矿物质总量的 99% 以上，其中又以 O、Si、Al、Fe 为最多。

土壤中养分的种类与含量常因矿物的化学组成，风化强度及气候条件的差异而不同。如正长石、云母等是易风化的含钾丰富的矿物，磷灰石、橄榄石等是土壤中 P、Mg、Ca 等养料元素的来源。当母质中含这些矿物多时，土壤中所含养分也较多。我国南方气候湿热的红壤地区土壤中，以含高岭石和各种氧化铁、铝为主，北方土壤则以蒙脱石和伊利石含量较多。

2.2　土壤的粒径与表面积

2.2.1　土壤粒径的定义

自然界的任何土壤，都是由许多大小不同的土粒，以不同比例组合而成的。这种不同粒级组合的相对比例，称为土壤机械组成。土壤质地则是根据不同机械组成所产生的特性而划分的土类。在生产实践中，土壤质地常常是作为认土、用土和改土的重要依据。

尽管土壤中可能含有一些直径非常大的砾石，然而这些砾石并不是土壤。土壤定义为直径小于 2mm 的微粒。图 2.2.1 是美国农业部（USDA）、国际土壤科学学会（ISSS）、美国公路管理局（USPRA）、德国标准（DIN）、英国标准协会（BSI）、麻省理工学院（MIT）等机构根据粒径范围为土壤粒级分类的几种常用方案。

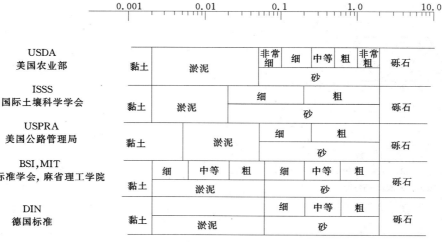

图 2.2.1　土壤粒径分类标准

土壤的最大组成部分是砂粒（sand），其直径从 $50\sim2000\mu m$（2mm）的颗粒（USDA 分类）或 $20\sim2000\mu m$（ISSS 分类）。砂粒往往又被进一步细分为亚类，如粗砂、中砂和细砂。砂粒通常由石英组成，但也可能由片段的长石、云母组成，有时也由重矿物如锆石，电气石和角闪石组成，但是这并不常见。在大多数情况下，砂粒大多都有均匀的尺寸，因此可以用球形表示〔尽管砂粒并不一定都是光滑的，实际上可能有锯齿状的表面（图 2.2.2）〕。

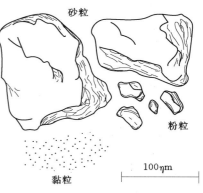

图 2.2.2　土壤粒径大小示意图

土壤中另一个成分是粉粒（silt），粉粒由大小处于砂粒和黏粒之间的颗粒组成。而黏粒（clay）是土壤中最小尺寸的成分。在矿物学和物理学中。粉粒与砂粒性质相似。但由于粉粒较小并且有较大的比表面积，因而其表面往往有较强的黏性，并在一定程度上表现有黏土的理化属性。

黏粒的粒径小于 $2\mu m$，黏粒在形状上表现为片状或针状，一般是由次生矿物（如硅铝酸盐）组成。这些次生矿物是由原来的岩石中的主要矿物在土壤发育过程中形成的。在某些情况下，黏粒可能包括相当数量的不属于硅铝酸盐类矿物的细颗粒，例如氧化铁、碳酸钙等。由于黏粒有更大的比表面积和由此产生的物理化学活性，所以黏粒对于土壤的物理和化学性质起到了决定性的因素，对于土壤行为的影响也最为显著。

我国常用的分级标准分为 8 级：$2\sim1$mm 极粗砂；$1\sim0.5$mm 粗砂；$0.5\sim0.25$mm 中砂；$0.25\sim0.10$mm 细砂；$0.10\sim0.05$mm 极细砂；$0.05\sim0.02$mm 粗粉粒；$0.02\sim0.002$mm 细粉粒；小于 0.002mm 黏粒。石砾：主要成分是各种岩屑。砂粒：主要成分为原生矿物如石英，比表面积小，通透性强。黏粒：主要成分是黏土矿物，比表面积大，但通透性差。粉粒：性质介于砂粒和黏粒之间。

美国 USDA - SCS 土壤分类标准以等边三角形的 3 个边分别表示砂粒、粉粒、黏粒的含量（图 2.2.3、表 2.2.1）。根据土壤中砂粒、粉粒、黏粒的含量，在图中查出其点位再分别对应其底边作平行线，3 条平行线的交点即为该土壤的质地，将土壤分为砂

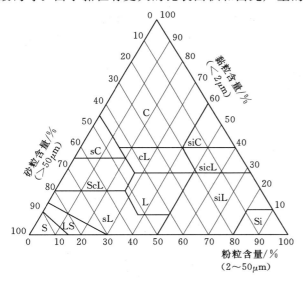

图 2.2.3　土壤粒径分布三角形（USDA - SCS）
S—砂土（sand）；cL—黏质壤土（clay loam）；LS—壤质砂土（loamy sand）；sL—砂质壤土（sandy loam）；L—壤土（loam）；ScL—砂质黏壤土（sandy clay loam）；sicL—粉质黏壤土（silty clay loam）；Si—粉土（silt）；sC—砂质黏土（sandy clay）；siL—粉质壤土（silt loam）；C—黏土（clay）

土、粉土、砂质壤土以及黏土等 11 种类型。

土壤的整体质地结构称为土壤质地分类，简单的由土壤组成中 3 种成分的质量比决定。根据土壤中砂粒、粉粒、黏粒比例的不同将土壤分为不同的类别，分类标准如图 2.2.3 所示的土壤质地三角形坐标图。为了理解如何使用土壤质地图，假设某一种土壤由 50% 的砂土、20% 的粉土、30% 的黏土组成。注意三角形坐标的左下顶点代表 100% 的砂土，而右下角为 0。现在，在三角形的底边找到含砂量 50% 的点并从这一点斜向左做平行于砂粒含量 0 的平行线。然后，找到粉粒含量为 20% 的线，同样地平行于粉粒含量 0 的平行线，也就是三角形的左边线，这两条线相交于一点，该点在对应于黏土含量 30% 的线上，这个点正是寻找的点。在这个例子中，这个点刚好落在砂壤土界限内。

举例：利用 USDA 分类标准（图 2.2.1）以及土壤质地三角形（图 2.2.3），可以得到以下质地分类：

(1)% 砂粒 =40，% 黏粒 =45，% 粉粒 =15。土壤类型：黏土。

(2)% 砂粒 =25，% 黏粒 =60，% 粉粒 =15。土壤类型：粉砂壤土。

(3)% 砂粒 =20，% 黏粒 =30，% 粉粒 =50。土壤类型：黏土。

(4)% 砂粒 =60，% 黏粒 =30，% 粉粒 =10。土壤类型：砂壤土。

表 2.2.1　　　　　　　　　　**美国 USDA 标准对于土壤定义标准**

土壤质地名称	黏粒（<0.002mm）/%	粉砂（0.02～0.002mm）/%	砂粒（2～0.02mm）/%
1. 壤质砂土	0～15	0～15	85～100
2. 砂质壤土	0～15	0～45	55～85
3. 壤土	0～15	30～45	40～55
4. 粉砂质壤土	0～15	45～100	0～55
5. 砂质黏壤土	15～25	0～30	55～85
6. 黏壤土	15～25	20～45	30～55
7. 粉砂质黏壤土	15～25	45～85	0～40
8. 砂质黏土	25～45	0～20	55～75
9. 壤质黏土	25～45	0～45	10～55
10. 粉砂质黏土	25～45	45～75	0～30
11. 黏土	45～65	0～55	0～55

2.2.2　土壤粒径的测定

机械分析法是确定土壤样本颗粒分布的基本方法。土壤中主要的颗粒通常自然凝聚，因此必须分散并通过去除胶结剂（例如有机质、碳酸钙或铁的氧化物）以及对黏粒进行解絮。通常采用过氧化氢去除土壤中的有机物，通过盐酸溶解土壤中的碳酸钙等物质。黏粒则可以用化学分散剂的方法（如偏磷酸钠）或通过机械搅拌（摇晃、搅拌、或超声波振动）进行解絮。分散剂的作用是代替阳离子吸附到黏土上，尤其是二价或三价阳离子可以增加黏土胶粒的相互作用，从而使土粒在絮凝时相互排斥而不是结合。未能完全将土壤分散将导致絮凝中的黏土或集聚体沉淀从而使土壤看起来像是以粉粒或砂粒为主要成分的土壤，因此使通过机械分析得出的土壤中黏土含量明显的比实际值偏低。可以使悬浮液通过分级筛而把土壤分成不同的粒组，这种方法可以分到大约 0.05mm 粒径。

要对更细的土粒进行分散、分级常用沉淀法，该法基于测量悬浮液中相对大小不同的颗粒的沉降速度。根据斯托克斯定律（Stokes Law），在没有阻力的真空中，一个粒子在下落的过程中会在重力的加速作用下速度不断增大。另一方面，粒子在液体中下落将会遇到与粒子半径、速度以及液体黏度相对应的摩擦阻力。

摩擦阻力 F_r 可表示为

$$F_r = 6\pi\eta r u \tag{2.2.1}$$

式中：η 为液体的黏滞度；r、u 分别为粒子的半径和速度。

最初阶段，当粒子开始下降时速度是增加的。最后，当不断增加的阻力与恒定的下降力平衡时，粒子将以恒定不变的速度即最终速度继续下降。

粒子下降所受到的作用力为

$$F_g = \frac{4}{3}\pi r^2 (\rho_s - \rho_f) g \tag{2.2.2}$$

式中：$\frac{4}{3}\pi r^2$ 为球形粒子的体积；ρ_s 为颗粒的密度；ρ_f 为液体的密度；g 为重力加速度。

粒子受力平衡的条件下，这两个力相等，由斯托克斯公式得

$$u_t = \frac{2}{9}\frac{r^2 g}{\eta}(\rho_s - \rho_f) = \frac{d^2 g}{18\eta}(\rho_s - \rho_f) \tag{2.2.3}$$

式中：d 为粒子的直径。

则粒子下降高度 h 所需的时间 t 为

$$t = \frac{18 h \eta}{d^2 g (\rho_s - \rho_f)} \tag{2.2.4}$$

这样，就能够根据对下降距离 h 所需要的时间 t 测定的基础上，确定粒子的直径：

$$d = \left[\frac{18 h \eta}{\tan(\rho_s - \rho_f)}\right]^{1/2} \tag{2.2.5}$$

【例 2.2.1】 利用斯托克斯公式，计算所有的砂粒（直径大于 $50\mu m$）在 $30^\circ C$ 水溶液中沉降到 20cm 深处时所需的时间。所有的粉粒沉降需要多少时间？所有的粗黏粒（直径大于 $1\mu m$）需要多少时间？

解： 根据式（2.2.4）求解。根据实验条件，参数取值如下：水深 h 为 20cm，黏度 η 为 0.08g/cm，粒径 d（$50\mu m$、$2\mu m$ 以及 $1\mu m$ 分别对应砂粒、粉粒以及粗黏粒的下限），重力加速度 g（$981cm/s^2$），平均颗粒密度 ρ_s 为 $2.65g/cm^3$，水的密度 $1.0g/cm^3$。

（1）砂粒的沉淀时间。

$$t_1 = \frac{18 \times 20 \times (8 \times 10^{-3})}{(50 \times 10^{-4})^2 \times 981 \times (2.65 - 1.0)} = 71(s)$$

（2）粉粒的沉淀时间。

$$t_1 = \frac{18 \times 20 \times (8 \times 10^{-3})}{(2 \times 10^{-4})^2 \times 981 \times (2.65 - 1.0)} = 12.36(h)$$

（3）黏粒的沉淀时间。

$$t_1 = \frac{18 \times 20 \times (8 \times 10^{-3})}{(1 \times 10^{-4})^2 \times 981 \times (2.65 - 1.0)} = 49.44(h)$$

2.2.3 土壤的比表面积 (specific surface area)

认为土壤颗粒为球形的情况下，土壤的表面积为

$$a = 4\pi r^2 \qquad (2.2.6)$$

质量为

$$m = \rho V = \rho(4\pi r^3/3) \qquad (2.2.7)$$

比表面积定义为单位质量的面积 (m^2/g)，为

$$s = a/m = a/\rho V = 4\pi r^2/\rho(4\pi r^3/3) = 3/r\rho \qquad (2.2.8)$$

可以看出，土壤的比表面积与土壤的粒径有关，粗砂粒、砂粒、粉粒和黏粒的比表面积见表 2.2.2，土壤颗粒的直径越小，则比表面最大。

表 2.2.2　　　　　　　　　　土壤颗粒的比表面积

种类	有效直径/cm	质量/g	面积/cm²	比表面积/(cm²/g)
粗砂粒	2×10^{-1}	1.13×10^{-2}	1.3×10^{-1}	11.1
砂粒	5×10^{-3}	7.9×10^{-5}	7.9×10^{-5}	444.4
粉粒	2×10^{-4}	1.3×10^{-7}	1.3×10^{-7}	1.11×10^{5}
黏粒	2×10^{-7}	6.3×10^{-8}	6.3×10^{-8}	7.4×10^{6}

【例 2.2.2】　计算由以下颗粒尺寸组成的砂土的近似比表面积（表 2.2.3）。

表 2.2.3　　　　　　　　　　砂 土 颗 粒 尺 寸 分 布

平均直径/mm	1	0.5	0.2	0.1
质量分数/%	40	30	20	10

解： 比表面积为

$$\alpha_m = \frac{6}{2.65}\sum\frac{c_i}{d_i} = 2.264\times\left(\frac{0.4}{0.1}+\frac{0.3}{0.05}+\frac{0.2}{0.02}+\frac{0.1}{0.01}\right) = 67.92(\text{cm}^2/\text{g})$$

注意，最小直径颗粒的成分只占混合质量的 1/10，却占比表面积的 1/3。（$2.264\times0.1/0.01 = 22.64\text{cm}^2/\text{g}$）

【例 2.2.3】　估计土壤的大致比表面积，该土壤由 10% 的粗砂（平均直径为 0.1cm），20% 的细砂（平均直径为 0.01cm），30% 的粉粒（平均直径为 0.002cm），20% 的高岭石黏土（平均层厚为 400Å），10% 的伊利石黏土（平均层厚为 50Å），10% 的蒙脱石（平均层厚为 10Å，$1\text{Å} = 10^{-10}\text{m}$）。

解： 对于砂粒和粉粒部分，近似比表面积为

$$\alpha_m = \frac{6}{2.65}\sum\frac{c_i}{d_i} = \frac{6}{2.65}\times\left(\frac{0.1}{0.1}+\frac{0.2}{0.01}+\frac{0.3}{0.002}\right) = 387(\text{cm}^2/\text{g})$$

对于黏粒部分，则通过求和的方式求出高岭石、伊利石、蒙脱石相应部分的比表面积：

$$\alpha_m = 0.2\times0.75\times(400\times10^{-9})+0.1\times0.75/(50\times10^{-8})+0.1\times0.75/(10\times10^{-8})$$
$$= 3.78+15.09+75.45 = 94.32(\text{m}^2/\text{g})$$

$$\text{土壤总比表面积} = 0.0387+94.32 = 94.36(\text{m}^2/\text{g})$$

注意黏土成分，质量分数为 40％，却占比表面积的 99.96％（94.32/94.36）。蒙脱石（10％的质量分数）的构成一项就占该土壤比表面积的大约 80％。

2.3 黏土的性质

壤土占据着质地三角形相当中心的位置，是指一种中含有粗、细颗粒平衡混合物的土壤。壤土在排水、曝气时壤土保持水分和养分的能力比砂土好，而且免耕性比黏土好，因而壤土通常被认为是最佳的植物生长和农业生产的土壤。

黏土有几种解释，有些解释甚至相互冲突。在日常用语中，黏土是一种容易保持水并且湿润后会变松软并且易于模压的土壤。从土壤质地角度更准确的理解是，黏土是由一定范围内颗粒尺寸的土粒组成的（一般小于 $2\mu m$），或者说黏土主要由这种范围内的土粒组成。黏土与砂土、壤土的不同不仅体现在颗粒大小上，还体现在矿物成分组成上。

2.3.1 黏土的结构

温带地区土壤中常见的黏土成分是硅酸盐，热带地区则氧化铁与氧化钠更常见。典型的铝硅酸盐黏土矿物的外形为层状微晶，主要由两种基本结构单元组成，即硅四面体和铝八面体。硅四面体是由 4 个氧原子分布在四面体周围，中心为硅原子 Si^{4+}；铝八面体则是由 6 个氧原子或者羟基（OH^-）分布在八面体周围，中心为较低价化合物铝离子 Al^{3+} 或者 Mg^{2+}，结构如图 2.3.1 所示。

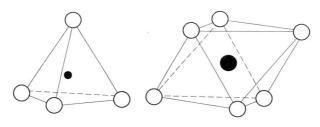

图 2.3.1　硅四面体和铝八面体结构

硅四面体由基部的 3 个氧原子相互连接在一起形成六边形网络，形成厚度为 4.93Å 的硅片，如图 2.3.2 所示。同样，八面体由其边缘的原子结合形成三角形排列，形成厚度为 5.05Å 的结构体（图 2.3.3）。

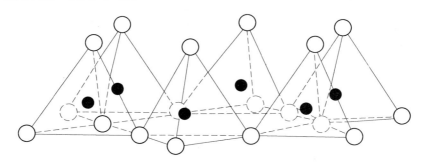

图 2.3.2　六边形网络硅片结构

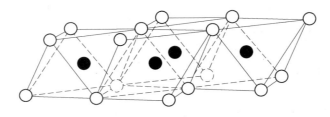

图 2.3.3　三角形排列结构

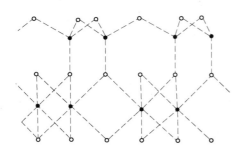

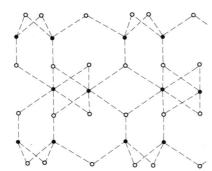

图 2.3.4　八面体晶片结构

层状硅铝酸盐黏土结构主要有两种类型，主要取决于晶层中四面体与八面体的比例。四面体与八面体的比例为 1∶1 类矿物，如高岭石，八面体晶片通过氧原子与单层的四面体晶片相连。对于四面体与八面体的比例为 2∶1 类矿物质，如蒙脱石，八面体晶片同样通过氧原子与两层四面体晶片相连，两边各有一片，如图 2.3.4 所示。

在四面体晶层中 Al^{3+} 可以替换 Si^{4+}，有些情况下八面体晶层中 Al^{3+} 与 Mg^{2+} 可以相互替换，这样薄层内部不同位置就会出现不平衡的负电荷。晶格边上终端原子的不完全中和电荷是另外一些不平衡电荷的来源。这些不平衡电荷部分也会渗入晶体内部，更多的通过吸附聚集在黏土颗粒外表面的离子（大多数为阳离子）进行中和。黏土颗粒吸附的阳离子包括 Na^+、K^+、H^+、Mg^{2+}、Ca^{2+} 以及 Al^{3+}，然而这些阳离子不是晶体结构中的不变成分，很容易被土壤溶液中其他离子替换。土壤中的阳离子交换过程影响了土壤中营养元素及其他盐类的固持及释放过程，同时也影响土壤胶体中的絮凝及分散过程。

2.3.2　主要黏土矿物成分

黏土矿物成分主要分为晶体成分与非晶体矿物成分，晶体矿物成分又可以按照内部晶体的结构（四面体结构与八面体结构的晶层分布）分为 1∶1 与 2∶1 两种矿物类型，其中 2∶1 矿物类型可以进一步分为膨胀型与非膨胀型。最终，每种类型又包括很多具体的矿物。

黏土是按其结构分为以下 4 类：

（1）高岭石族（The Kaolinite Group），1∶1 型。

（2）蒙脱石族（The Montmorillonite/Smectite Group），2∶1 型。

（3）伊利石族［The Illite（or The Clay－mica）Group］，2∶1 型。

（4）绿泥石族（The Chlorite Group），2∶1∶1 型。

最常见的 1∶1 类黏土矿物是高岭石，高岭石的单元层分子式为 $Al_4Si_4O_{10}(OH)_8$。晶体结构的基层是一对硅铝片，以交替的方式叠加，并通过晶格中氢键紧紧结合在一起，多层晶片形成六边形平面，离子和水分子很难渗进相邻的晶格间，这些晶片也不容易被分开。由于只有外表面及六边形平面的边缘暴露在外面，所以高岭石的比表面积很小。高岭石一般平面直径变化范围为 $0.1\sim2\mu m$，厚度变化范围为 $0.02\sim0.05\mu m$。正是由于高岭石的颗粒相对较大，比表面积小，所以表现出比其他黏土矿物较低的黏性、内聚性、及膨胀性。

另一个不同的硅铝酸盐黏土矿物系列是蒙脱石族，是 2∶1 膨胀性矿物。蒙脱石的单元层分子式为 $Al_{3.5}Mg_{0.5}O_{20}(OH)_4$。蒙脱石组是由松散的晶层叠加而成，也称类晶团聚体。水分子及离子可以进入晶层间的劈裂面，类似于手风琴那样膨胀性，很容易分为更薄的片状单元，最终形成厚度为 10Å 的独立晶层。膨胀性蒙脱石内表面与外表面共同作用，所以成倍地增加了有效比表面积。蒙脱石的膨胀性与分散性使其具有显著的膨胀性及收缩性，并且有高黏滞性与内聚性。蒙脱石在干燥过程中，特别是分散的蒙脱石，容易出现裂隙并形成冷硬土。

属性介于高岭石与蒙脱石之间的一种黏土矿物——伊利石，属于水化云母中的一种黏土矿物，硅酸比例为 2∶1，非膨胀性。同晶置换发生在四面体晶片中（不同于蒙脱石发生于八面体晶片中），晶片中 15% 相对高密度负电荷来源于此。这些负电荷吸引钾离子，并将其紧紧地固定在相邻晶片中，这样将分离的晶片连在一起，这样整个晶体的膨胀性就得到了有效遏制。伊利石的单元层分子式为 $Al_4Si_7AlO_{20}(OH)_4K_{0.8}$，其中钾离子在晶层单元中间。2∶2 类型的黏土矿物有绿泥石，与硅四面体结合的八面体结构中心不是铝离子而是镁离子，其单元层分子式为 $Mg_6Si_6Al_2O_{20}(OH)_4$，其中 $Mg_6(OH)_{12}$ 在晶层间。绿泥石的属性与伊利石相像。另外一种硅类黏土矿物——绿坡缕石，晶体连续并且只有一个方向，这类矿物的颗粒形状为针状或者管状，里面的微腔增大了内表面积。

一般不同的黏土矿物并不是单独出现的，而是完全混合。有时甚至内部结构也是混合或者互层的，形成矿物组合，一般称为漂云母（伊利石-蒙脱石、绿泥石-伊利石、蛭石-蒙绿泥石等）。

黏土成分中还包括大量的非晶体矿物胶体（非结晶的）——水铝英石。例如，结构性差的硅与铝自由结合形成分子式 $Al_2O_3SiO_2H_2O$。这种矿石中真正的硅、铝摩尔比在 0.5 ~2 之间变化，一般胶质物有磷和铁的氧化物。尽管胶体的组成是变化的，也有足够的理由将其确认为黏土矿物，在属性上，这种非结晶体黏土与晶体黏土的吸附性、离子交换性以及黏性相似。

另外一种常见的黏土成分是铁和铝的水合氧化物——倍半氧化物，主要出现在热带及亚热带地区的土壤中，是造成土壤呈淡红色或者淡黄色的原因，其组成分子式为 $Fe_2O_3\cdot nH_2O$ 及 $Al_2O_3\cdot nH_2O$，其中水合比 n 是变化的。

褐铁矿与针铁矿是典型的水合氧化铁，常见的氧化铝有水铝矿，这些倍半氧化物黏土有些是晶体，部分是非结晶的，它们的静电特性、吸附能力以及黏性都比大多数硅酸盐黏土弱。这些氧化物经常充当土壤固结过程中的黏结物，特别是在热带及亚热带地区。

2.3.3 腐殖质

腐殖质一般为黑色，主要存在于土壤表层区域，定义为动植物残留物在土壤中分解后的主要部分在土壤中形成的稳定有机质。按照定义理解，腐殖质不包括未分解或者部分分解的有机质残留。和黏土一样，腐殖质颗粒也是带负电荷。在水化过程中，每个腐殖质颗粒聚合形成胶态离子，表现出复合阴离子的性质，吸附大量阳离子。腐殖质单位质量的阳离子交换能力远大于黏土。与大多数黏土不同，一般腐殖质是非晶体。腐殖质主要由碳、氧、氢元素组成，阳离子交换并不是同晶置换，而是羧基类及酚类的分解。由于腐殖质的阳离子交换过程主要取决于氢离子的交换，所以受 pH 值的影响很大，阳离子交换能力一般在较高 pH 环境下增大。

　　腐殖质不是单体化合物，所以在不同的地方组成不尽相同。相反腐殖质是多重化合物的混合化合物，比如木素蛋白体、多糖及糖醛酸等。腐殖质中的有机质胶体，虽然稳定，但是并不如土壤中的其他矿物成分稳定，在土壤温度、水分或者曝气体制发生改变，很适于细菌生长。

2.3.4　双电子层

　　土壤胶体指直径在 1～1000nm 之间的土壤颗粒，是土壤中最细微的部分。在胶体颗粒快干的时候，中和反离子吸附在颗粒表面。逐渐湿润的过程中，其中一些离子从表面脱离进入溶质。黏土或者腐殖质的水化胶体颗粒形成胶体离子，在一定程度上使部分吸附在负电荷颗粒上的离子分开，使颗粒表面表现出复合阴离子的性质，这时大量的阳离子吸附在其周围，形成双电子层。

　　大量吸附的阳离子可以视为一层紧邻颗粒表面的腹层，阳离子在腹层间的扩散组合，距离颗粒表面越远，浓度越低，如图 2.3.5 所示。最后形成两个相反趋势的平衡：①负电荷表面对带正电荷的离子的引力，吸引阳离子向内，最终达到最小能量水平；②在液态中，液态分子的布朗运动，包括所吸附的阳离子的向外扩散，都有一种使浓度达到平衡状态的趋势，使熵最大化。阳离子的平衡分布过程是为了使整个系统的自由能量达到最小化。两层间阳离子的真实浓度可能会比外部的、胶束间的或者溶液中的阳离子高达 100 倍或者 1000 倍（颗粒影响范围之外）。

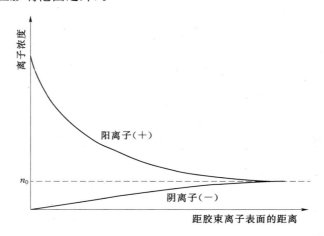

图 2.3.5　黏土胶团溶液中阴阳离子浓度-胶团
表面距离关系示意图

　　胶体颗粒一般吸收阳离子，而排斥阴离子，所以这些阴离子从胶束溶液中转移向胶束间溶液。在一些特殊的情况下，胶体颗粒表面上的特殊部分会吸引阴离子，这种特殊现象没有土壤对阳离子的吸引明显。

双电子层的理论依据是 Gouy – Chapman 理论（扩散层理论），该理论假设颗粒表面负电荷是恒定的，而且均匀分布（事实上电荷起源于晶层间），表面电荷强度与电荷密度成正比。双电子扩散层的厚度可以通过下式估算：

$$z=\frac{1}{ev}\sqrt{\frac{\varepsilon\kappa T}{8\pi n_0}} \tag{2.3.1}$$

式中：z 为双层间的特征长度，定义为从黏土表面到阴离子浓度近似等于胶束间溶液浓度的距离；e 为电子常数（4.77×10^{-10} 静电单位）；ε 为介电常数；κ 为玻尔兹曼常数（$\kappa=R/N$，其中 R 为气体常数，N 为阿伏伽德罗常数）；n_0 为溶液中阴离子浓度，个/cm^3；T 为开氏温度，K。

式（2.3.1）中，溶液中总阴离子化合价减少，双电子扩散层不断增大。例如，溶液中一价阳离子被二价阳离子替换，双电子层厚度缩为原来的 1/2（图 2.3.6）。溶液浓度同样影响双电子层的厚度（图 2.3.7），因为式（2.3.1）中的 z 与 $\sqrt{n_0}$ 成反比，这样浓度增大为原来的 10 倍，双层间的距离将减少 $1/\sqrt{10}$，大约是原来厚度的 1/3。

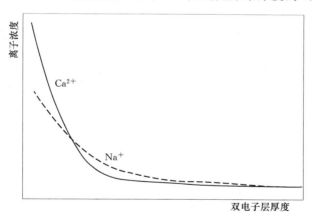

图 2.3.6 土壤溶液一价阳离子被二价阳离子
替换后双电子层厚度变化

需要指出，上述这些说明并不适用于颗粒间的反应，比如，在周围胶束空气中的离子扩散混合情况下。对于这类情况，中间浓度（而非外部溶液浓度）可表示为

$$n_e=\frac{\pi^2}{v^2 B(d+x)^2\times10^{-16}} \tag{2.3.2}$$

式中：n_e 为中间层的阳离子浓度，mol/L；v 为阳离子交换的化合价；d 为任一边电子层到中间的距离，Å；x 为相关系数（$1\sim4$Å）；B 为与温度有关的介电常数，10^{15} cm/mmol。两个电层之间的阳离子分布如图 2.3.8 所示，其中虚线表示假想的两个颗粒独立悬浮于相同的环境时阳离子浓度分布。

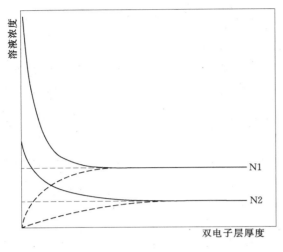

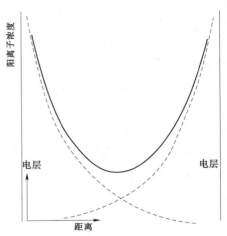

图 2.3.7 溶液浓度对于双电子层的厚度的影响

图 2.3.8 相邻颗粒相互作用下双电层
上阳离子浓度变化示意图

双电子层上的阳离子可以与溶液中的其他阳离子交换。在化学中性条件下，可交换阳离子电荷的总数量，用单位质量土壤颗粒的化学当量表示，是几乎恒定不变的，而且与当前阳离子的种类无关。所以将这种属性作为土壤的固有属性，称为阳离子交换量（或阳离子吸附能力）。

阳离子交换量不仅取决于黏土含量，而且与黏土种类有关（比如比表面积或者电荷密度），这种差异可以在植物营养及污染物转移等环境过程中体现。阳离子交换也会影响土壤胶体的扩散-絮凝过程，以及土壤结构的发育及退化。

由于胶体的化合价、半径及水化属性不同，对阳离子吸附程度有所差异，所以存在易交换与难交换的情况。一般情况下，离子半径越小，化合价越大，其吸附能力越强。另一方面，离子的水化性质越强，离吸附表面越远，附力越弱。游离的钠离子，原子半径只有 0.98Å，钠离子水化性强，而且当其被水分子包围时有效半径增大 8 倍。被单电荷吸引的单价阳离子很容易被二价或者三价阳离子置换，不同离子的交换能力如下：

$$Al^{3+} \gg Ca^{2+} > Mg^{2+} \gg NH^{4+} > K^+ > H^+ > Na^+ > Li^+$$

其中，$\gg$ 表示远远大于。

自然界中，土壤中几乎不会发生均匀吸附单离子种类的现象。一般情况下，各种不同的阳离子会以不同的比例体现交换量，多种离子共同构成所谓的交换综合体。成分混杂的交换综合体如图 2.3.9 所示，其中 a、b、c、d 等表示阳离子交换容量的当量分数，当量分数之和为 100%。

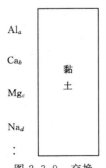

图 2.3.9 交换综合体

交换综合体的结构主要取决于周围溶液的浓度及离子组成，可表示为

$$A_e/B_e = c([A_s]^{1/a}/[B_s]^{1/b}) \tag{2.3.3}$$

式中 A、B 是化合价为 a、b 的阳离子，下标 e 表示在相应的阳离子交换综合体中的

浓度，下标 s 表示在周围溶液中的浓度。系数 c 主要取决于电荷表面及吸附阳离子的自然属性。由上述方程可以看出，吸附机理更倾向于高化合价阳离子，这种倾向会随着溶液的稀释而增强。

钙-钠的交换选择系数的计算，见式（2.3.4）：

$$C_{Ca-Na} = n_0([Ca_c][Na_s]^2/[Na_c]^2[Ca_s]) \tag{2.3.4}$$

式中：下标 c 为 Ca^{2+}、Na^+ 在交换综合体中离子当量分数；下标 s 为这些离子在溶液中的摩尔分量；n_0 为溶液的总摩尔量。

对于常见的土壤溶液浓度（非晶体土壤），当土壤溶液中有相当浓度的高化合价阳离子时，高化合价阳离子在交换过程中占优势。例如在混合钙-铝溶液系统中，大多数钙离子被紧紧吸附在固定层，钠离子则转移到双电子层的扩散区域。需要说明：阳离子交换反应快速且可逆，因此交换综合体的组成高度活跃，在土壤溶液组成中不断变换。反过来土壤综合体的组成影响土壤的 pH 值、膨胀及絮凝-扩散趋势。

2.3.5 水化及膨胀

正常情况下，黏土不会完全干燥，即使放在烘箱中，在 105℃ 下放置 24h（标准的干燥土壤方法），黏土颗粒还是会吸附一定量的水分，如图 2.3.10 所示。

黏土表面对水的吸附性主要受黏土的自然属性吸湿性控制，比如对空气中水蒸气的吸附与冷凝。风干土还有一定的质量含水量（相对于烘干土来说），这个含水量主要取决于黏土的种类及性质，也与周围空气湿度有关。

烘干土中黏土颗粒对水分子的吸附能力很强，以至于可以将水分子当做黏土颗粒的一部分来考虑。随着黏土的不断水化，每个黏土颗粒周围的水被束缚的更紧，水膜变薄。含有黏土的土壤团粒的整个物理属性（包括强度、浓度、黏性以及水热传导度）都会受水化程度的影响。

黏土表面对水分子的吸附是复杂的物理过程，一方面是电极的静电吸引，使水分子向带电板移动；另一方面是在黏土晶格中氢、氧原子结合。另外一种水化的物理机制是伴随着吸附阳离子的出现，当吸附在黏土周围

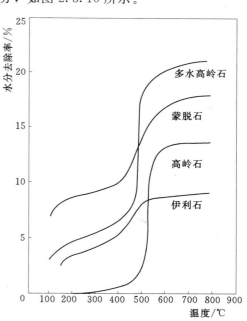

图 2.3.10 黏土在不同温度下的水分去除率

的阳离子要发生水化时，它们会影响整个黏土体系的水化。从定量上来讲，这些影响主要取决于阳离子的种类及阳离子的吸附能力。

黏土与水之间吸附力的黏度或者说强度在水分子的第一层最强，第二层是通过氢键与第一层相连，然后第二层连在第三层上，这样依次类推，但是黏土表面的吸引力随着距离

25

的增大而减小，所以在几层之后这种吸引力就会小到难以观察。所以黏土表面周围吸附水的物理条件与属性在上个世纪一直是一个备受争论的话题。一些研究者认为这些吸附水是准晶体，所以与水体在黏性、离子扩散、介电常数与密度等属性方面有显著差异。另外一些研究者认为在任何情况下这些吸附水与土壤中的毛细管水是很难区别的，在处理流动问题时需要特别注意这一点。

当黏土的密闭体吸附水时，会产生高达几 bar 的膨胀压力，膨胀压力受双电子层与外部溶液间渗透压差影响。在部分水化胶束中，包络水的厚度远小于双电子层的潜在厚度。这样，被压缩的双电子层在渗透吸附的多余水的稀释作用下，将会有扩张到最大厚度的趋势。每一个胶束中大量带负电荷的阳离子相互排斥，使不同胶束相互分开，这样胶束内部的大孔关闭（影响系统的渗透性），同时也影响系统作为一个整体的膨胀性。

两个相连的黏土颗粒内部阴离子的浓度比外部溶液中多。真实的浓度差主要取决于颗粒间的距离（水化程度）以及双电子层的最大距离（取决于吸附阳离子的化合价及浓度）。单价阳离子对外部水分子的渗透吸引比二价阳离子高，前者几乎是后者的 2 倍。因此对钠离子这样的单价阳离子的膨胀及排斥作用最强，而对蒸馏水作用于外部溶液一样。当交换综合体中心阳离子是钙离子时，膨胀性会大大减小。在 pH 值较低的环境中，铝离子同样会抑制膨胀性。同样土壤溶液盐分含量高也会抑制颗粒的膨胀性。对于主要阳离子为钠离子的盐土，在不额外添加钙离子的情况下析出多余盐分，吸附态的钠离子将会增大颗粒的膨胀性。

黏土或黏土-砂土混合土水化过程中体积随时间的变化（图 2.3.11）。体积随时间的变化主要是由黏土的渗透性所决定的，最终的膨胀程度主要取决于黏土颗粒的数量以及黏土的性质。一般情况下，膨胀性随着黏土颗粒的比表面积的增大而增大。黏土颗粒在水化过程中的再分布也会影响膨胀性，另外土壤中离子、氧化铝、碳酸盐与腐殖质这类材料使

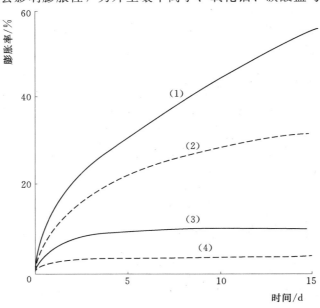

图 2.3.11　黏土或黏土-砂土混合土水化过程中体积随时间的变化

颗粒间聚合,这样也会限制土壤基质的膨胀性。

单价阳离子的膨胀压力可以由范特霍夫方程(基于双电层理论的膨胀压力计算方法)表示:

$$P = RT(n_c - 2n_0) \qquad (2.3.5)$$

式中:P 为计算渗透压力,主要由颗粒间(离子浓度为 n_c)与周围溶液胶束间(离子浓度为 n_0)的渗透压差造成;R 为气体常数;T 为绝对温度。

上述方程的计算适用于理想条件,即假设黏土晶片间方向相互平行,空间尺寸均匀,这样该方程就不能计算真实情况下的膨胀压力,因为在真实情况下黏土颗粒随意排放,而且各种阳离子、黏土矿物、黏土与砂土颗粒以及大孔隙的表观性质都会影响土壤的膨胀性。

土壤的膨胀性会使土壤中孔隙闭合,这样会减小渗透性,一般情况下土壤这种性质有害,但是当在水库、沟渠衬砌时利用黏土的这种性质可以减少水的渗流损失。湿润黏土干燥过程中会发生与膨胀相反的过程——收缩。在田间,土壤表层的收缩会形成很多裂隙,这样土壤就会被分散为各种不同大小的碎块,有小团粒,也有大土块。在富含膨胀性黏土的砂姜黑土中,可以观察到土壤收缩的这种性质。在半干旱地区,遭受干湿交替变化的砂姜黑土会发生隆起、沉降,然后形成又宽又深的裂隙,然后慢慢倾斜出现平面,再不断扩展成土壤剖面。但是在农业中砂姜黑土并不好,由于这种土壤容易泥泞,然后变干变硬,就会比较难以耕作。在工程中,砂姜黑土的连续起伏会使路面弯曲,以至于危害建筑物。

2.3.6 絮凝与分散

在不同颗粒间的排斥与吸引作用下,黏土颗粒相互反应。对于不同的物理化学条件,颗粒间的作用力形式不一。当黏土颗粒间主要为排斥力时,颗粒相互分离,称之为离散状态。当黏土颗粒间主要为吸力时,黏土颗粒絮凝,这种现象就像有机胶体间的凝结,这就像黏土颗粒打包或者絮凝。

在稀释的黏土悬浮液中很容易观察到絮凝现象。当黏土颗粒处于悬浮状态时,可以通过添加分散剂或者物理搅拌将颗粒分开,如物理分析中所描述的方式。分散的悬浮液一般是浑浊的,直到悬浮液达到稳定状态。通过添加盐或者多价阳离子可以人为改变这种状态,浑浊的悬浮液瞬间变澄净,因为悬浮液中的黏土颗粒发生絮凝,并沉在底部。

胶束间排斥力主要是由颗粒周围大量的同性电荷相斥形成的,黏土遇水膨胀就是这种现象的例证。当两个黏土层靠的足够近(距离约为15Å),它们中的离子相互掺混,形成带正电荷的均匀电子层,电子层两侧分别吸引带负电荷的颗粒,这样形成引力。这个过程也称作板冷凝,形成类晶团聚体,或者使平形向的土层达到一种更加稳定的状态(图2.3.12)。

当土层边缘在 pH 值较低的情况下能够产生正电荷,这样也是颗粒间产生引力的一种形式。当扩散双电层间产生的排斥力不足够阻止颗粒间的引力,颗粒表面的正电荷就会与其他颗粒表面的负电荷形成结合健。颗粒间的这种结合最终发展成絮凝体的立体结构(图2.3.13)。当颗粒间的距离足够近,比如干燥或者固结过程中,颗粒间会产生范德华力(van der Waals' force,是存在于中性分子或原子之间的一种弱碱性的电性吸引力),这

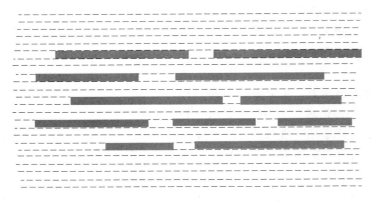

图 2.3.12　板冷凝过程示意图

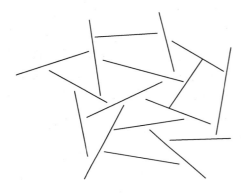

图 2.3.13　絮凝体的立体结构

是另外一种引力形式。两个颗粒间的距离进一步增进，甚至相互接触，这时就会产生一种排斥作用，称为内部作用力，这种作用只会在两个颗粒间距离极短的情况下产生。

上述各种不同的排斥作用及吸引作用重要的一点是排斥作用及吸引作用在不同的范围内有不同的强度。如图 2.3.14 所示为联合力场的说明，包括净引力部分以及净排斥力部分。例如，库伦力与距离的平方成反比，范德华力与距离的 7 次方成反比。所以在 10^0 Å 的短距离内范德华力较大，而前者距离至少需要延伸到 10 倍以上。

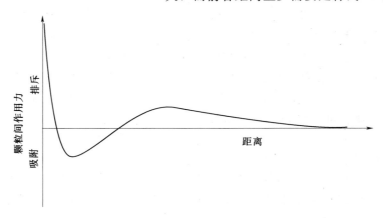

图 2.3.14　颗粒间作用力-距离关系

最初浑浊的稳定悬浮液中，胶束之间相互分离，这时颗粒间主要是排斥作用，除非排斥作用被压制到允许在吸引作用下的颗粒相互碰撞后能够结合或者聚集在一起，而不是发生反弹，这时才会发生絮凝。当土壤完全水化，而且主要离子为单价阳离子，扩散双电层完全扩展，周围的溶液非常浑浊，并且 pH 值很高（阻止颗粒表面形成正电荷），这时排斥作用达到最大，就会产生分散作用。机械搅拌也会抑制絮凝。当溶液浓度很高，单价阳离子会被多价阳离子置换掉，这时排斥作用达到最小，有利于发生絮凝。

排斥作用与吸引作用是可逆的，在不同的条件下这两种反应可以相互转化。因此当用不同盐度及离子浓度的水来灌溉土壤时，土壤会发生分散、絮凝、再分散、再絮凝，如此循环往复。由此可以得出，土壤中的离子交换、膨胀、絮凝以及土壤颗粒的再分布都与动力现象紧密相关，而动力现象又主要受黏土胶束的双电子层的基本属性及转化状态有关。

2.4 土壤剖面

土壤中最容易观察最重要的就是表层土壤。在表层土壤的实验可以揭示表层土壤所发生的物理过程，但是不能揭示整个土壤的整体性质。为了得到整个土壤的性质，需要检测深层土壤，例如通过挖一条沟取出表层土壤以下的土，土壤的垂直断面也称为土壤剖面。

土壤剖面在不同深度一般是不均匀的，一般是不同土层交替出现，如图 2.4.1 所示。这些不同的土层可能是由沉积方式的不同造成的，这个现象可以通过风化土或者冲积土观察到。内部土壤刚好形成的土层（成土过程）称为表土。上层或者称 A 层是主要生物的活动层，所以富含腐殖质，颜色也比下层土壤深。接下来是 B 层，A 层的一些物质（如黏土或者氧化物）向 B 层迁移积累。B 层下面的 C 层，是土壤的母质层。刚好由基层形成的残余土壤，这种情况下 C 层由风化或者破碎的砾石组成。另外一些情况，C 层可能由冲积土或者风化土或者冰川沉积物组成。

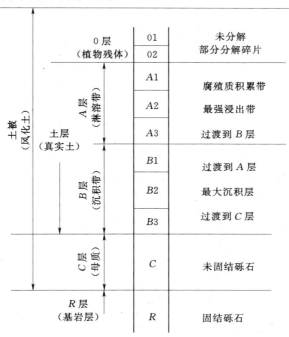

图 2.4.1 土壤分层示意图

有些土壤有明显的 A、B、C 分层，典型的如泥炭土。也有一些土壤没有明显可识别的 B 层，这种土壤就分为 A、C 层。在另外一些新分化的土壤中，没有任何明显的土壤分层。土壤剖面的性质首先取决于气候，然后是母质、作物、地形及时间。

一般称土壤及其剖面的形成过程为成土过程，有如下几点说明：首先是砾石发生物理分解或者风化形成土壤的母质，表层有机质的不断积累形成显著的 A 层，这个过程中土壤颗粒结构被有机质黏结，形成较稳定的结构（沙漠中这个过程不会发生）。然后化学风化（水化、氧化、降解）、溶解以及降雨等过程形成黏土。这些黏土向下迁移过程中携带着其他迁移物（如可溶性盐），并在 A 层、较深的 C 层之间不断积累形成 B 层。淋溶及淀积过程的相伴发生（相应地淋出及淋入）是土壤形成及土壤剖面发展的重要特征，在这个过程中黏土及其他物质由上层残积层 A 层迁移至下层沉积层 B 层，所以 B 层的组成及结构与 A 层不同。在这些过程中，随着 C 层上部分的逐渐转移，整个剖面作为一个整体也逐渐加深，直到最终土壤形成与土壤侵蚀这两个相反的过程逐渐达到平衡。在干旱地区，硫酸钙及碳酸钙这种可溶解性盐从土壤上部分沉积到一定深度形成固结层。很多这些过程的变化主要取决于当地的条件。不同地区土壤的特征深度都是不同的，一般情况下峡谷土壤比山区土壤深，山区土壤的深度还受坡度的影响。在一些案例中，土壤深度是一个备受争议的话题，因为土壤与母质土壤混到一起没有明显的边界。一般生物活动区很难扩展到地下 2～3m，一些地区甚至低于 1m。

在被土壤学家完全划分土壤类型的半干旱地区，单独定义一种典型土壤是很不容易的。图 2.4.2 所示的水化土壤的剖面仅尝试说明不同深度土层的土壤剖面有外观及结构上的差异。土壤学家主要通过土壤的根源及显著的特征来划分土壤种类，然而由于土壤学特征还不够量化，通过准确测量土壤某些物理属性，如水力特征、机械特征或者热特征等作

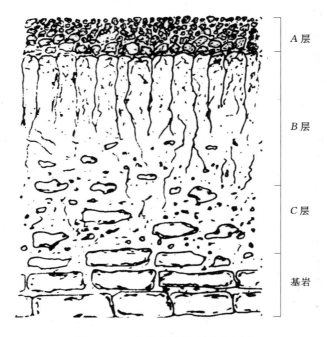

图 2.4.2 水化土壤的剖面示意图

为划分依据存在着诸多困难。

2.5 土壤物理常数

2.5.1 土壤孔隙常数

土壤是一个复杂的多孔介质。土壤的孔隙性是土壤固体颗粒间所形成的不同形状和大小孔隙的数量、比例及分布状况的总称。土壤的孔隙性直接影响土壤三相物质组成的协调程度,是土壤的重要物理性质,对土壤肥力有明显的影响。

根据土壤孔隙的大小和性质进行分级,分级的标准有许多种,一般将其分为 3 级。

(1) 无效孔隙:也称非活性孔隙,孔隙直径小于 0.002mm (也有主张小于 0.0002mm),常被束缚水充满,在这样细小孔隙中的水分,由于牢固地被土粒吸持,不能自由移动,作物无法吸收利用,土壤通气性也很差。无效孔隙容积占土壤容积的百分数为无效孔隙度。

(2) 毛管孔隙:孔径一般为 0.002~0.06mm,其中的水分借毛管力作用而保持、贮存和运动 (有资料表明孔径为 0.002~0.02mm 的孔隙中,毛管水活动最强烈),容易为作物吸收利用,是对作物最有效的水分。土壤中毛管孔隙的容积占土壤容积的百分数为毛管孔隙度。

(3) 通气孔隙:孔径大于 0.06mm,常被空气占据,通气、透水,不具有毛管作用,故也叫非毛管孔隙。通气孔隙容积占土壤容积的百分数为通气孔隙度。

土壤孔隙度是以上 3 种孔隙度的总和。实践证明,一般作物适宜的土壤孔隙度为 50% 左右或稍高一些。其中无效孔隙应尽量少,通气孔隙要求在 10% 以上。通气孔隙与毛骨孔隙之比以 1:1 或 1:2 为最好。孔隙的分布要求耕层多于下层,达到"上虚下实"。华北平原的"蒙金土"就是土壤上层质地轻松,有适量的通气孔隙,透水通气;下层质地较紧实,毛管孔隙多,保水保肥,比较理想的土壤孔隙分布类型。

2.5.2 土壤物理性质指标

(1) 土壤比重 (soil specific gravity)。土壤比重为单位体积的土壤固体物质重量与同体积水的重量之比。由于比重和密度在数值上接近,故有时不严格区分。土壤矿物质的种类、数量,以及有机质 (腐殖质较小,在 1.25~1.40 之间) 对于土壤比重都有影响。一般土壤平均比重为 2.65 左右。

(2) 土壤容重 (bulk density)。土壤容重为单位原状土壤体积的烘干土重,g/cm^3。土壤矿物质、土壤有机质含量和孔隙状况都对土壤容重产生影响。一般矿质土壤的容重为 $1.33g/cm^3$

(3) 土壤孔隙度 (porosity)。土壤孔隙度为单位原状土壤体积中土壤孔隙体积所占的百分率。总孔隙度不直接测定,而是计算出来。总孔隙度=(1-容重/比重)×100%。孔隙的真实直径是很难测定的,土壤学所说的直径是指与一定土壤吸力相当的孔径,与孔隙的形状和均匀度无关。

(4) 饱和度 (saturation)。多孔介质中,流体体积与多孔介质总体积之比称为该流体的饱和度,可表示为

$$S_e = \frac{V_i}{V_t} \tag{2.5.1}$$

式中：V_i、V_t 分别为多孔介质中流体体积和总孔隙体积。

多孔介质中某一流体的饱和度介于 0（孔隙中无流体存在）和 1 之间（孔隙完全被流体所充满）。

土壤孔隙被多种介质所充满时，例如土壤被空气、水和 NAPL 3 种流体充满时，其总饱和度等于 1，在一些受到液体污染的土壤中，饱和度代表污染物的含量，其含量直接影响毛细管压力。

（5）界面张力（interfacial tension）。以分子的观点来看，界面张力是某种流体的内在吸引力和流体表面所接触的另一流体的分子吸引力不同，界面上分子引力因不连续而导致的引力差。或者说，因为有界面张力的存在使得两互不相溶的流体接触时，在两流体之间会出现一明显的界面。而表面张力（surface tension）则是指液体及其本身蒸汽相之间的界面张力。一般情况下，互不相容的液体之间所产生的界面张力小于两种纯液体的表面张力的较大者。

（6）湿润度（wettability）。当两种非混合流体接触同一固体表面的情况下，必然有一种流体相比另外一种流体更容易的覆盖在固体的表面。这种于固体表面覆盖的难易程度称为湿润度。将容易覆盖于固体表面的流体称为浸润相流体（wetting phase），而另一种流体称为非浸润相流体（non-wetting phase）。影响湿润度的物理性质主要是由液体的表面张力，液体被固体表面吸附的附着力（adhesion）以及由液体的表面张力和黏滞度（viscosity）所组成的附着速度。附着速度影响液体附着在固体表面的快慢，较低的表面张力及黏滞度有较快的附着速度。以水和汽油接触到一固体表面为例，由于汽油的表面张力和黏滞度都小于水，汽油会以较快的速度吸附在固体表面上，之后因为固体表面吸附水的强度较吸附汽油的强度为大，最后水将取代原先在固体表面的汽油而成为浸润相流体。

此外，接触角也是判别是否为浸润相流体的重要依据。不同的固体介质会产生不同的接触角，而不同的接触角则代表流体与固体介质不同的湿润程度。一般情况下，接触角介于 0°～70°之间时，该流体称为浸润相流体，介于 110°～180°之间时，称为非浸润相流体。介于 70°～110°之间时，属于中性流体。

（7）毛管压力（capillary pressure）。水于非饱和土壤中流动的主要驱动力为重力和毛管力。接近饱和的土壤，如灌水后的湿润土壤，其中水分将在重力的作用下向下运动，当重力作用和表面张力作用大小相等时，重力排水停止，毛细作用则成为土壤水运动的主要影响因素。毛细张力指多孔介质中，非浸润相流体和浸润相流体之间在平衡状态下的压力差。以水和汽油为例，毛管压力可以用下式表示：

$$P_c = P_N - P_w \tag{2.5.2}$$

式中：P_N、P_w 分别为汽油和水的压力。

毛管压力是多孔介质孔隙吸引浸润相流体或排斥非浸润相流体的能力。由于毛管压力的作用，可以使水保持在土壤孔隙中，并造成负压，土壤粒径大小，不同液体的浸入等都会影响土体中液体与毛管压力之间的关系。

（8）残余饱和度（residual saturation）。由于土壤固体颗粒分子力的作用，尽管毛细吸力增大，然而土壤中的水分不再排出，饱和度保持不变，孔隙中水体的残留量和孔隙体积比为一定值，即为残余饱和度。

【例 2.5.1】 证明孔隙度、颗粒密度及土壤密度的下述关系：

$$f = \frac{\rho_s - \rho_b}{\rho_s} = 1 - \frac{\rho_b}{\rho_s}$$

证明： 分别将 f、ρ_b、ρ_s 的定义代入式中，可得

$$V_f/V_t = 1 - (M_s/V_t)/(M_s/V_s)$$

简化方程右边得

$$V_f/V_t = 1 - V_s/V_t = (V_t - V_s)/V_t$$

由 $V_t - V_s = V_f$，得

$$V_f/V_t = V_f/V_t$$

由此得证。

【例 2.5.2】 证明体积含水率、质量含水率、干容重及水的密度之间的关系（$\rho_w = M_w/V_w$）：

$$\theta = w\rho_b/\rho_w$$

证明： 同样分别将 θ、w、ρ_b、ρ_w 的定义代入：

$$V_w/V_t = [(M_w/M_s)/(M_s/V_t)]/(M_w/V_w)$$

简化方程右边得

$$\frac{V_w}{V_t} = \frac{V_w}{V_t}$$

由此得证。

第3章 土壤水分状态及其运动

3.1 农田土壤水分状况

3.1.1 土壤水分常数

按照土壤水分的形态概念，土壤中各种类型的水分都可以用数量进行表示，而在一定条件下每种土壤各种类型水分的最大含量又经常保持相对稳定的数量。因此，可将每种土壤各种类型水分达到最大时的含水率称为土壤水分常数。

（1）吸湿系数：干燥的土粒能吸收空气中的水汽而成为吸湿水，当空气相对湿度接近饱和时，土壤的吸湿水达到最大时的土壤含水率称为土壤的吸湿系数，又称为最大吸湿率。处于吸湿系数范围内的水分因被土粒牢固吸持而不能被作物吸收。

（2）凋萎系数：是指作物产生永久凋萎时的土壤含水率，包括全部吸湿水和部分膜状水。由于此时的土壤水分处于不能补偿作物耗水量的状况，故通常把凋萎系数作为作物可利用水量的下限。凋萎系数一般可用吸湿系数的 $1.0 \sim 2.0$ 倍代之，也可通过实测求得。

（3）最大分子持水率：是指当膜状水的水膜达到最大厚度时的土壤含水率，包括全部吸湿水和膜状水。一般土壤的最大分子持水率约为最大吸湿率的 $2 \sim 4$ 倍。

（4）田间持水率：是指土壤中悬着毛管水达到最大时的土壤含水率。包括全部吸湿水、膜状水和悬着毛管水。田间持水率是土壤在不受地下水影响的情况下所能保持水分的最大数量指标。当进入土壤的水分超过田间持水率时，一般只能逐渐加深土壤的湿润深度，而不能再增加土壤含水量的百分数。因此，田间持水率是土壤中对作物有效水的上限，常用作计算灌水定额的依据。

（5）毛管持水率：又称最大毛管水持水率，是指土壤所有毛管孔隙都充满水分时的含水量，毛管持水量包括吸湿水、膜状水和上升毛管水三者的总和。

3.1.2 土壤水分的有效性

土壤水分有效性是指土壤水分是否能被作物利用及其被利用的难易程度。土壤水分有效性的高低，主要取决于其存在的形态、性质和数量，以及作物吸水力与土壤持水力之差。

当土壤中的水分不能满足作物的需要时，作物便会呈现凋萎状态。作物因缺水从开始凋萎到枯死要经历一个过程。夏季光照强、气温高，作物蒸腾作用大于吸水作用，叶子会卷缩下垂，呈现凋萎，但当气温下降，蒸腾减弱时，又可恢复正常，作物的这种凋萎称为暂时凋萎。当作物呈现凋萎后，即使灌水也不能使其恢复生命活动，这种凋萎叫做永久凋萎。所谓凋萎系数就是当作物呈现永久凋萎时的土壤含水率。当土壤水分处于凋萎系数时，土壤的持水力与作物的吸水力基本相等（约 1.5MPa），作物吸收不到水分，因此，凋萎系数是土壤有效水分的下限。

在旱地土壤中，土壤所能保持水分的最大量是田间持水率。当水分超过田间持水率时，便会出现重力水下渗流失的现象。因此，田间持水率是旱地土壤有效水分的上限。

由上可见，土壤有效水就是由田间持水率到凋萎系数之间的水分，即土壤最大有效水量（％）＝田间持水率（％）－凋萎系数（％）。

对作物而言，土壤中所有的有效水都是能够被吸收利用的，但是，由于土壤水的形态、所受的吸力和移动的难易有所不同，因此，其有效程度也有差异（图3.1.1）。

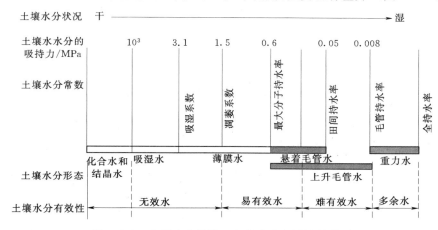

图 3.1.1　土壤水分常数与土壤水分有效性的关系

3.1.3　土壤含水率

不同尺寸的固体颗粒组成土壤的骨架。在这些土壤颗粒之间是相互连接的孔隙，这些孔隙在形状及体积上都大大地不同（图3.1.2）。在完全干燥的土壤中，所有的孔隙都被空气填充，而在完全湿润的土壤中，所有的空隙均被水填充。在大多数田间情况下，土壤孔隙被水及空气填充。所以在这里定量地描述土壤中固-液-气的关系。

土壤的物理属性，包括储水能力，都与土壤中水和空气的体积分数有很大的关系。为了植物的种植以及正常生长，必须实现孔隙中水与空气的平衡。如果土壤中水分含量不够，植物生长将受到水分胁迫的抑制。如果空气含量不够，常常会含有过量的水，植物将会因为曝气不足而受到限制。

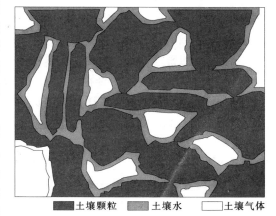

图 3.1.2　土壤剖面

土壤含水率可以用体积含率、质量含水率（重量含水率）表示，还可以用等效深度或者相对饱和度表示。同样也有很多方式表现土壤中的空气含量。土壤的密度可以定义为

$$\rho_b = \frac{\text{干土的质量}}{\text{土壤的体积}} = \frac{\rho_p cA}{DA} = \frac{\rho_p c}{D} \tag{3.1.1}$$

35

式中：ρ_b 为土壤的密度（容重）；ρ_p 为土壤颗粒的密度；A 为面积；c 为土壤中固体的等效深度；D 为土壤（包括固体，水，空气）总的等效深度。

一旦知道 ρ_b 就能够很容易的定义其他的土壤含水率参数，可以利用图 3.1.3 理解这些参数的定义：土壤中固体完全压缩后，其等效深度为 c，土壤中溶液和空气的等效深度分别为 b 和 a，总的孔隙等效深度为 d。

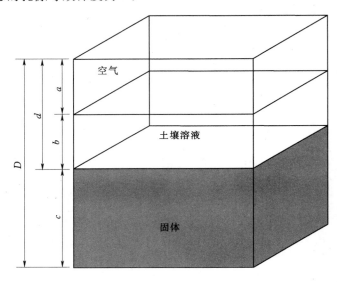

图 3.1.3　土壤三相物质比例示意图

（1）质量含水率。其中最基本的测量土壤含水率的参数是土壤水分质量含量（质量含水率）θ_m，定义为

$$\theta_m = \frac{\text{水的质量}}{\text{干土的质量}} = \frac{m_w}{m_s} = \frac{\rho_w bA}{\rho_p cA} = \frac{\rho_w b}{\rho_p c} \tag{3.1.2}$$

式中：ρ_w 为水的密度；b 为水的等效深度。

实际上，θ_m 可以通过测量在田间土样在烘干前后的质量变化确定，烘干前后的质量差即为水的质量，烘干后的土样的质量即为干土的质量。只知道水的质量含水率 θ_m 而不知道水的体积含量 θ_v 并不足以得到田间土壤中水的等效深度。定义 θ_v 体积含水率如下：

$$\theta_v = \frac{\text{水的体积}}{\text{土壤的体积}} = \frac{bA}{DA} = \frac{b}{D} \tag{3.1.3}$$

（2）体积含水率。体积含水率 θ 也可以定义为

$$\theta = V_w / V_t = V_w / (V_s + V_f) \tag{3.1.4}$$

体积湿度（也称体积含水量或者土壤水分体积百分比）一般是计算占土壤总体积的百分比，而不是计算占土壤孔隙体积的百分比。对于砂质土壤，饱和体积含水率在 40%～50% 之间，中等质地的砂土饱和体积含水率一般为 50%；黏质土壤饱和体积含水率能达到 60%。黏土饱和时的体积含水率可能超过干燥的土壤孔隙度，这就是黏质土壤发生湿润膨胀的结果。用 θ 来表示土壤含水率，因为 θ 可以直接用来计算灌溉或者降雨使土壤增加的水量或者通量，也可以计算由于蒸发或者排水从土壤中流失的水量。另外 θ 还可以表

示土壤水分深度，比如单位土壤深度中的水深。对于膨胀性土壤，土壤的孔隙度会随着湿度发生显著性变化，这样也会改变土壤总体积。所以用土壤水分体积与土壤颗粒体积的比值表示会比较好。

水量比 v_w 定义为

$$v_w = V_w/V_s \tag{3.1.5}$$

即可以简单地用水的等效深度与土壤深度（D）的比值表示土壤中水分的数量。比如在 1000mm 的土壤中水的等效深度是 260mm，则土壤中水的体积含量是 $\theta_v = 0.26$。土壤水分体积含量是土壤含水率最有用的表现方式，土壤中水的等效深度，通常定义如下：

$$b = \theta_v D \tag{3.1.6}$$

这些概念也让土壤孔隙率的表达更简单，土壤中总的孔隙率定义为

$$PE = \frac{\text{总的孔隙的体积}}{\text{土壤的体积}} = \frac{(a+b)A}{DA} = \frac{a+b}{D} \tag{3.1.7}$$

（3）饱和度。饱和度 s 定义为

$$s = V_w/V_f = V_w/(V_a + V_w) \tag{3.1.8}$$

这个指标是用土壤中孔隙度表示水分体积含量，干土时为 0，完全饱和时达到 100%。完全饱和状态很难达到，因为即使在非常湿润的土壤中也会有空气包裹在水中。对于饱和的土壤，土壤中所有的孔隙均被水所填充，即饱和体积含水率 $\theta_s = PE$，孔隙中的空气含量定义为

$$PE_a = \frac{\text{空气的体积}}{\text{土壤的体积}} = \frac{aA}{DA} = \frac{a}{D} \tag{3.1.9}$$

相对饱和度 θ_{vf}，定义为体积含水率 θ_v 和饱和含水率 θ_s 的比值：

$$\theta_{vf} = \frac{bA}{(a+b)A} = \frac{b}{a+b} = \frac{\theta_v}{PE} \tag{3.1.10}$$

土壤质量含水率 θ_m 和体积含水率 θ_v 之间的关系为

$$\theta_v = \frac{\rho_b}{\rho_w} \theta_m \tag{3.1.11}$$

式中：ρ_b 为土壤的容重。

（4）空气孔隙度（空气含量百分比）。空气孔隙度是衡量土壤中空气含量的指标，定义为

$$f_a = V_a/V_t = V_a/(V_a + V_s + V_w) \tag{3.1.12}$$

空气孔隙度是土壤痛风性的重要指标，与饱和度 s 成反比（$f_a = f - s$）。

（5）含水率概念之间的相互关系。有上述所给的定义，可以推出不同土壤含水率概念之间的相互关系，下述是几种常用的相互关系：

孔隙度 f 与孔隙率 e 的关系：

$$e = f/(1-f) \tag{3.1.13}$$

$$f = e/(1+e) \tag{3.1.14}$$

体积含水率 θ_v 与饱和度 s_e 的关系：

$$\theta_v = s_e f \tag{3.1.15}$$

$$s_e = \theta_v/f \tag{3.1.16}$$

孔隙度 f 与土壤密度 ρ_s 的关系：

$$f=(\rho_s-\rho_b)/\rho_s=1-\rho_b/\rho_s \tag{3.1.17}$$

$$\rho_b=(1-f)\rho_s \tag{3.1.18}$$

质量含水率 θ_s 与体积含水率 θ_v 的关系：

θ_v 是液态水的体积与土壤体积的比值。被美国土壤科学协会公认的国际单位制中认为 θ_v 的量纲是 cm^3/cm^3，θ_m 的量纲是 g/g。

$$\theta_v=\theta_s\rho_b/\rho_w \tag{3.1.19}$$

$$\theta_s=\theta_v\rho_w/\rho_b \tag{3.1.20}$$

ρ_w 是水的密度（M_w/V_w），为 $1.0g/cm^3$。由于 ρ_b 一般比 ρ_w 大，所以体积含水率一般大于质量含水率（ρ_b 越大越明显）。

体积含水率、空气含量 f_a 与饱和度的关系：

$$f_a=f-\theta_v=f(1-s_e) \tag{3.1.21}$$

$$\theta_v=f-f_a \tag{3.1.22}$$

上述定义的几种参数，用来表述土壤物理属性最常用的是几个参数是孔隙度 f，土壤密度 ρ_b，体积含水量 θ_v，质量含水率 θ_s。

【例 3.1.1】　一份湿重为 $1000g$，体积为 $640cm^3$ 的湿润土样放在烘箱中烘干后，得到干土重 $800g$，假设典型矿质土土粒密度已知，计算土壤干容重 ρ_b、孔隙度 f、孔隙率 e、质量含水量 w、体积含水量 θ、水量比 V_w、饱和度 s、空气孔隙度 f_a。

解： 土壤干容重：
$$\rho_b=\frac{M_s}{V}=\frac{800g}{640cm^3}=1.25g/cm^3$$

孔隙度：
$$f=1-\frac{\rho_b}{\rho_s}=1-\frac{1.25}{2.65}=1-0.472=0.528$$

同样地
$$f=\frac{V_f}{V_t}=\frac{V_t-V_s}{V_t}$$

由于
$$V_s=\frac{M_s}{\rho_s}=\frac{800g}{2.65g/cm^3}=301.9cm^3$$

所以
$$f=\frac{640cm^3-301.9cm^3}{640cm^3}=0.528=52.8\%$$

孔隙率：
$$e=\frac{V_f}{V_s}=\frac{V_t-V_s}{V_s}=\frac{640cm^3-301.9cm^3}{301.9cm^3}=1.12$$

质量含水率：
$$w=\frac{M_w}{W_s}=\frac{M_t-M_s}{M_s}=\frac{1000g-800g}{800g}=0.25=25\%$$

体积含水率：
$$\theta=\frac{V_w}{V_t}=\frac{200cm^3}{640cm^3}=0.3125=31.25\%$$

注意：$\rho_w=M_w/V_w$，ρ_w 为水的密度，近似等于 $1gm/cm^3$，代入
$$\theta=w\frac{\rho_b}{\rho_w}=0.25\frac{1.25g/cm^3}{1.0g/cm^3}=0.3125$$

水量比：
$$v_w=\frac{V_w}{V_s}=\frac{200cm^3}{301.9cm^3}=0.662$$

饱和度：
$$s=\frac{V_w}{V_t-V_s}=\frac{200cm^3}{640cm^3-301.9cm^3}=0.592=59.2\%$$

空气孔隙度：$f=\dfrac{V_a}{V_t}=\dfrac{640\mathrm{cm^3}-200\mathrm{cm^3}-301.9\mathrm{cm^3}}{640\mathrm{cm^3}}=0.216=21.6\%$

【例 3.1.2】 已知：土样的尺寸为 0.1m×0.1m×0.1m，总质量为 1.46kg，其中 0.26kg 是水，水的密度 ρ_w 为 1.0g/cm³，土颗粒的密度 ρ_s 为 2.65 g/cm³。求：质量含水率、体积含水率、水的等效深度、土体密度、总孔隙率以及相对饱和度。

解： 土壤的质量含水率 $\theta_m=\dfrac{m_w}{m_s}=\dfrac{0.26}{1.46-0.26}=0.217$

体积含水率 $\theta_v=\dfrac{V_w}{V_b}=\dfrac{m_w}{\rho_w V_b}=\dfrac{0.26}{1000\times0.001}=0.26$

土壤密度 $\rho_b=\dfrac{m_s}{V_s}=\dfrac{1.2}{0.001}=1200(\mathrm{kg/m^3})$

总的孔隙率 $PE=\dfrac{(a+b)A}{DA}=\dfrac{a+b}{D}=\dfrac{D-c}{D}=1-\dfrac{c}{D}$

由于 $c=D\dfrac{\rho_b}{\rho_s}$ 所以 $PE=1-\dfrac{\rho_b}{\rho_s}=0.547$

相对饱和度 $=\dfrac{\text{土壤水分的体积}}{\text{土壤孔隙的体积}}=\dfrac{b}{PE}=\dfrac{0.26}{0.547}=0.475$

【例 3.1.3】 已知：土样的湿重是 220kg，水分质量含水量是 0.18，求：干土的重量以及桶中水的质量。

解： 干土的重量为 $m_s=\dfrac{m_{s+w}}{\theta_m+1}=\dfrac{220}{0.19+1}=186.4(\mathrm{kg})$

水的质量为 $m_w=m_{s+w}-m_s=220-186.4=33.6(\mathrm{kg})$

【例 3.1.4】 已知：土壤从地表至 0.8m 深度区间，水的体积含率为 0.12。求解：使其的体积含率达到 0.3 需要多少水。

解： 0～80cm 土壤深度初始含水量为 $D_c=0.12\times0.8=0.096(\mathrm{m})$

目标含水量为 $D_c=0.3\times0.8=0.240(\mathrm{m})$

需要补充的水量为 $0.240-0.096=0.144(\mathrm{m})$

$$\delta D=\Delta\theta_v D=(0.3-0.12)\times0.8=0.144(\mathrm{m})$$

3.1.4 田间持水率

在田间，大约在土层以下 200mm 深度位置，土壤含水率由于植物根系的吸收达到一个最低限值，这个最低限值叫做永久凋萎系数，用 θ_{vpw} 表示。凋萎系数主要取决于土壤属性，只是轻微受植物的影响，通常凋萎系数被认为是土壤特性。

田间持水率（θ_{vfc}）：土壤水不受地下水影响的条件下，土壤中悬着毛管水达到最大时的土壤含水率。也有定义认为：当表层土壤完全湿润后，水分开始向比较干燥的土壤移动，直到发生移动的水量与植物根系的吸收的水量相比可以忽略不计时土壤中的水分含量为田间持水率，这个概念可以通过图 3.1.4 和图 3.1.5 描述。图 3.1.4 分别表示理想化土壤与真实土壤含水率（从凋萎系数到近饱和状态）与时间的函数关系，其中理想化土壤在 1.5d 达到田间持水率。θ_{vpw} 与 θ_{vfc} 之间的差值叫做土壤的可利用水，即植物从土壤中所能够吸收利用的水量。当土壤最初含水量处于即将凋萎时而要恢复至田间持水能力需要的水

量为

$$D_e = D(\theta_{vfc} - \theta_{vpw}) \tag{3.1.23}$$

田间持水率是一个非常重要的水分参数。对作物吸收利用而言，田间持水率是其有效水的上限，是确定各种灌水技术下灌溉定额的重要参数。

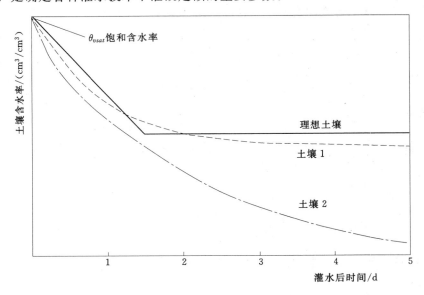

图 3.1.4 灌水后土壤含水率随时间的变化

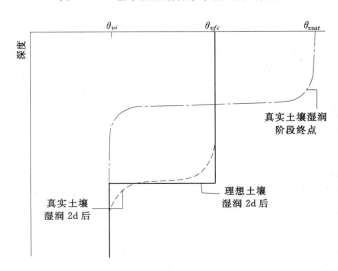

图 3.1.5 降雨或灌溉 2d 后理想土壤及真实土壤的剖面水分含量

需要指出，田间持水率的概念并不适合于膨胀土，在湿润时，膨胀土极大地扩展；干燥时随之而来的收缩将产生巨大的深裂隙。当水通过灌溉或降雨重新进入土中，膨胀使裂隙合拢使土壤以不同的方式湿润到比田间持水能力深的深度。因此田间持水率的概念和原则将不适用于膨胀土。

【例 3.1.5】 已知：田间持水率为 0.3（体积含水率）的土在降雨土壤剖面含水率分布表现出差异，见表 3.1.1，求解：降雨量 50mm 情况下的入渗深度。

表 3.1.1 降雨条件下的土壤水分过程

容重/(g/cm³)	θ_v	需要的雨量/mm	多余的雨量/mm
1.20	0.06	12	38
1.30	0.13	25.5	12.5
1.40	0.21	54	0①
1.40		0①	

① 没有足够的水达到该层。

如果提供的水超过达到田间持水能力所需的水，超过部分将排入下一层，如此重复计算。计算结果如表 3.1.1 所列，第一层需要水量 $50\times(0.3-0.06)=12$mm 来达到田间持水能力，然后剩余 38mm 水进入下一层土壤。下一层突然需要水分 $150\times(0.3-0.13)=25.5$mm，剩余 $38-25.5=12.5$mm 的水量进入下一土层。由于下一土层需要水分 $600\times(0.3-0.21)=54$mm，剩余的水量不够，利用 $D=D_c/(0.3-0.21)=12.5/0.09=139$mm，所以总的湿润土层是 $50+150+139=339$mm。

【例 3.1.6】 已知：土壤最初的含水率 $\theta_v=0.1$，田间持水率 $\theta_{vfc}=0.3$，则
(1) 100mm 的降雨会湿润多厚的土层；(2) 湿润土层到 1250mm 需要多少水？

解：100mm 的降雨湿润土层的厚度为：

(1) $D=\dfrac{100}{0.3-0.1}=500$（mm）。

(2) 湿润土层到 1250mm 需要 $1250\times(0.3-0.1)=250$mm 降雨。

3.2 土壤水势

3.2.1 达西定律

1856 年，法国水力学家达西（Darcy）在研究城市水源问题时，为了确定水流在砂体中的流动规律，在一根直立均质砂柱中进行稳定流实验。根据实验数据得到流量 Q 与过水断面面积 A 和水头差 (h_1-h_2) 成正比，与渗流长度 L 成正比，得出了著名的达西公式：

$$Q=KA\frac{h_1-h_2}{L} \tag{3.2.1}$$

式中：K 为渗透系数；$(h_1-h_2)/L$ 为水力梯度 J。

若把单位时间流过单位面积内的水量用渗透流速 u 来表示，则达西定律可写成：

$$u=KA\frac{h_1-h_2}{L}=KJ \tag{3.2.2}$$

达西公式是最早给出孔隙介质中水流阻力随渗透流速的变化规律的渗流线性方程。

传统的孔隙介质地下水渗流理论认为：当流速很低时，渗透流速与水力梯度服从达西定律（$u=kJ$）；随着流速增大，渗流逐渐偏离达西定律，渗透速度与水力梯度服从

Forchheimer 二次方程（$J = Au + Bu^2$）；当流速增大到某一定值形成紊流时，水力梯度与渗透流速的平方成正比（$J = Bu^2$）。并通过类比尼古拉兹圆管沿程水头损失变化规律，引入雷诺数（Re）判断孔隙介质的流态，得到了目前比较公认的采用分段函数来分别刻画不同流态下的渗流基本方程：

$$J = \begin{cases} \dfrac{1}{K}u & Re < 10 \\ Au + Bu^2 & Re > 10 \\ Bu^2 & Re > 200 \end{cases} \qquad (3.2.3)$$

将多孔介质中流态分为层流区、过渡区和紊流区。层流区，雷诺数 Re 介于 1～10 之间，黏滞力起主要作用，达西定律成立。在过渡区，黏滞力起主要作用的层流状态逐渐变为惯性力支配的另一种层流状态，进而逐渐变为紊流，非线性过渡区上限雷诺数为 100，当雷诺数很大时，出现紊流区，后两种情况下达西定律均不成立（图 3.2.1）。

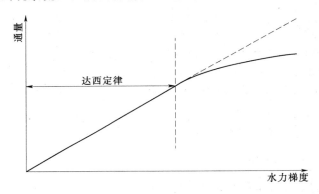

图 3.2.1　在高通量即湍流情况下真实流与达西定律的偏差

【例 3.2.1】　法国一个名为 Dijon 的城镇大约有一万人居住，这个镇的居民意识到他们的水源被污染了，但是一时又找不到博学的物理学家，所以他们邀请工程师达西来设计一个过滤系统帮忙除污。达西查找了很多书籍以及手册但是都没有找到关于设计过滤系统的内容，因此他不得不从头开始做实验。最后他颁布了著名的达西定律并留下了千古不朽的名声。过滤系统需要的土柱厚 30cm，所用砂的导水率为 2×10^{-3} cm/s。是否可以求出在静水压力水头（积水）为 0.7m 时所需的过滤池的面积？考虑水流垂直向下排向固定排水面。

解：首先计算流量 Q

$$Q = \frac{10^4 \text{人} \times 20\text{L}/(\text{人} \cdot \text{d}) \times 10^3/\text{L}}{86400\text{s/d}} = 2.31 \times 10^3 (\text{cm}^3/\text{s})$$

利用达西定律

$$Q = AK\frac{\Delta H}{L}$$

因此需要的面积 A

$$A = QL\frac{1}{K\Delta H}$$

水头差 ΔH 等于压力水头和重力水头差之和：$\Delta H = 70 + 30 = 100 (\text{cm})$

将 $L = 30\text{cm}$，$\Delta H = 100\text{cm}$，$K = 2 \times 10^{-3}$ cm/s 代入，得

$$A = \frac{2.31 \times 10^3 \times 30}{2 \times 10^{-3} \times 10^{-2}} = 3.5 \times 10^2 (\text{cm}^2) = 35 (\text{m}^2)$$

注意：由于人口以及人均水资源利用量在增加，而过滤池会逐渐堵塞，理所当然需要在计算时利用安全系数使过滤能力增加几倍（特别是在容纳需水高峰期时）。

3.2.2 土壤水势的概念

土壤中不同部位水的能量相对水平比较，常以土壤水势来表示。土水势是一种衡量土壤水能量的指标，是在土壤和水的平衡系统中，单位数量的水在恒温条件下，移动到参照状况的纯自由水体所能做的功。参照状况一般使用标准状态，即在大气压下，与土壤水具有相同温度的情况下（或某一特定温度下），以及在某一固定高度的假想的纯自由水体。在饱和土壤中，土壤水势大于参照状态的水势；在非饱和土壤中，土壤水受毛细作用和吸附力的限制，土壤水势低于参照状态的水势。

所有的水势分项都是定义在单位质量的水体，因此水势的单位也与单位水体的表述方式的不同而不同。

（1）水体以质量的形式表述，则水势的单位为：Joules/kg（J/kg）。

（2）水体以体积的形式表述，则水势的单位为：Pascals（Pa）。

（3）水体以重量的形式表述，则水势的单位为：m（或 mm）。

各种单位之间的换算见表 3.2.1。

表 3.2.1　　　在近饱和、田间持水率、凋萎点和风干 4 种状态下的水势

单　位		近饱和	田间持水率	凋萎点	风干
质量单位	J/kg	−0.098	−9.8	−1470	−21600
	erg/g	−980	−98400	−1.47×10^7	−2.16×10^8
体积单位	kilopascal（kPa）	−0.098	−9.8	−1470	−21600
	Megapascak（MPa）	−9.8×10^5	−0.0098	−1.47	−21.6
	Ba	−9.8×10^4	−0.098	−14.7	−216
	大气压（atmosphere）	−9.9×10^4	−0.099	−14.9	−219
重量单位	m(mH$_2$O)	−0.01	−1	−150	−2200
	mm(mmH$_2$O)	−10	−1000	−1.5×10^5	−2.2×10^6
其他	pF	0	2.0	4.2	5.4

注　pF 为 cmH$_2$O 的 lg 形式，1erg＝10^{-7}J。

土壤总水势土壤水势包括重力势、基质势、溶质势和温度势等水势分项，土水势可以写作以下表达式：

$$\phi_w = \phi_m + \phi_S + \phi_g + \phi_T \tag{3.2.4}$$

式中：ϕ_w 为土壤水势，即土壤水的总势能；ϕ_m 基质势；ϕ_S 为溶质势（渗透压势）；ϕ_g 为重力势；ϕ_T 为温度势。以上各种势能，如用单位重量土壤水的势能表示时，其单位为 Pa。

1. 重力势

物体从基准面移至某一高于基准面的位置时需要克服由于地球引力而产生的重力作用，因而必须对物体做功，这种功以重力势能的形式储存于物体中。土壤水与其他物体一

样，在基准面以上 Z 的单位重量的水所具有的势能 $\phi_g = Z$；反之，在基准面以下 Z 时，重力势能为 $\phi_g = -Z$。单位重量的土壤水包含的重力势能具有长度单位，一般称为水头。重力水头又称位置水头，仅与计算点和参照基准面的相对位置有关，与土质条件无关。

水平土柱中在压力水头梯度作用下发生水流运动，而垂直土柱中则在重力及压力的共同作用下发生流动。任一点的重力水头 H_g 由该点到参考平面的距离决定。压力水头由该点以上的水柱高度决定。

在经典水力学中，水力势（单位质量的机械能）通常表示为

$$\phi = \int_{P_0}^{P} \frac{\mathrm{d}P}{\rho} + gz + \frac{v^2}{2} \tag{3.2.5}$$

式中：P 为压力；P_0 为饱和状态下的压力；ρ 为液体的密度；g 是重力加速度；z 为到参考平面的距离；v 为流速。

式（3.2.5）中 3 项分别代表了压力势、重力势和速度势（动能）。由于在小孔中的速度很慢，因此动能向可以忽略不计。重力水头常用 z 表示，在 xyz 直角坐标系中 z 即为垂直方向的距离。通常将垂直水柱的底部设定为参考平面（$z=0$），或者设在水平水柱的上边界。然而事实上，将参考平面设在何处是不重要的，因为水头的绝对值是没有意义的，只有两点间的水势差才会影响水流的流动。

对于不可压缩液体（密度 ρ 不受压力 P 的影响），第一项可以写为 $\rho(P - P_0)$，假设 $P_0 = 0$ 的情况下，可得

$$\phi = P\rho + gz \tag{3.2.6}$$

压力水头以及重力水头可以简单地用图 3.2.2（a）表示。将一个垂直的土柱完全沉浸在水容器中，这样土柱的上表面与是平面齐平，水势分布如图 3.2.2（b）所示，其中垂直轴表示土柱到底部的高度，水平轴表示压力水头、重力水头以及总水头。重力水头与参考平面（$z=0$）有关，而且与高度成 $1:1$ 的比例增长。压力水头与自由表面有关，在自由表面处静力水头为 0。所以静力水头在土柱的最上部为 0，在土柱底部静力水头为 L，即土柱长度。从上到下随着重力水头的增加压力水头减少，所以重力水头及压力水头的和，即总水头在整个土柱中保持不变。这时称之为没有水流发生的平衡状态。

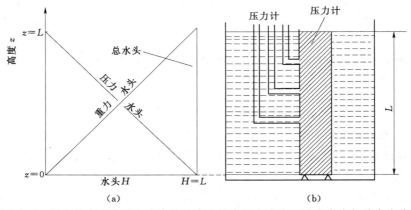

图 3.2.2 平衡状态下淹没在水中的垂直土柱中压力水头、重力水头与总水头分布

土柱中不同高度处水压力是不一样的，底部的水压力比顶部大得多，压力梯度大小相等方向相反的重力梯度使顶部的重力势比底部高得多。因此这两种梯度的作用相互抵消，使总水头保持不变，如土柱左边的压力管所示。

【例 3.2.2】 如图 3.2.3 所示的土壤中的 A、B 两个点，以及参照面位置，A 点高于参照面 150mm，B 点低于参照面 100mm，则 A 点的重力势 $\phi_g A = 150$mm，B 点的重力势 $\phi_g B = -100$mm。A 和 B 两点的重力势之差 $\Delta\phi_g = 150 - (-100) = 250$mm。

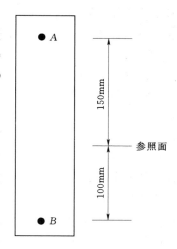

2. 基质势

相对于大气压力所存在的势能差为压力势。在地下水面处，土壤水的压力势为零，地下水面以下饱和区的静水压为正值；地下水面以上非饱和区土壤水的压力势为负值，常被称为"毛管势"或"基质势"。这是由于土壤基膜引起的毛管为和吸附力造成的。这种力将水吸引和束缚在土壤中，使土壤水的势能低于自由水。此外，还有一种压力势为气压势。由于邻近空气的气压变化而引起的。一般情况下，大气中压力变化较小，气压势可以忽略。

图 3.2.3 重力势计算示意图

早期的理论中，将土壤孔隙视为毛管，在毛管中，水会上升一定的高度。平衡状态下，毛管中上升水所受到的重力与表面张力在垂直方向的分量向平衡（图 3.2.4）。

土壤的基质势：

$$\phi_m = -\rho_w g h = -\frac{2\gamma\cos\upsilon}{r} \tag{3.2.7}$$

式中：g 为重力加速度；h 为平衡状态下毛管水的上升高度；γ 为表面张力；υ 为接触角；r 为土壤孔隙所形成的毛管的半径。

对于基质势的测定方法如图 3.2.5 所示，在一个密封的系统中的水被土壤的吸力所吸引，进入土壤后，形成真空，在平衡状态下，测量真空吸力以测定基质势。

$$\phi_m = -z_{Hg}\frac{\rho_{Hg}}{\rho_w} + z \tag{3.2.8}$$

式中：z_{Hg} 为水银柱的高度；ρ_{Hg}、ρ_w 分别为水银和水的密度；z 为从测量点到水银柱的距离（图 3.2.5）。

水银的密度和水的密度的比值为 13.6，因此式（3.2.8）可写为

$$\phi_m = -13.6z_{Hg} + z \tag{3.2.9}$$

由于 z 包含了 z_{Hg}（图 3.2.4），因此，式

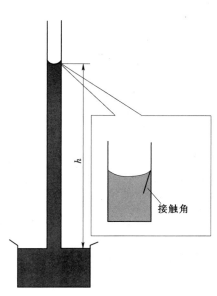

图 3.2.4 土壤毛管作用力示意图

（3.2.9）可以写为

$$\phi_m = -12.6 z_{Hg} + z_0 \qquad (3.2.10)$$

【例 3.2.3】　图 3.2.4 中水银槽面到测量陶瓷头的垂直距离是 200mm，由于真空吸引，水银上升的高度为 142mm，则基质势为

$$\phi_m = -12.6 \times 142 + 200 = -1590 (mm)$$

3. 溶质势（渗透压势）

溶质势的产生是由于可溶性物质（例如盐类），溶解于土壤溶液中，降低了土壤溶液的势能所致。当土-水系统中，存在半透膜（只允许水流通过而不允许盐类等溶质通过的材料）时，水将通过半透膜扩散到溶液中去，这种溶液与纯水之间存在的势能差为溶质势。也常称为渗透压势。当不存在半透膜时，这一现象并不明显影响整个土壤水的流动，一般可以不考虑。

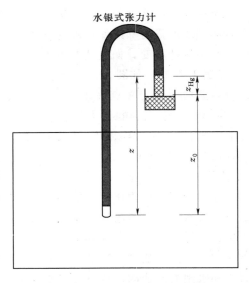

图 3.2.5　采用水银式张力计测量土壤基质势

但在植物根系吸水时，水分吸入根内要通要半透性的根膜，土壤溶液的势能必须高于根内势能，否则植物根系将不能吸水，甚至根茎内水分还被土壤吸取。所以，土壤含盐量较大时，例如土壤溶液的溶质势达到 $-14.5 \times 10^5 Pa$，即使土壤湿度较高（基质势为 $-0.5 \times 10^5 Pa$），植物亦无法从土壤中吸收水分。

4. 温度势

温度势是土壤中各点温度与以热力学确定的标准参照状态的温度之差所决定的。温度势在冻土条件下的土壤水分运动以及以气态水运动为主要形式的土壤水分运动中起到了主要的作用。

3.2.3　均衡及非均衡状态下的土壤水势

通常情况下，土壤中的水在非均衡状态下发生流动。而流动则是从水势高的地点向水势低的地点发生运动。以下对不同均衡和非均匀状态下的土壤水势进行分析。

地下水位在 $-700mm$ 位置（参照面亦选择在这一深度位置），则平衡状态下，土壤 $0 \sim 1100mm$ 深度位置的土壤水势分布如图 3.2.6 所示。其中 p、m、z 和 h 分别表示水的压力势、基质势、重力势和总水势。

某种土壤初始较为干燥，降雨后土壤自地表向下逐渐湿润，几天后，地表开始变干，蒸发条件下，水分运动方向向上。而在土壤底层，则水分继续向下移动，选择地表为参照面，则土壤剖面的水势分布如图 3.2.7 所示。

一种壤土，其体积含水率 $\theta_v = 0.26$，与另一体积相同的，体积含水率 $\theta_v = 0.30$ 的粉质壤土相接触，发生水分运动，当达到平衡状态时，两种土壤的基质势相同，根据质量平衡，两种土壤流入和流出的水分是相同的。采用试算法对平衡状态进行求解：设定壤土的土壤含水率从 0.26 变化为 0.20，粉质壤土的含水率从 0.30 增加至 0.36，这样的情况下，壤土的基质势变化为 $-1.06m$，而粉质壤土的基质势变化为 $-0.96m$，调整壤土的含水率由 0.26 变为 0.22，则粉质壤土的含水率从 0.30 增加至 0.34，两种土壤的基质势分别为

ϕ_p	ϕ_m	ϕ_z	ϕ_h
0	−1000	0	−1000
0	−450	−100	−550
0	−260	−200	−460
0	−120	−300	−420
0	0	−400	−400
100	0	−500	−400
200	0	−600	−400

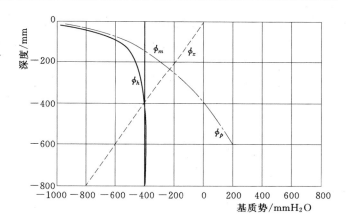

图 3.2.6 土壤水势分布

ϕ_p	ϕ_m	ϕ_z	ϕ_h
0	−10000	0	−10000
0	−3900	−100	−4000
0	−1800	−200	−2000
0	−700	−300	−1000
0	−600	−400	−1000
0	−500	−500	−1000
0	−500	−600	−1100
0	−600	−700	−1300

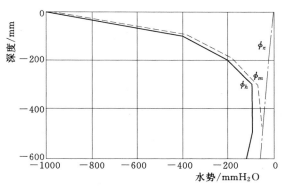

图 3.2.7 土壤剖面水势分布示意图

−1.06m 和 −1.43m，可以看出，均衡状态下，壤土的含水率在 0.20～0.22 之间，粉质壤土的含水率在 0.34～0.36 之间变化，试算结果表明，基质势在 −1.20m 的情况下，两种土壤的水分运动达到均衡，壤土和粉质壤土的含水率分别为 0.21 和 0.35，两种土壤的基质势变化如图 3.2.8 所示。

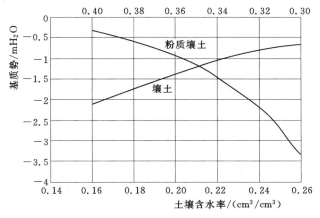

图 3.2.8 平衡过程示意图

【例 3. 2. 4】　图 3.2.9 中 A 点的土壤基质势 $\phi_m(A)=-300\text{mm}$，B 点的基质势为 $\phi_m(B)=-100\text{mm}$，土柱的平均水力传导度 $K_w=50\text{mm/d}$，水流为稳态流。求解：分别求土柱垂直、水平、倾斜状态下的水流通量。

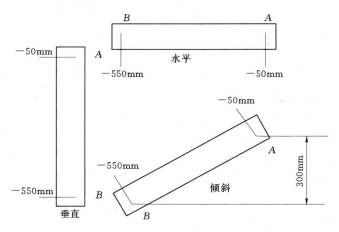

图 3.2.9　水势计算示意图

解： 这 3 个问题用同一个方程解决，即由于 $\Delta\phi_h$ 的变化情况下的水流通量。根据达西定律，水流通量为

$$J_w=-K_w\Delta\phi_h/\Delta S_x$$

选择 B 点为参考高程，情况 1：垂直流。

$$\phi_h/\Delta S_x=\frac{\phi_h(A)-\phi_h(B)}{S_x(A)-S_x(B)}$$

$$\phi_h(A)=\phi_m+\phi_z=-300+500=200(\text{mm})，\phi_h(B)=-100+0=-100(\text{mm})$$

$$\frac{\phi_h(A)-\phi_h(B)}{S_x(A)-S_x(B)}=\frac{200-(-100)}{-50-(-500)}=\frac{300}{500}=0.6$$

A 点到 B 点的水流通量为 $J_w=-K_w\Delta\phi_h/\Delta S_x=-50\times0.6=-30(\text{mm/d})$
情况 2：水平流。

$$\phi_h(A)=\phi_m+\phi_z=-300+0=-300(\text{mm})，\phi_h(B)=-100+0=-100(\text{mm})$$

$$\frac{\phi_h}{\Delta S_x}=\frac{\phi_h(A)-\phi_h(B)}{S_x(A)-S_x(B)}=\frac{-300-(-100)}{-50-(-500)}=\frac{-200}{500}=-0.4$$

A 点到 B 点的水流通量为 $J_w=-K_w\Delta\phi_h/\Delta S_x=-50\times(-0.4)=20(\text{mm/d})$
情况 3：A、B 之间垂直距离为 300mm 的倾斜状态。

$$\phi_h(A)=\phi_m+\phi_z=-300+300=0(\text{mm})，\phi_h(B)=-100+0=-100(\text{mm})$$

$$\frac{\phi_h}{\Delta S_x}=\frac{\phi_h(A)-\phi_h(B)}{S_x(A)-S_x(B)}=\frac{0-(-100)}{-50-(-500)}=\frac{100}{500}=0.2$$

A 点到 B 点的水流通量为 $J_w=-K_w\Delta\phi_h/\Delta S_x=-50\times0.2=10(\text{mm/d})$

【例 3. 2. 5】　如图 3.2.10 所示，稳定蒸发状态下 A、B 两点的基质势分别为 $\phi_m(A)=-20\text{m}$，$\phi_m(B)=-10\text{m}$，平均水力传导度 $K_w=10^{-7}\text{mm/s}$，深度的单位为 mm。求解：1d 内流过单位面积的流量。

解： A 点的水势为 $\phi_h(A)=\phi_m(A)+\phi_z(A)=-20$ $+0.1=-19.9(\text{m})$

B 点的水势为 $\phi_h(B)=\phi_m(B)+\phi_z(B)=-10+0=$ $-10(\text{m})$

A、B 两点的水势梯度为

$$\frac{\Delta\phi_h}{\Delta z}=\frac{\phi_h(A)-\phi_h(B)}{z(A)-z(B)}=\frac{-19.9-(-10)}{-0.05-(-0.15)}=-99$$

$$K_w=-\frac{Q\Delta z}{At\Delta\phi_h}=-\frac{-500000}{10000\times10\times1.8}=2.7(\text{mm/h})$$

单位面积的流量为

$$Q_w/A=-K_w x+\Delta\phi_h/\Delta z=10^{-7}\times86400\times(-99)$$
$$=0.855(\text{mm})$$

因为 Q_w 是正的，所以水流是向上的。

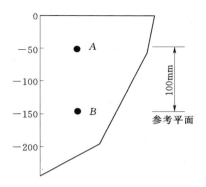

图 3.2.10　通量计算示意图

3.3　土壤水动力学性质

3.3.1　通量，流速，弯曲率

通量是单位时间内通过单位横截面积（垂直于水流方向）的水的体积。通量的量纲是

$$q=V/At=L^3/L^2T=LT^{-1} \tag{3.3.1}$$

即单位时间内的长度（常用单位 m/s），这也是速度的单位。由于土壤中孔隙的形状、宽度、方向的不同，土壤中真实的流速也是大大地不同（在具有较大尺度的孔隙中，孔隙中水流较快，孔隙中间处的流速比靠近土粒处的流速大）。严格意义上不能用一个速度表示水流的流速，更为重要的是，事实上因为部分面积被土粒堵塞，只有孔隙部分是可以通过水流的，所以水流不一定完全通过整个横截面面积 A。由于通过水流的真实面积比土柱横截面面积 A 小，所以真实的水流平均流速比通量大。而且由于天然孔径的复杂、弯曲，水流通过的真实路径比土柱的长度 L 长，如图 3.3.1 所示。

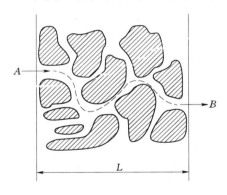

图 3.3.1　土壤孔隙中的流动路径

弯曲率定义为水流在两点之间（图 3.3.1 所示 A、B 两点）真实的迂回路线与两点之间的直线路径的比值，是孔径的平均长度（像展开盘绕的电话线一样展开）与土样长度的比值。弯曲率是描述多孔介质的无量纲几何参数。虽然很难精确测定土壤的弯曲率，但是一般情况下土壤的弯曲率都大于 1 甚至大于 2。

3.3.2　土壤的渗透性和流动性

水力传导度是通量与水力梯度的比值（或者通量与水力梯度关系线的斜率）（图 3.3.2）。

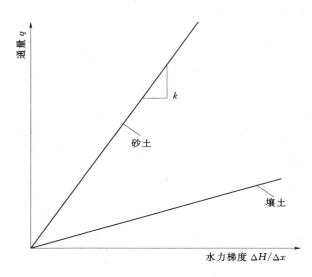

图 3.3.2　通量与水力梯度的线性关系［斜率表示水力导水率（单位梯度下通量）］

水力传导度的单位主要取决于驱动力的单位（水势梯度）。水势梯度最简单的方式是利用长度单位，即水头。水头梯度是长度与长度的比值，即 H/L，是无量纲的，因而水力传导度的量纲与通量的单位就相一致，同样为 LT^{-1}。需要指出，采用压力随着长度的变化率表示当水力梯度的情况下，水力传导度的量纲是 $M^{-1}L^3T$。

土壤水力传导度是反映土壤水分在压力水头差作用下流动的性能。一般在饱和土壤中导水率称为渗透系数。土壤水力传导度为在单位水头差作用下，单位断面面积上流过的水流通量。土壤水力传导度是土壤含水率或土壤负压的函数。饱和土壤孔隙中都充满

水，导水率达到最大值，且为常量。在非饱和土壤中，因土壤孔隙中部分充气，导水孔隙相应减少，导水率低于饱和土壤水情况，而且导水率是负压或含水率的函数，随着含水率降低而减小。由于在吸力作用下，土壤水首先从大孔隙中排除，随着吸力增加，水流仅能在小孔隙中流动。所以，土壤从饱和到非饱和将引起导水率的急剧降低。当吸力由零增至 $1 \times 10^5 Pa$ 时，导水率可能降低好几个数量级，有时降低到饱和导水率的 1/100000。

对于不同结构土壤，饱和与非饱和土壤水导水性能的相对关系是不同的。饱和土壤导水性能最好的是粗粒砂性土壤，导水最差的土壤是细质黏土，但非饱和土壤在较大负压情况下则可能相反。具有大孔隙粗质土壤，在吸力作用下孔隙中水分很快排除，导水率迅速下降；而黏质细颗粒土壤，在较高吸力下，许多小孔隙仍充满水，仍具有一定的导水性能，因此，导水率下降较缓慢。所以，细颗粒黏质土壤在同一吸力条件下可能较大孔隙粗质土壤具有较高导水率。

此外，土壤水力传导度还与土质有关，砂性土壤饱和含水率高于黏性土壤，随着土壤吸力增加，砂性土壤导水率降低速率较黏性土壤快，所以吸力增大时，黏质土壤导水率反大于砂质土壤。

非饱和土壤水力传导度 k 与土壤负压 h 或含水率 θ 的关系通常采用 van Genuchten 方程表示：

$$K(h) = \begin{cases} K_s K_r(h) & h \leqslant h_k \\ K_k + \dfrac{(h-h_k)(K_s - K_k)}{h_s - h_k} & h_k < h < h_s \\ K_s & h \geqslant h_s \end{cases} \tag{3.3.2}$$

其中

$$K_r = \frac{K_k}{K_s} \left(\frac{S_e}{S_{ek}} \right)^{\frac{1}{2}} \left[\frac{F(\theta_r) - F(\theta)}{F(\theta_r) - F(\theta_k)} \right]^2$$

$$F(\theta) = \left[1 - \left(\frac{\theta - \theta_a}{\theta_m - \theta_a} \right)^{\frac{1}{m}} \right]^m, \ m = 1 - \frac{1}{n}, n > 1$$

$$S_e = \frac{\theta - \theta_r}{\theta_s - \theta_r}, \ S_{ek} = \frac{\theta_k - \theta_r}{\theta_s - \theta_r}$$

$$h_s = -\frac{1}{\alpha} \left[\left(\frac{\theta_s - \theta_a}{\theta_m - \theta_a} \right)^{-\frac{1}{m}} - 1 \right]^{\frac{1}{m}}$$

$$h_k = -\frac{1}{\alpha} \left[\left(\frac{\theta_k - \theta_a}{\theta_m - \theta_a} \right)^{-\frac{1}{m}} - 1 \right]^{\frac{1}{m}}$$

式中：θ_r 为残余体积含水率；θ_s 为土壤进气含水率（饱和体积含水率）；K_r 为相对非饱和水力传导率；K_s 为饱和水力传导度；S_e 为饱和度；θ_a、θ_m 分别为土壤含水率和土壤负压关系曲线（即水分特征曲线）上两个设定值，$\theta_a = \theta_r$；α 为土壤进气时基质势的倒数；m、n 为土壤水分特征曲线形状参数，$m = 1 - 1/n$。

图 3.3.3 比较了不同土质的非饱和水力传导度和土壤含水率之间的关系。

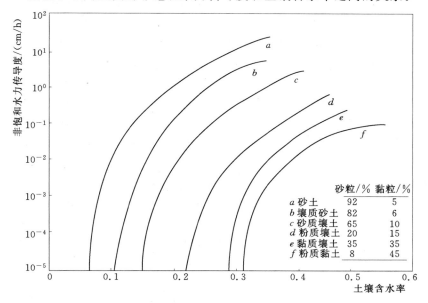

图 3.3.3 不同土质非饱和水力传导度和土壤含水率关系（Rawls et al.，1982）

在饱和土壤的稳定结构中，或者像砂岩这种刚性多孔介质中水力传导度是一个常数。砂土导水率的量级大约是 $10^{-2} \sim 10^{-3}$ cm/s，黏土的导水率通常在 $10^{-4} \sim 10^{-7}$ cm/s。

假设未衬砌的水库或池塘（底部为土壤）想要保持因渗流而损失的水量。当只在重力作用下（即没有压力或吸力梯度）水通过渗流进入底层土壤，这时可以认为渗流的速度近似等于饱和水力传导度。粗砂土的导水率 K 值为 10^{-2} cm/s，即以接近 10m/d 的巨大的速度损失水量；而饱和水力传导度 K 为 10^{-4} cm/s 细壤土损失水量为 10cm/d；导水率 K 为 10^{-6} cm/s 黏土的渗流速度不超过 1mm/d，比预计的蒸发量还要小得多。所以可以利用铺设一层黏土的方法来保持堤坝或水库中的水以及阻止未衬砌的运河中水的渗流。

水力传导度受土壤结构及土壤质地的影响较为显著，当土壤中孔隙率大，裂隙多且密集的情况下水力传导度较大。需要指出，水力传导度不仅仅取决于总的孔隙率，还受土壤孔隙所形成的毛管大小的影响。举例说明，拥有大孔隙的砾石或砂土的导水率比拥有细孔的黏土的水力传导度要大得多，而黏土的总孔隙率要远远大于砂土的孔隙率。田间出现裂缝、虫洞、腐朽的根通道时，在不同的水流方向以及水流条件下将会以不同的方式影响水流。如果压力水头是正值，这些通道将充满水并且会影响到流量的观测以及导水率的测量。如果水中的压力水头是负值，即土壤水在下吸力作用下，大孔中的水将会逐渐被排干然后不能再运输水。

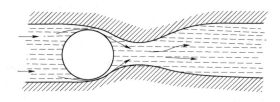

图 3.3.4　夹带空气气泡的堵塞流

事实上在大多数土壤中水力传导度并不是保持不变的。在不同的化学、物理或者生物作用下，水力传导度会随着土壤中水的渗漏或流动而变化。由于可交换离子络合物的存在，当与原土壤溶液比较含有不同溶质组成或浓度的水流入土壤时水力传导度就会发生较大变化。水力传导度一般会随着电解质浓度的增加而增加，由于膨胀和分散的现象，水力传导度也会因阳离子的不同而改变。在长期水流的作用下，由于黏土颗粒的运动和迁移可能会导致孔隙的堵塞。此外事实上，很难使水达到饱和状态而不留一点空气，因为截留的空气气泡会堵住孔隙通道，如图 3.3.4 所示。温度的改变会使流动的水溶解或者释放气体，然后也会改变气体的体积，从而改变土壤的水力传导度。

水力传导度 K 值并不是土壤独有的属性，因为其取决于土壤和液体共同的属性。土壤孔隙的几何形状如总孔隙度、孔隙尺寸的分布以及弯曲度等特性将影响水力传导度 K。液体属性中的密度、黏度等属性会影响水力传导度。

对于饱和水力传导度 K 的物理基础，目前较为认可的函数形式为

$$K = (cd^2)\left(\frac{g\rho}{\mu}\right) \tag{3.3.3}$$

式中：c 为介质颗粒形状结构系数；d 为介质颗粒平均直径；g 为重力加速度；ρ 为流体密度；μ 为液体动力黏滞系数。

式（3.3.3）表明，饱和水力传导度的物理性质介质的几何结构和流体的性质有关，是黏滞度、密度和介质结构的函数，严格意义上并不是常数。然而对于土壤介质中的水流运动，黏滞度、密度和介质结构等因素基本可视为常数，因此饱和水力传导度能够作为常数。

在理论或实际中可以将导水率 K 值分为两部分：土壤的渗透率 k，液体或气体的流动性 f

$$K = kf \tag{3.3.4}$$

其中，K 的单位是 m/s（LT^{-1}），k 的单位为 m^2（L^2），f 的单位为 $1/(cm \cdot s)$（$L^{-1}T^{-1}$）。

流动性 f 与黏度成反比

$$f = \rho g / \eta \tag{3.3.5}$$

因此

$$k = K\eta / \rho g \tag{3.3.6}$$

式中：η 为黏滞度，s/m^2；ρ 为液体密度，g/cm^3；g 为重力加速度，cm/s^2。

尽管在一些情况下普通的液体的密度会随着温度及溶质浓度的变化而变化，然而通常情况下可以认为土壤中水的密度保持不变，因而土壤中流动性的变化主要由黏滞度变化引起。对于土壤中的不可压缩流体，如气体，由于温度或压力改变而使密度发生变化则要考虑在内。

当由于流体的组成变化或者温度改变而使流动性变化时，渗透性可以理想地被认为是多孔介质特有的属性，而且其多孔几何形状使流体与固体基质不发生相互作用从而改变彼此的属性。在完全稳定的多孔体中，同样的渗透率可以通过不同的流体获得，例如水、空气或者油。

3.3.3 土壤基质势-含水率关系

土壤水的基质势（土壤吸力）是土壤含水率的函数，基质势与土壤含水率之间的关系曲线称为土壤水分特征曲线。该曲线反映了土壤水的能量与数量关系，是反映土壤水分运动基本特征的曲线。

在饱和土壤中施加吸力，当吸力较小时，土壤含水率维持饱和值；当吸力增加至超过某一临界值时，土壤最大孔隙中的水分开始向外排出，该临界负压值称为进气值，即土壤水由饱和转为非饱和时的负压值。不同土质的土壤进气值不同，一般轻质结构良好的土壤进气值小；重质黏性土壤进气值较大。

土壤基质势常以负压表示，土壤负压与含水率之间的关系至今尚不能从理论上得出，因而土壤水分特征曲线都用试验方法测定。为了计算和分析的需要，常拟合经验公式，表3.3.1 为一些相对较为常用的土壤水分特征曲线模型。目前采用较多的是 Gardner 等（1970）和 van Genuchten（1980）提出的经验关系式。

Gardner（1970）经验公式为

$$h = a\theta^{-b} \tag{3.3.7}$$

式中：h 为负压水头，cm；θ 为土壤含水率，常以体积百分数表示，cm^3/cm^3；a、b 为经验常数，由试验测定。

表 3.3.1 土壤水分特征曲线模型

函 数 形 式	文 献	参 数 意 义
$S_e = e^{ah}$	Gardner，1958	a 为孔隙分布指数，h 为土壤基质势，S_e 为饱和度
$S_e = (h/h_0)^{-\lambda}$，$h < h_0$	Brooks and Corey，1964	h_0 为土壤进气值负压，λ 为孔径分布指数
$S_e = a/(a + h^b)$	Brutsaert，1966	a 为经验参数，b 为无因次孔隙分布指数
$S_e = 1/(1 + \alpha|h|^n)^m$	van Genuchten，1980	α 进气潜能因子，n 孔径指数，m 曲线密和因子，$m = 1 - 1/n$
$S_e = [(1 + \beta|h|)e^{-\beta|h|}]^{2/(2+2a)}$	Russo，1988	β 为经验参数，a 为 Mualem 经验参数
$S_e = (1 + h/h_\tau)e^{h/h_\tau}$	Tani，1982	h_τ 持水曲线转折处的毛管压力

续表

函 数 形 式	文 　 献	参 数 意 义
$S_e = \dfrac{1}{2}\mathrm{erfc}\{[\ln(h_0-h)/(h_0-h_\tau)-\sigma^2]/2^{0.5}\}$	Kosugi, 1994	σ 为孔隙分布参数
$S_e = \dfrac{1+\alpha h}{1+\alpha h+\beta(\alpha h)^2}$	Zhang and van Genuchten, 1994	α 为规格因子，β 为形状参数
$S_e = 1 - e^{-\alpha(h^{-1}-h_r^{-1})^\beta}$	Assouline and Tessier, 1988	α、β 为形状参数，h_r 为下限含水率对应的毛管压力

van Genuchten（1980）土壤水分特征曲线函数关系为

$$\frac{\theta-\theta_r}{\theta_s-\theta_r} = \left[\frac{1}{1+(\alpha h)^n}\right]^m \tag{3.3.8}$$

$$m = 1 - \frac{1}{n} \quad 0<m<1$$

式中：m、n、α 为经验系数（或指数），均需通过试验求得；θ_r 为残余含水率，$\mathrm{cm}^3/\mathrm{cm}^3$；$\theta_s$ 为饱和含水率，$\mathrm{cm}^3/\mathrm{cm}^3$；$\theta$ 为计算时段土壤含水率，$\mathrm{cm}^3/\mathrm{cm}^3$。

典型土壤的水分特征曲线如图 3.3.5 所示。van Genuchten（1980）方程中包含了 5 个参数，θ_s、θ_r、α、n 和 m，描述土壤水分特征曲线的主要参数物理意义分析如下：

饱和土壤含水率 θ_s（saturated volumetric water content）：理论上等于土壤孔隙度，然而实际上由于溶解的气体和滞留气体等原因，通常在土壤水分特征曲线要小于孔隙率的 $10\%\sim25\%$。

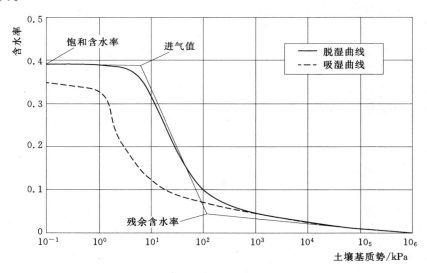

图 3.3.5　典型土壤水分特征曲线

参数 α 为土壤进气值倒数。进气值（air entry value）：为土壤基质中的最大孔隙开始失水时的负压。n 为表征土壤水分特征曲线形状的参数，$m=1-1/n$。

残余含水率（residual water content）：也称为下限含水率，针对土壤水分特征曲线的残余含水率和残余含水率负压有多种定义，并且这些定义也并不完全一致。van Genuchten（1980）定义为土壤负压增加时土壤含水率不再发生明显变化时的土壤含水率，并且认为可以采用负压为1500kPa时的土壤含水率作为残余含水率。

非饱和土壤含水率可以分为重力水（gravity water）、毛管水（pellicular water）和分子水（hygroscopic）。重力水能够在重力的作用下排出，毛管水则能够在蒸发条件下散失，而分子水则在自然条件下不易散失。而残余含水率是土壤中液态水是否能够在外力作用下被剥离土壤的临界状态。Brook and Corey（1966）指出，对于黏性土壤，确定残余含水率非常困难，并且残余含水率与土壤黏粒含量有关。

室内和野外试验资料都表明，土壤含水率与土壤基质势之间并不是单值函数关系。在土壤吸水和脱水过程中取得的水分特征曲线是不同的，这种现象常称为滞后现象。

土壤水分特征曲线对于同样质地和结构土壤也非单值曲线，对于吸水和脱水过程，负压与含水率关系曲线是不同的。经过充分饱和的土壤，在脱水（或称脱湿）过程中，测得的土壤水分特征曲线（图3.3.6中IDC线）称为初始脱湿曲线，在试样达到相当大的吸力（在这个吸力下，土壤含水率不因吸力的增加而有明显的变化，一般称该吸力下的土壤含水率为残留含水率）后，重新吸水所得的水分特征曲线称主吸湿曲线MWC。在吸湿过程的终结，土壤吸力为零，但此时的土壤含水率却小于开始试验时的原始饱和含水率。这是由于在土壤重新充水过程中，部分土壤孔隙中的

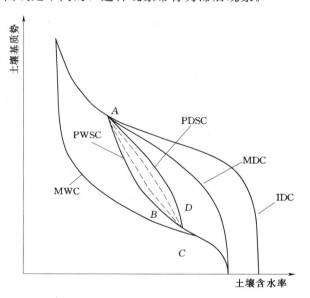

图3.3.6 吸湿和脱湿过程中的土壤水分特征曲线

空气未能及时排出即被水膜所隔绝，阻断了空气排除通道，这就使土壤充水容积小于土壤实际孔隙，因而使饱和含水率变小。除非有足够长时间让这部分截留下来的空气溶解于水中，否则这部分孔隙不会再被充水。从饱和状态（图3.3.6中饱和含水率θ_s）再次脱湿，可测得主脱湿曲线MDC，曲线MDC及MWC以θ_s和θ_r为起点和终点组成闭合环路。土壤在主脱（或吸）湿过程中某一时刻（图3.3.6中点A或点C）改变运动状态，所得到新的曲线称初始吸湿（或脱湿）扫描线（图3.3.6 PWSC线和PDSC线），在初始扫描过程中再改变运动状态（点B或点D），所得的曲线称为第二次脱湿（或吸湿）扫描线（SDSC线及SWSC线），继续转变时称高次扫描线。

土壤水分特征曲线的滞后作用对任何质地的土壤均存在，但滞后影响的和度不同，土质越轻，滞后的影响越大。

土壤水滞后现象产生的原因是十分复杂的，简单地说是由于土壤孔隙的不规则性造成的。土壤孔隙结构如图3.3.7所示，孔隙最大半径为$r_2 > r_1 > r_3$，若原来孔隙中充满了水，当土壤水势降低，其值超过$-2\sigma/r_1$（取接触角为零，σ为表面张力），孔隙中水将会

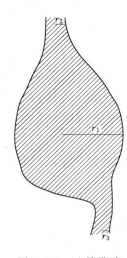

图 3.3.7　土壤孔隙
结构

排出。当重新吸水时，土壤水势增加至 $-2\sigma/r_2$，土壤孔隙会瞬时充水。所以，同一孔隙在排水和充水时决定作用的不同孔隙部位孔径不同，土壤水势也就不同。达到同一含水率，脱湿时要求的负压值大于吸湿情况，这就形成了土壤水的滞后现象。

总之，滞后现象对轻质土壤在低压范围内最为明显。对于吸湿和脱湿状态相继出现时的土壤水分运动影响尤为重要。

3.3.4　各向同性和均匀性

土壤的水力传导度（或渗透率）在土壤中可能是均匀的，也可能每个点之间都不一样，如果各个方向的导水率都是相同的，这种土壤就是均质土。然而每个点不同方向的导水率可能是不同的（例如水平方向导水率比垂直方向导水率大或者小），这种情况称之为各向异性。一种土壤可能是均质的但是每一点各向异性，也或许是不均质的（层质）但是每一点各向同性。在特定的条件下，K 可能是不均匀的（方向性的），也就是说在给定流线上不同流向的 K 值不同。各向异性往往是由土壤的结构造成的，例如层状、板状或柱状的土壤表现出的微孔或者大孔隙明显地存在方向上的差异。

【例 3.3.1】　稳定向下渗流通过两层土壤剖面，上面一层淹没水头为 1m，土壤底层为水面，两层土壤分别厚 50cm。第一种情况下，上层土壤的导水率为 10^{-4} cm/s，下面土层的导水率为 10^{-5} cm/s。第二种情况下把这两层土倒置（小导水率的土层在大导水率的上面）。如图 3.3.8 所示。

分别计算两种情况下两层土之间断面处的流量、压力水头。利用类比欧姆定律通过两种串联电阻的情况，可得

$$q=\frac{\Delta H}{R_1+R_2}$$

式中：q 为通量；ΔH 为整个剖面的总水头差；R_1、R_2 分别是土层 1 和土层 2 的水力阻力。

每层土的水力阻力直接与其厚度成正比，与其水力传导度成反比（水力阻力等于土层的厚度与其导水率的比值）。土壤表层压力水头是 100cm，重力水头也是 100cm（参考平面取在土壤底部），土壤底层的压力水头及重力水头均为 0，因此：

$$q=\frac{100+100}{50/10^{-4}+50/10^{-5}}=3.64\times10^{-5}\,(\text{cm/s})$$

对土层 1 单独应用达西定律计算两层土壤接触面处的水头：

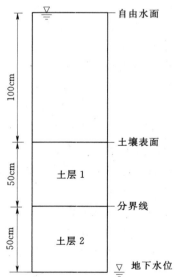

图 3.3.8　土壤的稳定渗流

$$q=K_1\Delta H_1/L_1=K_1(H_s-H_i)/L_2$$

其中，H_s 和 H_i 分别为土层 1 上边界和接触面的水头，因此接触面位置的水头为

$$H_i = H_s - qL_1/K_1 = 200 - (3.64 \times 10^{-5}) \times (5 \times 10^1)/10^{-4} = 181.8 (\text{cm})$$

3.4 土壤中的水流运动

3.4.1 毛细管中的水流

早期流体力学理论建立在理想流动状态下，即认为液体间无摩擦且不可压缩；而且在理想状态下的流体运动中层流间没有切向力（剪切应力），只有正常的压力。事实上这种理想状态是不存在的。在真实的液体流动中，相邻层间传递剪切力（拖动力），由于分子间吸引力的存在使液体分子遇到固体分子时就会黏上去而不是滑过去。真实液体的流动受液体黏度的影响。

可以通过考虑两平行板间的液体流动来更好地理解黏度，如图 3.4.1 所示，令下面一个板处于静止状态，上面一个板以恒定的速度 u 运动，由经验知液体会黏着在两个板上，所以黏着在下面静止板上的液体速度为 0，黏着在上面板上的液体以与板同样的速度运动。并且两个板之间速度是线性分布地，因此液体的速度与其到下面静止板的距离 y 成正比。

为了维持两个板子以恒定的速度相对运动，有必要利用剪切力的作用与液体间的摩擦力平衡。单位面积板上的摩擦力与上层板的速度 u 成正比，与距离 h 成反比。任一点的剪应力与速度梯度 du/dy 成正比。黏度 η 是剪切力 τ_s 与 du/dy 间的比例因子。

$$\tau_s = \mu du/dy \tag{3.4.1}$$

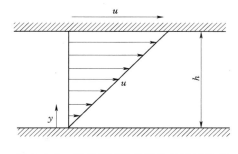

图 3.4.1　两平板间黏性流体的流速分布
（其中上下平板以相对速度 u 运动）

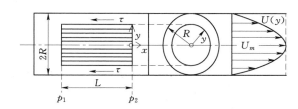

图 3.4.2　土柱中的毛细管流

利用上述这些关系即可以描述流体在固定直径 $D = 2R$（图 3.4.2）的圆管中的流动。不可压缩的牛顿流体在水平等粗圆管中作稳定流动时，如果雷诺数 $Re < 10$，则流动的形态是层流。要想维持液体的稳定流动，管子两端必须维持一定的压强差。流体动力学中，Hagen-Poiseuille 方程给出了长圆柱形管道中压力降与流动之间的关系函数。公式假设流体为层流状态，且不可压缩。流动通过在截面积不变的圆柱形管道中发生流动，且管道长度显著的大于截面直径。在水平均匀细圆管内作层流的黏性流体，其体积流量与管子两端的压强差成正比。

由于黏着力，管中的流速在管壁表面最小，在轴线处最大，在每一同心圆上速度是恒定的。相邻两层液体间以不同的速度互相滑动，这种平行流动称为层流。水平圆管中液体的流动是在轴向压力梯度作用下产生的。一个流体粒子在压力梯度作用下加速而在摩擦阻力的作用下减速。

假设同轴液管长 L，半径为 r，流动速度是恒定的，作用在液管表面的压力为 $\Delta p \pi r^2$，其中 $\Delta p = p_1 - p_2$，该压力与圆周面上的前切力 $2\pi r L \tau_s$ 作用而产生的摩擦力平衡，因此：

$$\tau_s = (\Delta p / L)(r/2) \tag{3.4.2}$$

式 (3.4.1) 对应弹性体来说剪切力与应变成正比，而在黏性液体中，剪切力与应变随时间的变化率成正比。负号表示流速 u 随着 r 的增加而减小。

因此可得

$$du/dy = -(\Delta p / \eta L)(r/2) \tag{3.4.3}$$

对式 (3.4.3) 进行积分，得

$$u(r) = (\Delta p / \eta L)(c - r^2/4) \tag{3.4.4}$$

积分常数 c 由边界条件确定，当 $r = R$ 时，$u = 0$，则 $c = R^2/4$。代入式 (3.4.4)，得

$$u(r) = (\Delta p / 4\eta L)(R^2 - r^2) \tag{3.4.5}$$

由式 (3.4.5) 可知孔隙中流速随着 r 呈抛物线分布，圆管轴处 ($r = 0$) 最大速度为

$$u_{\max} = \Delta p R^2 / 4\eta L \tag{3.4.6}$$

旋转抛物面的体积是（底×高）/2，由式 (3.4.6) 可知，单位时间内通过长度为 L 圆管的水的流量 Q 为

$$Q = \frac{dV}{dt} = u\pi R^2 = \frac{\pi R^4}{8\eta}\left(-\frac{\Delta P}{\Delta x}\right) = \frac{\pi R^4}{8\eta}\frac{|\Delta p|}{L} \tag{3.4.7}$$

式 (3.4.7) 即为 Hagen-Poiseuille 方程，表明流量与单位长度的压力变化量成正比，与圆管半径的 4 次方成正比。同样，在流量已知的情况下，则压力变化可表示为

$$\Delta P = \frac{8\mu L Q}{\pi r^4} \tag{3.4.8}$$

或

$$\Delta P = \frac{128\mu L Q}{\pi d^4} \tag{3.4.9}$$

式中：ΔP 为压力降；L 为管道长度；μ 为动力黏滞系数；Q 为通量；r 为管道半径；d 为管道直径；π 为圆周率。

横断面上的平均速度为

$$\bar{u} = \Delta P R^2 / 8\eta L = (R^2/a\eta)\nabla P \tag{3.4.10}$$

∇P 为水势梯度，参数 a 随着水流断面形状有关，在圆管中参数 $a = 8$。

由于土壤孔隙的细小，发生在土壤中的流动主要是层流，层流只发生在相对低的流速及半径比较小的圆管中。随着圆管半径以及流速的不断增加，平均流速将不再与压力降成正比，而且水流从层流变成有波动的漩涡的湍流，这种情况下，式 (3.4.9) 不再适用。

【例 3.4.1】　设定作用于灌溉胶管中的水的压力为 1bar，在胶管上装有 5 个滴灌发射器。每个灌溉胶管都有 1m 长的盘绕的细管，计算细管直径分别为 0.2mm、0.4mm、0.6mm、0.8mm 以及 1mm 情况下的水滴速率（假设为层流）最大发射器的流量占总流量的比值。

解：利用 Poiseuille 定律来计算流量 Q：

$$Q = \pi R^4 \Delta P / 8\eta L$$

将压力差 $\Delta P = 10^6\,\mathrm{dyn/cm^2}$，20℃时黏滞度 $\eta = 10^{-2}\,\mathrm{g/cm^3/s}$，细管长 $L = 100\mathrm{cm}$，细管半径分别为 0.01cm、0.02cm、0.03cm、0.04cm、0.05cm 代入式（3.4.9），得

发射器 1：

$$Q = \frac{3.14 \times (10^{-2})^4 \times 10^6}{8 \times 10^{-2} \times 10^2} = 3.91 \times 10^{-3}\,(\mathrm{cm^3/s})$$

发射器 2：

$$Q = \frac{3.14 \times (2 \times 10^{-2})^4 \times 10^6}{8 \times 10^{-2} \times 10^2} = 6.28 \times 10^{-2}\,(\mathrm{cm^3/s})$$

发射器 3：

$$Q = \frac{3.14 \times (3 \times 10^{-2})^4 \times 10^6}{8 \times 10^{-2} \times 10^2} = 3.18 \times 10^{-1}\,(\mathrm{cm^3/s})$$

发射器 4：

$$Q = \frac{3.14 \times (4 \times 10^{-2})^4 \times 10^6}{8 \times 10^{-2} \times 10^2} = 1.0\,(\mathrm{cm^3/s})$$

发射器 5：

$$Q = \frac{3.14 \times (5 \times 10^{-2})^4 \times 10^6}{8 \times 10^{-2} \times 10^2} = 8.83\,(\mathrm{cm^3/s})$$

最大发射器中的流量占总流量将近 2/3，而最小发射器中流量仅占 0.1%（其直径仅是最大发射器直径的 1/5）。需要指出，现代滴灌发射器一般部分依赖于湍流（而不是完全的层流）来减小压力波动的灵敏度以及颗粒堵塞的脆弱性。

3.4.2 土壤水瞬态流

对于通过规则大小的导管的稳定流来说，通过每一个断面的通量相同，这样水是不逗留的。对于瞬态（非稳定流），土壤中水分会被存储或者流失，因此对于瞬态流，进入导管的通量不等于流出导管的通量，如图 3.4.3 所示。进入导管的水量与导管中存在的水量之间的差距等于导管存储的变化。存储量的变化可以用单位时间内体积含水量的变化来表示 $\partial \theta_v / \partial t$，取决于进出流的差异。上述理论基于

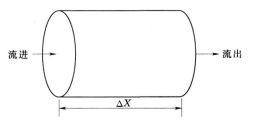

图 3.4.3 瞬态流动分析示意图（流入和流出单元体的质量差等于单元体内水量的变化量）

质量（水量）守恒的假设，进入导管的水量只能存储在导管中或者流出。对于一维土壤水运动来说，质量守恒可以用下式表述：

$$\frac{\partial \theta_v}{\partial t} = -\frac{\partial J_w}{\partial s_x} \tag{3.4.11}$$

式中：t 为时间；s_x 为流动距离。

将达西定律所确定的流速-水势关系式（3.2.1）代入式（3.4.11）就可以得到一般形式的 Richard 方程，即

$$\frac{\partial \theta_v}{\partial t} = \frac{\partial}{\partial s_x}\left(K_w \frac{\partial \phi_h}{\partial s_x}\right) \tag{3.4.12}$$

式中：K_w 为土壤水力传导度；ϕ_n 为土壤总水势。

式（3.4.12）是描述一维土壤水分运动的非线性微分方程，主要用于非饱和运动，因为不饱和土壤是允许水分存储量变化的唯一条件。方程的求解取决于初始条件及边界条件（即取决于所研究的问题）。

1. 土壤水平入渗

初始含水率均匀的均质土壤的水平入渗是最简单的入渗问题。对于这种情况，通过将流动限制在水平方向简化式（3.4.12）。对于水平方向运动，用 x 代替 s，$\partial\phi_z/\partial x$ 为 0，这样 $\partial\phi_h/\partial x = \partial\phi_m/\partial x$，式（3.4.12）简化为

$$\frac{\partial\theta_v}{\partial t} = \frac{\partial}{\partial x}\left(K_w\frac{\partial\phi_m}{\partial x}\right) \tag{3.4.13}$$

式中只有两个变量 θ_v、ϕ_m，可以通过定义一个新变量：土壤水分扩散率 D_w 来简化方程，转换中式（3.4.13）右手项括号中的第二项，得

$$\frac{\partial\phi_m}{\partial x} = \frac{\partial\phi_m}{\partial\theta_v}\frac{\partial\theta_v}{\partial x} \tag{3.4.14}$$

定义变量 D_w：
$$D_w = \frac{K_w}{C_w} = K_w\frac{\partial\phi_m}{\partial\theta_v} \tag{3.4.15}$$

式中 C_w 是比水容量，等于 $\Delta\theta_v/\partial\phi_m$，结合式（3.4.13）、式（3.4.14）、式（3.4.15）得

$$\frac{\partial\theta_v}{\partial t} = \frac{\partial}{\partial x}\left(D_w\frac{\partial\theta_v}{\partial x}\right) \tag{3.4.16}$$

式（3.4.16）称为扩散方程，只用于水平流动，即不考虑重力的作用。土壤水分扩散率包括了 θ_v-ϕ_m 与 θ_v-K_w 的关系，所以在计算 D_w 时这两个都需要。在定义 D_w 时，不考虑滞后作用。

式（3.4.16）中 $\Delta\theta_v$ 是产生水流的动力，不同于式（3.4.13）中将 $\Delta\phi_h$ 作为水流的动力，这意味着只能用于均质土壤的水平流，由此看出式（3.4.16）的使用条件更加苛刻。式（3.4.16）的优势在于 D_w 使用方便，因为其考虑了土壤储水量及土壤水力传导度的变化，并且 D_w 比较稳定，不像 K_w 受 θ_v 的影响变化很大。D_w 随 θ_v 的变化对渗透过程中湿润锋的形状有很重要的影响，同时也影响入渗量的大小。图 3.4.4 为 D_w 为常量和变量（随含水率的变化而变化）情况下的入渗峰面推进距离 x 与时间 $t^{1/2}$ 的关系比较，两种情况下湿润锋推进过程不同。湿润锋不同是土壤显著特征之一，正是由于 D_w 随 θ_v 变化，才有土壤的田间持水率。

D_w、K_w 及容水度 $\Delta\theta_v/\partial\phi_m$ 与 θ_v 的关系对比如图 3.4.5 和图 3.4.6 所示。可以看出，K_w 及 $\Delta\theta_v/\partial\phi_m$ 均随着含水率的增大而增大，但是 K_w 增大的比 $\Delta\theta_v/\partial\phi_m$ 快，因此，D_w 随着含水率的增大而增大，但是没有 K_w 增加的快。

【例 3.4.2】 已知：应用一维渗流方程解决渗流问题，土壤为壤土，Δz 增量为 50mm，Δt 的增量为 0.001d，土壤初始含水率为 $\theta_v = 0.12$，表层土含水率为 $\theta_v = 0.41$。求解：式（3.4.13）的近似解以及 Δt 时间间隔内的增量。

解：首先求得式（3.4.13）的近似解，近似解求解如下：

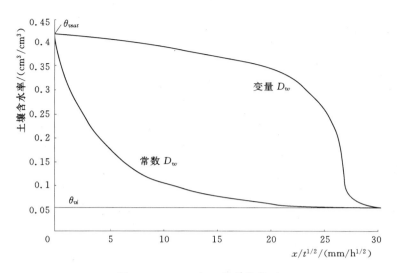

图 3.4.4 D_w 随 θ_v 的变化关系

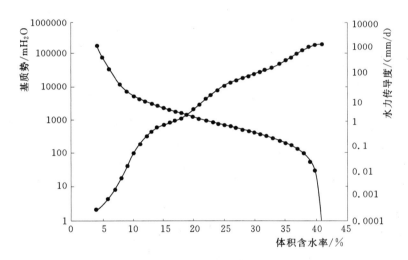

图 3.4.5 土壤体积含水率和基质势以及水力传导度的关系

$$\frac{\partial \theta_v}{\partial t} = \frac{\theta_{v,i,j+1} - \theta_{v,i,j}}{\Delta t}$$

$$\frac{\partial}{\partial t}\left(K_w \frac{\partial \phi_h}{\partial z}\right) = \frac{(\phi_{m,i-1,j} - \phi_{m,i,j} + \Delta z)K_{w,i-1/2,j}}{\Delta z^2} = \frac{(\phi_{m,i,j} - \phi_{m,i+1,j} + \Delta z)K_{w,i+1/2,j}}{\Delta z^2}$$

注意：只有当时间及深度的增量比较小的时候这个近似解才是一个比较好的估算值，即为了使近似解是比较好的估算的关键点是增量比较小。在上述近似解中 i、j 是相关时间、深度的下标。上述近似解方程中其余变量都是已知的，所以可以求得 $\theta_{v,i,j+1}$。已知变量如下：

$\theta_{v,i,j}=0.12$（初始含水率），设定 $\Delta t=0.001\text{d}$，$\Delta z=50\text{mm}$

$\phi_{m,i,j}=-3300$（对应 $\theta_v=0.12$）

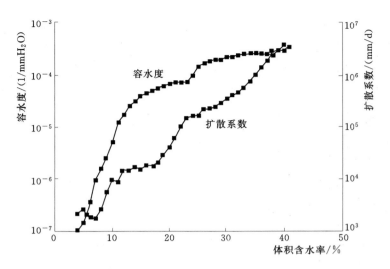

图 3.4.6　壤土容水度、扩散系数与体积含水率关系

$\phi_{m,i+1,j} = -3300$（对应表层以下 100mm 位置）

$\phi_{m,i-1,j} = 0$（饱和土壤表层）

$K_{w,i+1/2,j} = 0.26$mm/d

$K_{w,i-1/2,j} = 0.39$mm/d（对应体积含水率 $\theta_v = 0.265$）

$$\theta_{v,i,j+1} = \frac{[0-(-3300)+50] \times (39 \times 0.001) - [-3300-(-3300)+50] \times (0.265 \times 0.001)}{50 \times 50} + 0.12$$

$$= 0.052 + 0.12 = 0.172$$

可以将 $Q_{v,i,j+1}$ 作为新的初始条件，迭代计算直至获得最优解。这种方法亦是其他很多模型的基础。

2. 土壤垂直入渗

对于土壤中的垂直流动，式（3.4.13）变为

$$\frac{\partial \theta_v}{\partial t} = \frac{\partial}{\partial z} \left[K_w \frac{\partial (\phi_m + \phi_z)}{\partial z} \right] \tag{3.4.17}$$

展开后得

$$\frac{\partial \theta_v}{\partial t} = \frac{\partial}{\partial z} \left(K_w \frac{\partial \phi_m}{\partial z} + K_w \frac{\partial \phi_z}{\partial z} \right) = \frac{\partial}{\partial z} \left(D_w \frac{\partial \theta_v}{\partial z} + K_w \right) \tag{3.4.18}$$

式（3.4.18）与式（3.4.16）相似，都是将 ϕ_m 替换掉。区别在于多了重力项 K_w 与梯度的乘积。由于式（3.4.18）包括 D_w 及 K_w，这样利用势能梯度表示的瞬态方程，相较于用水分含量与重力势的混合形式使用更加方便。可以把式（3.4.17）改为

$$\frac{\partial \phi_m}{\partial t} = \frac{\partial}{\partial z} \left[\frac{K_w}{C_w} \frac{\partial (\phi_m + \phi_z)}{\partial z} \right] \tag{3.4.19}$$

式中：C_w 为容水度，$d\theta_v / d\phi_m$。

式（3.4.18）及式（3.4.19）都只限于等温、一维瞬态流。设定了边界条件及初始条件后即可采用数值方法进行求解。对于初始含水率相同的均质土壤的垂直入渗问题，

Philip 给出了如下近似解：

$$i = S'_P t^{1/2} + A'_p t \tag{3.4.20}$$

式中：A'_p 为土壤参数，相当于 K_w（饱和状态）。当表层土壤含水量维持在略低于饱和含水量，A'_p 会有所不同，但是仍然可以用该式求解。式（3.4.20）中第一项控制早期入渗过程，早期入渗阶段，第二项重力项在垂直入渗的早期阶段非常小，忽略不计，就等同于水平入渗。之后重力项在垂直入渗中越来越重要，逐渐控制入渗过程。

通过对式（3.4.20）进行微分，另设 $Ir = \mathrm{d}i/\mathrm{d}t$，得垂直入渗速率方程如下：

$$Ir = S'_p t^{1/2} + A'_p t \tag{3.4.21}$$

【例 3.4.3】 已知：砂土水平入渗，$\theta_{vi} = 0.2$，$\theta_{vt} = 0.5$，16min 时湿润锋移动 120mm，假设土壤饱和导水系数为 0.10mm/min。求解：S'_P、A'_p 的近似解，并分别计算 10min、100min、1000min、10000min、100000min 的水平及垂直入渗量。

解： 根据垂直入渗方程，可知：

$$S'_P = (\theta_{vt} - \theta_{vi}) D_{wf}/t^{0.5} = (0.5 - 0.2) \times 120/16^{0.5} = 9 (\mathrm{mm/min^{0.5}})$$

根据题目中 10min 时的湿润锋距离，计算 10min 时 S'_P，对于水平入渗 $i = 9 \times 10^{0.5} = 28.4(\mathrm{mm})$，对于垂直入渗为 $28.4 + 0.1 \times 10 = 29.4(\mathrm{mm})$，其他时间入渗量计算见表 3.4.1。

表 3.4.1　　　　　　　　　　　入 渗 过 程 计 算 结 果

时间/min	$S'_P t$/mm	$A'_p t$/mm	累计入渗	
			水平入渗	垂直入渗
10	28.4	1	28.4	29.4
100	90	10	90	100
1000	284	100	284	384
10000	900	1000	900	1900
100000	2840	10000	2840	12840

需要指出，Philip 方程的适用条件需要上边界维持饱和状态。对于大多数灌溉及天然降雨，无法满足上边界条件。当灌溉及降雨速率小于饱和导水率时，表层土壤无法达到饱和状态，不会形成连续流，这时入渗率等于灌溉或者降雨速率。即使灌溉及降雨速率大于饱和导水率，也需要一定的时间达到表层土壤饱和，出现持续流。

当灌溉及降雨速率远大于饱和导水率，将出现如图 3.4.7 所示现象，在第一个阶段（表层土壤湿润阶段），表层入渗速率 Ir 是恒定的。当表层土壤达到饱和状态，第二个阶段开始，即入渗速率不断减小。很长一段时间后达到第三阶段，即入渗速率几乎接近饱和导水率，并维持常数

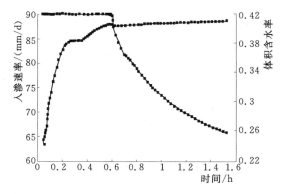

图 3.4.7　入渗初始时刻表层入渗速率和
含水率随时间变化

不变。上述过程中讨论的水力梯度及 K_w，变化过程如图 3.4.8 所示。在第一阶段，表层含水量不断增加，这样 K_w 也肯定不断增加，入渗速率是恒定常数（图 3.4.7）。

　　如果入渗量维持不变，K_w 不断增加，相应地水力梯度肯定会减少。在第二阶段，土壤表层已经达到饱和，K_w 保持不变，水力梯度随着入渗的减少而减少。当灌溉、降雨速率小于饱和导水率，将会出现如图 3.4.9 所示的不饱和流。一段时间后，水力梯度达到接近表面的 K_w 此时湿润土壤中 θ_v、ϕ_m 可以近似视为均匀。

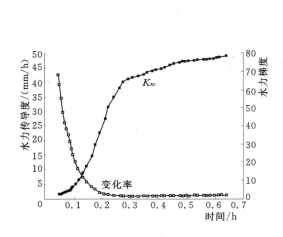

图 3.4.8　入渗过程中水势梯度、水力传导度变化

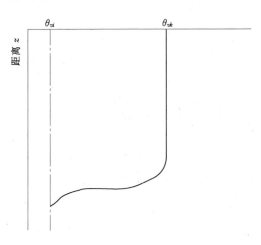

图 3.4.9　土壤垂直入渗中某一时刻含水率与垂直深度的函数关系

　　土壤剖面最初含水量为 θ_{vi}，土壤上部含水率为 θ_{vk}，该含水率与饱和导水率有关，当水力梯度为 1 时，含水率恒定。

　　在入渗的讨论中，可以认为土壤属性是随着时间稳定不变的，即：

　　（1）K_w 与 θ_v 的关系是唯一的。

　　（2）相同的湿润过程 θ_v、ϕ_m 关系相同。

　　在真实环境中，土壤属性基本稳定，对于部分特殊土壤，发现：

　　（1）由于聚合效应的存在，K_w 与 θ_v 的关系是随着时间变化的。

　　（2）由于土壤结构的变化，即使相同的湿润过程 θ_v、ϕ_m 关系也会发生变化。

　　粗质土壤颗粒没有聚合现象，一般认为比较稳定。中细土中的小颗粒会发生聚合，所以不稳定，土壤中的不稳定聚合会产生非稳定流。很多土壤相对不稳定，因此土壤属性随着时间变化。特别对于表层土壤，受降雨雨滴及灌溉设施喷洒的影响，很容易产生聚合效应，这会导致表层土壤入渗速率发生很大的变化。很多研究表明，影响聚合现象的变量是最影响入渗的变量，例如，土壤表层作物类型是影响入渗速率的主要因素。可以利用复杂的模型来解决这个问题。

第4章 土壤溶质迁移与转化

4.1 土壤溶质势

土壤以及根水系统中的溶质势存在的一个重要条件下存在着半透膜。土壤-水-植物系统中通常存在两种重要的半透膜。

（1）根的植物细胞具有选择性，部分溶质能够容易的通过根，进入植物体，部分溶质则被排斥，不能进入植物体。

（2）土壤-水-空气界面：水分能够蒸发出去，溶质则留在溶液中，使得土壤溶液的浓度增加或者结晶。

在盐分存在的情况下，对于裸地，蒸发条件下，盐分被滞留在土壤中，当盐分浓度很高的情况下，尽管含水率也比较大，但是蒸发量会下降很多。盐分含量较大的情况下，甚至可能改变表土的颜色，同样，对于植物，尽管土壤中有较高的含水率，但是植物无法从土壤中吸收水分。

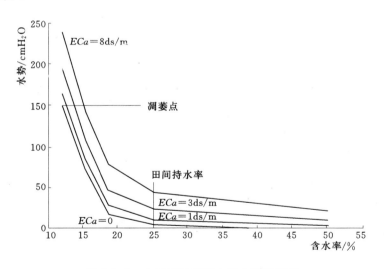

图 4.1.1 土壤溶质势对土壤水势的影响

图 4.1.1 为土壤存在盐分状态下的水势随土壤含水率的变化关系，可以看出溶质势并不影响田间持水率，然而却在很大程度上改变了凋萎点对应的含水率。设定土壤基质势为 -30kPa，则土壤中的溶质势为 -1450kPa 的情况下，则植物无法从土壤中吸收水分而发生枯萎。一些情况下，土壤中的盐分含量尽管比较低，但是仍然可能对植物生长造成严重的影响。溶质势 ϕ_s 存在的情况下，将使得土壤水分特征曲线发生移动，在植物能够提供

的吸力下，所吸收到的水分减小。

设定土壤中的固体与土壤溶液之间没有溶质交换的情况下，土壤溶质势 ϕ_s 的变化能够根据饱和状态下溶液的电导率（EC_c）进行估计：

$$\phi_s(\text{kPa}) = -36EC_c(\text{ds/m}) \tag{4.1.1}$$

需要指出，方程式（4.1.1）适用于土壤混合溶液的情况。如果土壤中的溶液组成成分发生变化，则式（4.1.1）亦需要相应的变换。更为通用的形式为

$$\phi_s = -RTc_s \tag{4.1.2}$$

式中：R 为通用气体常数，$8.314 \times 10^3 \text{kPa} \cdot \text{m}^3/(\text{mol} \cdot \text{K})$；$T$ 为土壤溶液的绝对温度，K；c_s 为土壤溶液浓度，mol/m^3。

灌溉水中电导率为 10ds/m，灌溉后，土壤排水将水分含量控制在田间持水率（$\theta_v = 0.25$），土壤水分在不断的消耗后到了凋萎点（$\theta_v = 0.12$），采用式（4.1.1），在田间持水率的情况下，土壤的溶质势为 $\phi_s = -36 \times 10 = -360\text{kPa}$。而在凋萎点时，土壤含水率的降低，相应的导致了土壤溶液浓度的增加，溶质势为 $-360 \times 0.25/0.12 = -750\text{kPa}$。表 4.1.1 为土壤含水率变化和溶质势变化的比较。

表 4.1.1　　　　　　　不同的盐分含量下的水势组成的比较（壤土）　　　　单位：kPa

θ	ϕ_m	ϕ_{s1}	ϕ_{w1}	ϕ_{s2}	ϕ_{w2}	ϕ_{s3}	ϕ_{w3}
0.41	0	-100	-100	-100	-500	-1000	-1000
0.38	-1	-108	-109	-539	-540	-1079	-1080
0.32	-3	-128	-131	-641	-644	-1281	-1284
0.22	-11	-186	-197	-932	-943	-1864	-1875
0.12	-33	-342	-375	-1708	-1741	-3416	-3449
0.05	-700	-820	-1520	-4100	-4800	-8200	-8900

4.2　土壤中的溶质迁移

4.2.1　混合置换理论（miscible displacement）

混合置换是指一种流体与另一种流体混合和置换的过程。在土壤中，一种与土壤溶液的组成或浓度不同的溶液进入土壤后，与土壤溶液进行混合和置换的过程。如盐分淋洗过程和含肥料和农药的水通过土壤的过程。混合置换现象实际是溶质运移各种过程的综合表现形式，是对流、弥散（分子扩散、机械弥散）等物理过程以及吸附、交换等物理化学过程综合作用的结果。

当一种新的溶液进入土体且其浓度或化学组成与已存在的土壤溶液不同时，由于旧溶液（被置换溶液）被新溶液（置换溶液）置换从而导致土体出流的溶液浓度随时间而变化。

穿透曲线（breakthrough curve）：即流出液的相对浓度与孔隙体积的相关曲线，简称 BTC。相对浓度（c/c_0）：即流出液浓度 c 与流入液浓度 c_0 之比。置换流体（displacing fluid）：指进入柱或管中，置换原有流体的流体。被置换流体（displaced fluid）：指管和

柱中被置换的原有流体。流入液（influent）：进入柱或管中的流体，与置换流体意思相当。流出液（effluent）：柱或管末端所流出的流体。孔隙体积（pore volume）：流出液体积与柱内多孔中液体所占的体积之比（PV）。例如，一土柱中多孔体总体积为 $3000cm^3$，其中液体所占体积（饱和时相当于总孔隙度）为 $1500cm^3$。当流出液体积为 $500cm^3$ 时，为 1/3 孔隙体积。BTC 可反映不同溶质在不同介质中混合置换和溶质运移特征。

当两种溶液先后进入完全饱和的土体时，如果在这两种溶液的接触界面上没有扩散和机械弥散现象发生，则这两种溶液不会发生混合而是完全置换。完全置换的结果导致在这两种溶液的接触面上形成明显的浓度锋，溶液以水流通量的速率沿主流方向推进。当旧溶液完全离开所研究的土体后新溶液才流出，其溶液的化学组成呈现出一个突然的改变。这种置换方式称为活塞流（图 4.2.1）。如果在这两种溶液的接触面上既发生分子扩散又存在有机械弥散，则新溶液的浓度锋将超前于活塞流的前进锋。实际土壤溶液一般互溶。当土壤溶液流动时，土壤溶液既有分子（或离子）扩散又有机械弥散，既混合又置换（图 4.2.2），因此土壤溶液的实际穿透曲线明显地不同于理想的活塞流而多呈 S 形曲线（图 4.2.3）。

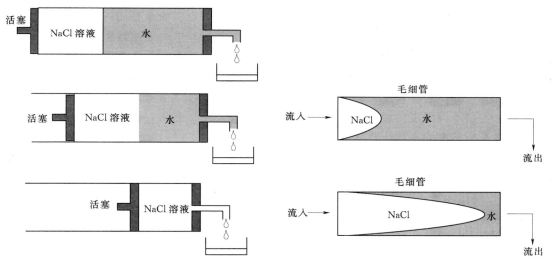

图 4.2.1　活塞流置换示意图　　　　　　图 4.2.2　混合置换示意图

理论上讲，饱和土壤的 S 形穿透曲线在流出液总体积等于 1 个孔隙体积处存在一个拐点，其相对浓度为 0.5，溶质前进锋形状关于此拐点应呈反对称分布。但由于溶质和基质的相互作用以及死孔隙的存在，因此实测穿透曲线一般与理想对称形状有一定的差异，特别是细颗粒土壤和有团聚结构的土壤。简单情形下是指在发生混合置换过程中，没有其他的物理或化学作用发生，如吸附、交换作用等。两种流体在运动过程中在速率分布和分子扩散作用下仅发生混合置换的物理过程。

当向土柱中加入组成及浓度与土中原有流体不同的流体时（图 4.2.3），收集并分析从土柱底部流出的流体，发现流体的组成及浓度随着时间在变化，因为新的流体混合并替换了原来的流体。另一方面，如果两种流体快速混合——就像很多水溶液一样，这种过程即为混合置换。

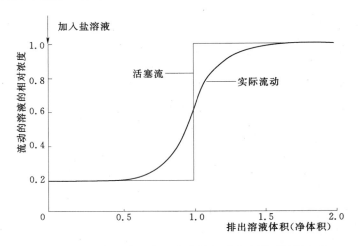

图 4.2.3　活塞出流和实际出流的相对浓度随时间的变化

如果试验中土柱是饱和的，并且正在置换及已经置换过的溶液的边界过度处是不存在扩散及水动力弥散，然后这个过渡边界作为流动的前缘将以与流量相同的速度在土柱内移动。如果要监测土柱出口处液体的组成，则必须注意最后一部分原溶液完全流出时刻，及新溶液到达时刻溶液组成的突然变化。这种不发生混合的置换称为活塞流。实际生活中很少遇到这种情况。两种溶液之间的边界及前缘处比较常见的是由于扩散及水动力弥散导致的双向混合，因此边界快速扩散至前缘的平均位置，如图 4.2.4 所示，盐溶液渗透到土壤过程中，土柱不同深度位置溶质浓度随着时间的变化，可以看出，在溶液渗入土壤过程中浓度前缘不断扩散到平均位置。

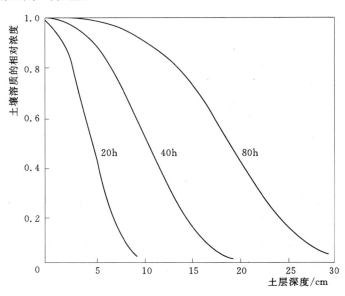

图 4.2.4　盐溶液渗透过程中土柱不同
深度位置溶质浓度随时间的变化

理想状态下，穿透曲线是关于原有溶液的前缘对称的，而且如果土壤是饱和的，拐点处就表示体积孔隙中累计流量达到 50% 的置换。由细质地土壤获得的穿透曲线并不是理想对称的，特别是在团聚体结构土壤中，原因是溶质与不同土壤基质的反应，孔隙中水分运动缓慢以及部分原有溶液落后并慢慢地被置换。

混合置换现象及穿透曲线与农田水利问题的解决息息相关的，比如从盐渍土中浸出多余的盐，营养液的分布，不同类型土壤原溶液污染物（包括放射性废弃物，有机酸及残留农药等）污染地下水等。

4.2.2 土壤中溶质的对流弥散过程

1. 对流过程

溶解在水中的溶质，随水流运动而发生迁移的现象称为溶质的对流，溶质对流通量与其在水流中的浓度成正比，即

$$J_c = qc = -c\left(K\,\frac{\mathrm{d}H}{\mathrm{d}x}\right) \tag{4.2.1}$$

式中：$qc = -K\,\dfrac{\mathrm{d}H}{\mathrm{d}x}$ 为土壤中的水流通量；q 为单位时间内流过单位面积（垂直流动方向）的液体（溶液）的体积；c 为单位体积溶液中溶质的质量（浓度）；J_c 为单位时间内通过土壤单位横截面的溶质质量。

用流动的溶质的平均表观速度 $\bar{v}$ 表示单位时间内溶质在土壤中通过的直线路径长度：

$$\bar{v} = q/\theta \tag{4.2.2}$$

式中：θ 为体积含水率。式（4.2.2）中忽略由于土壤孔隙几何曲率而造成的迂回的路径。而实际上土壤孔隙中或孔隙之间的溶质迁移速度会在几个量级之间变化，因此平均速度只是一个近似值（就像把昆虫及大象放在一起组成平均动物尺寸）。然而，当 $\bar{v}$ 最为一种平均水平的情况下，溶质的通量为

$$J_c = \bar{v}\theta c \tag{4.2.3}$$

在更多的情况下，需要考虑土壤中溶质随时间变化的过程，溶质在厚度为 L 的土层中的平均停留时间 t_r 可表示为

$$t_r = L/\bar{v} \tag{4.2.4}$$

如果流动只受到重力的作用（即没有压力梯度），向下流动的液体通量等于介质的水力传导度，而水力传导度是土壤含水率的函数：

$$q = K(\theta) \tag{4.2.5}$$

将式（4.2.2）和式（4.2.5）代入式（4.2.4），得

$$t_r = L\theta/K(\theta) \tag{4.2.6}$$

通过上述方程可以计算可溶性污染物在仅受到重力作用的情况下，在非饱和带中移动距离和时间的关系：

$$L_t = tK(\theta)/\theta \tag{4.2.7}$$

式中：L_t 为在时间 t 内溶质对流迁移的平均距离。

在土壤剖面的含水率及水力传导率不同的情况下，需要采用上述方法逐层进行计算以确定每层的通量、平均距离和停留时间。

需要指出，在这整个方法中可能会有一个认识误区：即认为溶质的迁移只发生在对流

情况下。事实上，土壤中的溶质不仅仅在水中迁移，就像火车上久坐不动的乘客，并且还会随着在扩散及水动力弥散双重作用下形成的浓度差而引起的水的流动而运动。而且，除了惰性溶质之外，大部分溶质会与土壤中的生态系统发生各种反应（例如被植物根及微生物消耗或释放）。在土壤理化系统中溶质可以发生化学反应（例如 NH_4^+ 通过硝化作用转化为 NO_3^-）以及各种物理反应（例如沉淀、挥发等）。换句话说，溶质就像一群吵闹的乘客，他们不断换车，偶尔整个跳下火车然后另外一群人代替他们。

【例 4.2.1】　溶解性污染物不小心撒到地面上，假设污染物是不可降解、不可挥发、不被植物吸收的，也不被土壤吸附，也没有通过其他机理固化。每年的降雨量是 1500mL，蒸发量是 1350mm，地下水埋深 20m，土壤中非饱和带体积含水率为 0.25，计算污染物在非饱和带的停留时间及到达地下水所需要的时间。

为了粗略的估算，假设污染物只在对流作用下在土壤垂直向下运动，流过非饱和带到达地下水。分子扩散及水动力弥散作用在这里忽略不计。进一步假设污染物迁移发生在稳定流状态，土壤表面的时间扰动包括降雨及蒸发是土壤的阻尼作用。估算溶质单位时间内运动的距离，利用式（4.2.2）表示流动的溶液的平均表观速度 $\bar{v}$：

$$\bar{v}=q/\theta$$

式中：$\bar{v}$ 为单位时间内溶液通过表土及底土的直线距离；q 为通量；θ 为体积含水率。

将数值代入式（4.2.2）得

$$\bar{v}=(1500-1250)/0.25=1000(\text{mm/a})$$

引用式（4.2.6），计算溶质在非饱和带中溶质的停留时间 t_r：

$$t_r=L/\bar{v}$$

式中：L 为非饱和带的厚度。

$$t_r=20/1=20(\text{a})$$

因此，溶质在 20 年后会达到地下水面然后进入地下水。需要指出，在实际情况中扩散及水动力弥散也会发挥作用，因此溶液中的溶质有的迁移的比较快，而有的则会落在后面。基于对流作用的计算可以粗略的估算溶质的运动速度。

2. 土壤溶质的扩散

由于随机热运动（布朗运动）使液体中溶质不停的碰撞并发生分子转移，所以扩散过程一般发生在气态或液态。扩散的净效应是逐渐平衡混合液体中扩散性物质的空间分布。因此土壤中溶质的扩散过程是非常重要的。气态的扩散，例如氧气、二氧化碳、氮的各种气态形式（以元素、氧化物以及氨的形式存在）和水蒸气等的扩散对土壤的化学、生物反应过程有很大的影响。与之类似，土壤中溶质包括营养物及潜在有害的盐分、面源污染物及有毒物质，溶质扩散作用对于这些物质的迁移过程同样重要。

土壤溶液中溶质分布不均匀的情况下会形成浓度差，溶质在浓度差作用下从高浓度区向低浓度区扩散。在自由水中，溶质的扩散速率符合 Fick 第一定律：

$$J_d=-D_0\,dc/dx \tag{4.2.8}$$

式中：D_0 为自由水中的扩散系数；dc/dx 为浓度梯度。

液态水只占土壤体积的一部分：即使在饱和状态下土壤含水率也不过等于土壤孔隙率。此外，土壤孔隙的路径是弯曲的，因此土壤中溶质扩散的真实路径远比表观直线距离长。在非饱和土壤中，随着土壤含水率的降低，扩散路径的弯曲长度亦会增大。由于这些原因，土壤中的液态扩散有效扩散系数小于自由水中的扩散系数 D_0。

土壤中扩散系数 D_s 与土壤体积含水率 θ 及曲率系数 ζ 有关，可表示为

$$D_s = D_0 \theta \zeta \qquad (4.2.9)$$

曲率系数 ζ 为土壤中溶质迁移的直线距离与溶质分子或离子通过充满水的孔隙时经过的平均迂回路径的比值，取决于土壤结构的几何形状以及含水率，随着含水率 θ 的减小而减小。可以认为 D_s 直接取决于土壤含水率 θ 以及与土壤含水率 θ 有关的曲率系数 ζ，即 D_s 是土壤含水率 θ 的函数，可以用 $D_s(\theta)$ 表示。

需要指出，土壤扩散系数还受到其他因素的影响，特别是在含有一定含量黏土的非饱和土壤中。随着土壤含水率的减少，土壤中可交换阳离子密度增大后吸附到黏土表面，相应地排斥阴离子，同时液体黏度的增加会一起进一步阻止溶质扩散。因为这些复杂的因子之间并不是相互独立的，所以不可能明确地将这些影响因素单独进行考虑，统一用复合因子 a 表示这些因子对于土壤扩散系数的影响：

$$D_s = D_0 \theta a \qquad (4.2.10)$$

这样，非饱和土壤中液态水中溶质的扩散方程为

$$J_d = -D_s(\theta) dc/dx \qquad (4.2.11)$$

式（4.2.11）只能用于稳定状态扩散过程。为了得到一个能够同时描述溶质扩散速率与浓度都随时间变化的瞬态方程，认为土壤溶质的扩散过程中溶质的质量没有发生变化（未得到补充或消耗），考虑面积为 A 的矩形土壤体积元被限制在两个平面之间，土壤体积元的长度为 Δx。单位时间内通过其中一个平面扩散进入土壤体积元的溶质量为 AJ_d，通过第二个平面扩散出体积元土壤的溶质量为 $A[J_d + (\partial J_d/\partial x)\Delta x]$，土壤体积元中的溶质积累速率是 $-(\partial c/\partial t)\Delta x$，其中 $\partial c/\partial t$ 表示浓度随时间的变化率。负号表示在从土壤体积元的进口到出口扩散方向上扩散通量的增加，土壤体积元中的浓度减小，反之亦然（如果出口扩散速率比进口小浓度将增加），根据质量守恒，进入和流出土壤体积元的溶质质量差等于体积元内溶质质量的变化：

$$A(\partial c/\partial t)\Delta x = A[J_d + (\partial J_d/\partial x)\Delta x] - AJ_d \qquad (4.2.12)$$

化简后得

$$\partial c/\partial t = -\partial J_d/\partial x \qquad (4.2.13)$$

将式（4.2.13）与式（4.2.11）合并得到二阶方程如下：

$$\partial c/\partial t = -\partial[D_s(\theta)\partial c/\partial x]/\partial x \qquad (4.2.14)$$

其中特殊情况下，扩散系数 D_s 为常数，式（4.2.14）即为 Fick 第二定律：

$$\partial c/\partial t = D_s \partial^2 c/\partial x^2 \qquad (4.2.15)$$

然而，正如前面所论述的，通常情况下 D_s 并不是常数，取决于土壤含水率、溶质浓度有土壤性质等因素。

【例 4.2.2】 计算放在土壤表面的石膏块的溶解速度。假设从石膏块表层到土柱底部长 20cm，扩散为一维稳定扩散，土柱底部为一沉降池，沉降池可以有效地消除溶液中的溶质。而且土壤水是稳定的（不发生对流，因此不存在水动力弥散）。水中分子扩散系数是 10^{-5} cm^2/s，土壤体积含水量为 40%，曲率因子是 0.65。假设石膏的溶解度（硫酸钙）

是 $2.4 \times 10^{-3} \, \text{g/cm}^3$。

解：首先计算土壤的扩散系数 D_s。

根据式（4.2.9）：
$$D_s = D_0 \theta \zeta$$
$$D_s = 10^{-5} \times 0.4 \times 0.65 = 2.6 \times 10^{-6} \, (\text{cm}^2/\text{s})$$

利用式（4.2.11）及 Fick 第一定律：$J_d = -D_s(\theta) \mathrm{d}c/\mathrm{d}x$，由于浓度的线性分布，因此可得：$J_d = -D_s \Delta c / L$，其中，$\Delta c$ 是长为 L 的土柱之间的浓度差。

假设土柱顶部溶质的浓度是 $2.4 \times 10^{-3} \, \text{g/cm}^3$，底部溶质的浓度为 0，因此：
$$J_d = (2.6 \times 10^{-6}) \times \frac{2.4 \times 10^{-2} - 0}{20} = 3.12 \times 10^{-10} \, [\text{g/(cm}^3 \cdot \text{s})]$$

3. 水动力弥散

式（4.2.14）对于扩散的讨论隐藏着一个假设，即当土壤溶液中出现浓度差，不管液态溶液本身是否运动，不均匀分布的溶质都将根据式（4.2.14）扩散。然而，不均匀溶液在土壤中的运动将会产生另外一种机理上与扩散不同，但是会产生与扩散相同效果的过程，这个过程就是水动力弥散过程。该过程有时会占据扩散的主体部分，使土壤孔隙中的流速产生微观上的不均匀性。

由于土壤中的水在大孔隙中的运动速度比小孔隙要快，而且孔隙的中心流速要快于孔隙边壁的流域，因此溶质在土壤中的流动表现出差异，如图 4.2.5（a）所示。

想象层流溶液通过单个形状像圆柱管的毛细孔，圆管中的流速是随着到圆管中心的半径 r 递减的函数：
$$v = 2 \overline{v}(1 - r^2/R^2) \tag{4.2.16}$$

这里 $\overline{v}$ 为平均流速，R 为圆管的半径。对流产生的溶质分子的速度取决于其在孔隙中的位置。当 $r = R$ 时（即在圆管的管壁上），流速为 0；当 $r = 0$ 时（即在圆管的中心），流速最大且为平均速度的两倍。由于孔隙半径大小变化很大使流速在任一个孔隙中是不均匀的，其至相差存在几个数量级的差异，比如从 $1 \mu\text{m}$ 到 1mm。由于通量与孔隙半径的 4 次方成正比，一个有效半径为 1mm 的孔隙通量是有效半径为 $1 \mu\text{m}$ 的孔隙通量的 $(10^3)^4 = 10^{12}$ 倍。可以清楚地看出微观上孔隙的变化对土壤水流流速的影响。流动比较快的溶液将使后面的溶液与先前的溶液混合以及分散。混合程度取决于以下因素：平均流速、孔隙尺寸分布、土壤的饱和程度、浓度差等。当对流流速足够高时，相对水动力弥散的影响将远远超过分子扩散，在分子溶质迁移时可以忽略分子扩散的影响。而当土壤溶液处于自由状态时，水动力弥散实际上不发挥作用。

由于固体骨架的阻挡，形成了各通道的不同走向，通过其中流体质点的轨迹，相对平均流速产生弯曲，如图 4.2.5（b）所示。此外，溶质迁移路径的差异，也在很大程度上导致了水动力弥散，如图 4.2.5（c）所示。

由于孔隙中微观流速的不均一性，使得各溶质质点在流动过程中，不按平均流速运动，而是沿着那些弯曲、大小和方向都不相同的流动通道，按照孔隙中的流速分布迂回前进。质点不断地被分散，以不同的局部流速进入不同的孔隙通道，这是由于这些原因，使溶质逐渐散布扩散，占据多孔介质中越来越大的范围。此外由于流动区域不同，各部分渗透性能可能不一，形成了宏观尺度上的不均匀性，这也是造成水动力弥散的一个原因。

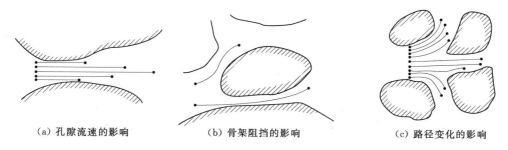

（a）孔隙流速的影响　　　　（b）骨架阻挡的影响　　　　（c）路径变化的影响

图 4.2.5　流体流速在通道中的分布情况

在数学上，水动力弥散方程在形式上类似于扩散方程式（4.2.11）及式（4.2.14），区别之处在于用水动力弥散系数 D_h 代替扩散系数。D_h 与平均速度 $\overline{v}$ 呈线性关系：

$$D_h = \lambda \overline{v} \tag{4.2.17}$$

式中：λ 为扩散度。

水动力弥散与溶质的分子扩散在效果上的相似性（而不是机理上的相似性），因此通常认为水动力弥散与分子效果的效果是可以叠加的。通常将扩散系数与弥散系数合并为一个系数，即扩散-弥散系数 D_{sh}，这个系数是体积含水率 θ 和平均速度 $\overline{v}$ 的函数：

$$D_{sh}(\theta, \overline{v}) = D_s(\theta) + D_h(\overline{v}) \tag{4.2.18}$$

4. 土壤中溶质的迁移

为了考虑以上所讨论的溶质迁移的 3 种机理（即对流、分子扩散及水动力弥散），将式（4.2.3）、式（4.2.11）及式（4.2.14）结合起来，得

$$J = \overline{v} \theta c - [D_s(\theta) dc/dx + D_h(\overline{v}) dc/dx] \tag{4.2.19}$$

方程式（4.2.19）可如下理解：

溶质的迁移通量＝对流通量＋分子扩散通量＋水动力弥散通量

在实际应用中分子扩散与水动力弥散是不可分离的，方程式（4.2.19）可以表述为如下形式：

$$J = \overline{v} \theta c - D_{sh}(\theta, \overline{v}) dc/dx \tag{4.2.20}$$

式中：J 为单位时间内通过土壤单位横截面的迁移溶质的总质量；D_{sh} 为合并的扩散-弥散系数（为体积含水率 θ 及平均水流速度 $\overline{v}$ 的函数）；c 为溶质浓度；dc/dx 为溶质的浓度梯度。

需要指出，式（4.2.20）只能描述稳定流（浓度不随时间变化）过程，且只能用于不发生物理、化学和生物反应的溶质，严格意义上讲，这种溶质是不存在的。而且 D_s、D_h、$\overline{v}$、θ、c 等参数为宏观意义上的平均空间值。因此式（4.2.20）更多的是一种近似值。

非稳定状态下，即通量和浓度同时随着时间、空间的变化而变化，调用连续性方程，溶质迁移方程可表示为

$$\partial(c\theta)/\partial t = -\partial J/\partial x \tag{4.2.21}$$

结合式（4.2.8）及式（4.2.20），得

$$\frac{\partial \theta c}{\partial t} = -\frac{\partial(\overline{v}\theta c)}{\partial x} + \frac{\partial}{\partial x}\left(D_{sh}\frac{\partial c}{\partial x}\right) \tag{4.2.22}$$

对于稳定流（并不意味着溶质稳定迁移），θ、$\overline{v}$、D_{sh} 可以视为常数，式（4.2.22）可

简化为

$$\frac{\partial c}{\partial t}=-\overline{v}\frac{\partial(c)}{\partial x}+\frac{D_{sh}}{\theta}\frac{\partial^2 c}{\partial x^2} \tag{4.2.23}$$

土壤中会生成某些新溶质，例如在合适的条件下有机物经过矿化作用就会生成 NH_4^+ 和 NO_3^- 离子。在另外的一些情况下，同一土壤剖面上某些溶质也会消失（例如植物将土壤溶液中的营养元素吸收进入植物体，土壤中的 NO_3^- 离子通过反硝化作用分解为气体）。为了描述这些溶质的补充及消耗的溶质，修改式（4.2.21），使其包括补充及消耗项（源汇项），用 S 表示特定的溶质产生或消耗的速率：

$$\partial(c\theta)/\partial t=-\partial J/\partial x+S \tag{4.2.24}$$

S 项包括所有产生的及消耗的溶质总量：

$$S=\sum_{i=1}^{n}s_i-\sum_{j=1}^{m}s_j \tag{4.2.25}$$

此外，土壤中的溶质迁移方程还要考虑土壤液态之外的溶质的动态存储，例如以沉淀形式或者以土壤交换络合物形式存在的溶质。在这种情况下，式（4.2.24）左边可以扩展为包括存储状态溶质的质量 σ_s，相应地式（4.2.24）的左手项就变成 $\partial(c\theta+\sigma_s)/\partial t$，$\sigma_s$ 随时间的导数 $\partial\sigma_s/\partial t$ 表示存在于土壤溶液之外的溶质存储增加的速率。

这样就可以得到一个综合的方程，既可以包括对流-扩散-弥散运动，又可以包括产生及消耗的溶质以及存储态溶质变化的瞬态流方程。在土壤剖面的垂直方向（用 z 表示在土壤表面以下的深度）：

$$\frac{\partial(c\theta+\sigma_s)}{\partial t}=-\frac{\partial(qc)}{\partial z}+\frac{\partial}{\partial z}\left(D_{sh}\frac{\partial c}{\partial z}\right) \tag{4.2.26}$$

水流通量 q 等于平均速度与体积含水率的乘积，即 $q=\overline{v}\theta$。

土壤所吸附的离子可能是正的，比如黏土表面吸附的阳离子，也可能是负的，比如同样的黏土的双层电极排斥或部分排斥阴离子。这也是为什么当电解质溶液通过土壤时溶液中阴离子比阳离子运动的快，土壤中阳离子复合体中的阳离子交换比较慢。当土壤溶液中离子与土壤交换复合体中离子快速达到平衡（可认为瞬时完成）时，认为吸附量 A 只取决于土壤溶液的浓度 c。假设存在于土壤溶液之外的溶质的存储完全是由吸附作用产生的（即不考虑其他存储机理，如由于溶液的溶解度有限而产生的沉淀），这时存储量 $\sigma_s=A$，利用这些假设可得

$$\left[\theta+A(c)\right]\frac{\partial c}{\partial t}=\frac{\partial}{\partial z}\left(D_{sh}\frac{\partial c}{\partial z}\right)-\frac{\partial qc}{\partial z}+S \tag{4.2.27}$$

其中 $A(c)$ 是等温吸附曲线的斜率，而等温吸附曲线则是浓度的函数。注意：θ、c、S 及 q 均为时间及深度的函数，D_{sh} 是体积含水率 θ 及平均水流速度 $\overline{v}$ 的函数，其中 $\overline{v}=q/\theta$。由于这些参数是相互联系的，所以方程式（4.2.27）其实是很复杂的。

【例 4.2.3】　在干旱地区田间试验获得以下数据：整个冬天降雨量为 300mm，盐的总浓度为 40ppm。春天及秋天毛细管从浅的含盐地下水上升 10cm，浓度为 1000ppm。夏天灌溉量为 90mm，浓度为 400ppm。灌溉季节的排水量为 200mm，溶解性盐的浓度为 800ppm。以肥料或土壤改良剂的形式加入可溶性盐 $120g/m^2$，植物成熟收获带走 $100g/m^3$。忽略土壤中盐类的溶解及沉降，计算每年盐类平衡，土壤中盐类是净积累还是释放？

解： 根据质量平衡计算土壤根区单位面积土壤中的盐类平衡：

$$\Delta M_s = \rho_w (V_r c_r + V_i c_i + V_g c_g - V_d c_d) + M_a - M_c$$

式中：ΔM_s 为根区盐类（包括所有溶解态，吸附态及沉淀的盐类）质量变化量；ρ_w 为水的密度；V_r、V_i、V_g、V_d 分别为降雨量、灌溉量、地下水上升补给量和排水量；c_r、c_i、c_g、c_d 分别为对应的浓度；M_a、M_c 分别为通过农业手段加入的盐的质量及植物收割所带走的盐类质量。

用 $1cm^2$ 表示单位田间面积，以 cm^3 表示水的体积，以 g 表示质量（水的密度是 $1g/cm^3$），将已知质量代入上述方程得到土壤中盐类质量的变化：

$$\Delta M_s = 1 \times [1 \times (30 \times 40 \times 10^{-6} + 90 \times 400 \times 10^{-6} + 10 \times 1000 \times 10^{-6}$$
$$- 20 \times 800 \times 10^{-6}) + 120 \times 10^{-4} - 100 \times 10^{-4}] = 35.2 [mg/(cm^2 \cdot a)]$$

因此，土壤根区以 $35.2mg/(cm^2 \cdot a)$ 的速率积累，等效于 $3520kg/(hm^2 \cdot a)$。

【例 4.2.4】 计算季节性蒸发量为 1000ml 的田间的冲洗定额，灌溉水的电导率为 1mmho/cm（近似等于盐浓度为 650ppm），排水的电导率为 4 mmho/cm（近似等于盐浓度为 2600ppm）。如果灌溉水浓度稀释为一半冲洗定额为多少？排水量浓度浓缩为两倍又需要冲洗定额为多少？如果灌溉量为 1500mm 求排水的电导率。

$$d_i = [E_d / (E_d - E_i)] d_{et}$$

式中：d_i、d_{et} 分别为单位面积土壤灌溉水或蒸发水的体积；E_d、E_i 分别为排水及灌溉水的电导率，将资料值代入得：

$$d_i = 4/(4-1) \times 1000 = 1333 (mm)$$

淋洗深度：
$$d_e = d_i - d_{et} = 1333 - 1000 = 333 (mm)$$

如果灌溉水为原浓度的 $1/2$，E_i 为 0.5mmho/cm，得

$$d_i = 4/(4-0.5) \times 1000 = 1143 (mm)$$

因此淋洗深度只有 143mm，少于之前淋洗量的一半。

如果排水浓度浓缩为 2 倍，E_d 变为 8mmho/cm 而不是 4mmho/cm，这时

$$d_i = 8/(8-1) \times 1000 = 1143 (mm)$$

总结：排水浓度增大为 2 倍等效于使用浓度减小为之前一半的灌溉水，二者在满足淋洗要求方面的效果是一样的。

如果灌溉水的深度为 1500mm，其浓度为 1mmho/cm，由 $d_i = [E_d / (E_d - E_i)] d_{et}$，得排水的电传导度为

$$E_s = E_i / [1 - (d_{et} / d_i)]$$

得
$$E_d = 1 - (1000/1500)^{-1} = 3 (mmho/cm)$$

4.3　土壤中的氮循环

4.3.1　土壤中氮素的形态及其转化过程

土壤中氮主要以与腐殖质（humus）相联系的有机氮（organic nitrogen），被土壤胶体（colloids）所吸附的无机氮（mineral forms of nitrogen）和溶解于土壤水中的无机氮 3 种形式存在。化肥、粪便作为肥料添加进入土壤以及植物残留的分解，共生或非共生细菌

（symbiotic or nonsymbiotic bacteria）的固持作用（fixation）以及雨水所产生的大气沉降等都会导致土壤中氮素的增加。而植物的吸收（plant uptake），氮素的向地下水的淋失（leaching），由于挥发（volatilization）和反硝化（denitrification）作用导致土壤中的氮素以气态的形式向大气中扩散，以及由于土壤侵蚀（erosion）通过地表径流以悬移态和溶解态的形式向地表水体的移动等都会降低土壤中的氮素含量，土壤中氮素的循环示意如图4.3.1所示。

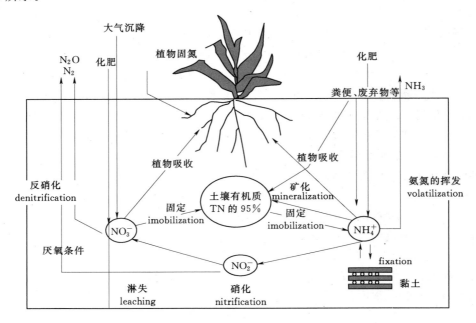

图 4.3.1　土壤中的氮循环

氮是一种具有高活性的元素，其高活性表现在其能够以多种化合价的形式存在，氮的各种形态中，氮的化合价在 +5～−3 之间变化，其主要形式见表4.3.1。

表 4.3.1　　　　　　　　　　　　　　氮的主要形式及其化合价

化 合 价	形 态	名 称
+5	NO_3^-	硝氮（nitrate）
+4	NO_2	二氧化氮（nitrogen dioxide）
+3	NO_2^-	亚硝氮（nitrite）
+2	NO	一氧化氮（nitrogen monoxide）
+1	N_2O	一氧化二氮（nitrous oxide）
0	N_2	氮气（N_2 gas or elemental N）
−1	NH_4OH	氢氧化铵（hydroxylamine）
−2	N_2H_4	联氨（肼）（hydrozine）
−3	NH_3 或 NH_4^+	氨氮或铵氮（ammonia gas or ammonium）

土壤中氮表现出复杂的物理，化学和生物过程。土壤中无机氮主要以铵氮（NH_4^+）和硝氮（NO_3^-）两种形式存在，而土壤中的有机氮则通常以 3 种形式存在：与土壤中植物残留和微生物的生物量有关新鲜的有机氮，与土壤腐殖质有关的活性以及稳定性的有机氮。而与土壤腐殖质有关的活性和稳定性的划分依据是其矿化（mineralization）的能力。土壤中各种形态氮之间的转化形式如图 4.3.2 所示。

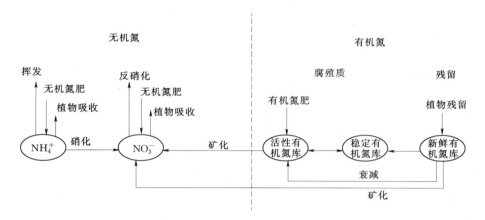

图 4.3.2 土壤中有机氮和无机氮的转化

4.3.2 土壤中氮素的物理、化学和生物过程

（1）矿化、分解和固持（mineralization & decomposition/immobilization）。分解（decomposition）为土壤中的新鲜有机残留分解为简单的有机化合物的过程，矿化（mineralization）是通过微生物将不能够被植物所吸收的有机氮转化为能够被植物吸收的无机氮的过程，而固持（immobilization）与矿化相反，是土壤中的能够被植物吸收的无机氮在微生物的作用下转化为不能够被植物吸收的有机氮的过程。

土壤中的细菌（bacteria）分解有机物以获得能量用于其生长过程。植物残留首先被分解成为葡萄糖（glucose），葡萄糖转化为 CO_2 和水的过程中释放出的能量用于细菌的各种细胞过程，其中包括了蛋白质的合成（protein synthesis），而蛋白质的合成则需要氮，如果葡萄糖所来源的植物残留中有足够的氮，细菌将使用这些氮用于蛋白质的合成。如果植物残留中的氮很少，不足以满足蛋白质合成的需求，则细菌吸收土壤溶液中的铵氮和硝氮用于蛋白质的合成，而在植物残留的氮超过了蛋白质合成的需求的情况下，细菌将以铵氮的形式向土壤溶液中释放出多余的氮。矿化和固持作用的通用碳氮比（C∶N ratio）关系如下：

C∶N＞30∶1 发生固持作用，土壤中的铵氮和硝氮数量减小。

20∶1≤C∶N≤30∶1 矿化和固持作用相平衡，土壤中无机氮不发生明显变化。

C∶N＜20∶1 发生矿化作用，土壤中的铵氮和硝氮数量增加。

（2）硝化（nitrification）和氨氮的挥发（ammonia volatilization）。土壤中的细菌将 NH_4^+ 氧化为 NO_3^- 的过程为硝化过程，包括两个步骤：

步骤 1：将 NH_4^+ 氧化为亚硝氮：

$$2NH_4^+ + 3O_2 \xrightarrow{-12e} 2NO_2^- + 2H_2O + 4H^+$$

步骤 2：将亚硝氮进一步氧化为硝氮：

$$2NO_2^- + O_2 \xrightarrow{-4e} 2NO_3^-$$

氨氮的挥发为 NH_3 以气态的形式发生的损失，发生在 NH_4^+ 被施用在石灰性的土壤表面，又或者尿素在土壤表示的施用，尿素在任何性质的土壤表面施用都会造成 NH_3 的挥发。无论哪一种情况，NH_3 的挥发都包括两个步骤。

氨氮添加到石灰性的土壤表面的挥发步骤：

步骤 1：　　　　$CaCO_3 + 2NH_4^+ X \longleftrightarrow (NH_4)_2CO_3 + CaX_2$

步骤 2：　　　　$(NH_4)_2CO_3 \longleftrightarrow 2NH_3 + CO_2 + H_2O$

添加到任何一种土壤中的尿素的挥发步骤：

步骤 1：　　　　$(NH_2)_2CO + 2H_2O \longleftrightarrow (NH_4)_2CO_3$

步骤 2：　　　　$(NH_4)_2CO_3 \longleftrightarrow 2NH_3 + CO_2 + H_2O$

（3）反硝化（denitrification）。是指细菌将硝酸盐（NO_3^-）中的氮（N）通过一系列中间产物（NO_2^-、NO、N_2O）还原为氮气（N_2）的生物化学过程。参与这一过程的细菌统称为反硝化菌。土壤中的反硝化包括了 4 个过程：

1）硝酸盐（NO_3）还原为亚硝酸盐（NO_2）：$2NO_3 + 4H + 4e \longrightarrow 2NO_2 + 2H_2O$

2）亚硝酸盐（NO_2）还原为一氧化氮（NO）：$2NO_2 + 4H + 2e \longrightarrow 2NO + 2H_2O$

3）一氧化氮（NO）还原为一氧化二氮（N_2O）：$2NO + 2H + 2e \longrightarrow N_2O + H_2O$

4）一氧化二氮（N_2O）还原为氮气（N_2）：$N_2O + 2H + 2e \longrightarrow N_2 + H_2O$

（4）大气沉降。大气中的氮元素以 NH_x（包括 NH_3、RNH_2 和 NH_4^+）和 NO_x 的形式，降落到陆地和水体的过程称为氮沉降。

根据降落方式不同可分为：大气氮干沉降和大气氮湿沉降。大气氮干沉降即通过降尘的方式，而大气氮湿沉降即通过降雨的方式使氮返回到陆地和水体。随着矿物燃料燃烧、化学氮肥的生产和使用以及畜牧业的迅猛发展等人类活动向大气中排放的活性氮化合物激增，大气氮素沉降也呈迅猛增加的趋势。人为干扰下的大气氮素沉降已成为全球氮素生物化学循环的一个重要组成部分。作为营养源和酸源，大气氮沉降数量的急剧增加将严重影响陆地及水生生态系统的生产力和稳定性。大气氮沉降对土壤和水体环境、农业和森林生态系统以及生物多样性等方面都会造成影响。雨水中以 NH_4^+、NO_3^- 和 NO_2^- 的形式发生沉降，此外，由于闪电造成的 NO_3^- 占了土壤中硝酸盐的 $10\% \sim 20\%$。表 4.3.2 为 20 世纪后半叶空气中大气中的氮的来源以及沉降量，来自生物源的 N 在总的大气沉降中的 N 占了 20%。

表 4.3.2　　　　　　　　20 世纪后半叶大气中的氮的来源以及沉降量

生物	$10^6 tN/a$	非生物	$10^6 tN/a$
农业		工业	70
豆类植物	35	燃烧	$61 \sim 251$
水稻	4	大气沉降	$131 \sim 321$

续表

生物	10^6 tN/a	非生物	10^6 tN/a
草地	45		
其他作物	5		
深林	40		
其他	10		
合计	139		262~642

(5) 固持 (immobilization)。土壤中无机氮转化为有机氮的过程称为氮的固持。固持为矿化的逆过程。土壤有机质的 C：N 比较高的情况下通常发生固持作用，微生物的活动也需要氮。土壤中无机氮进入微生物的细胞后，土壤中 TN 的水平将下降。土壤中的氮被有机物固持后，能够被植物吸收的氮较小，将导致植物缺氮陈胜叶片发黄等现象。在土壤中，矿化和固持是同时发生的，在矿化速率显著地超过固持速率的情况下，可以认为是净矿化过程，反之，当土壤中的固持速率远远超过矿化速率的情况，可以认为是净固持过程。而影响矿化或者固持作用的关键是有机质 (decomposable organic matter) 的 C：N比，C：N 比是所有有机质（植物残留，腐殖质）的特征参数：当有机质 C：N 比在 20：1 ~ 30：1 之间的情况下，矿化过程和固持过程基本维持平衡，而对于土壤中较好沉积的有机质的 C：N 比接近于 10：1。

(6) 淋失 (nitrate leaching)。淋失通常是指土壤中的营养（污染物）透过非饱和区，进入地下水的过程。土壤中的 NH_4^+ 带有正电荷，能偶被土壤吸附，且具有与其他具有正电荷的离子进行交换的能力，由于大部分土壤具有离子交换能力，NH_4^+ 通常被土壤离子所吸附而难以运动，因而由于淋失所形成的 NH_4^+ 损失较小。与 NH_4^+ 相反，NO_3^- 则由于本身所具有的负电荷，与土壤颗粒相互排斥，不易被土壤吸附，在土壤中的一定能力较强，因而进入地下水的潜势也比较大，而 NO_3^- 进入地下水，不仅仅会造成土壤中肥料的流失，造成作物的减产，更重要的是，NO_3^- 进入地下水也会造成严重的环境风险：在降雨强度较大、灌溉较为频繁，以及砂性质地的土壤，NO_3^- 更容易发生淋失进入地下水。

4.4 土壤中的磷循环

4.4.1 土壤中磷形态

尽管植物对于磷的需求量小于氮，然而在植物生长中重要的功能中磷的不可缺少的元素。磷在植物生长中能量中储存和转化中起到了重要的作用，植物光合作用 (photosynthesis) 和新陈代谢中获得的能量以化合物的形式储存起来，并用于随后的生长和生殖过程 (growth and reproductive processes)。

土壤中磷主要以 3 种形式存在，与腐殖质有关的有机磷 (organic phosphorus)、不能溶解的无机磷 (mineral phosphorus)，以及溶液于土壤水溶液能够被植物直接吸收的无机磷。与氮相同，土壤中的磷由于磷肥、粪便的施入，以及植物残留的分解而增加，由于植物吸收以及土壤侵蚀等原因而减小。图 4.4.1 为土壤中磷的循环。

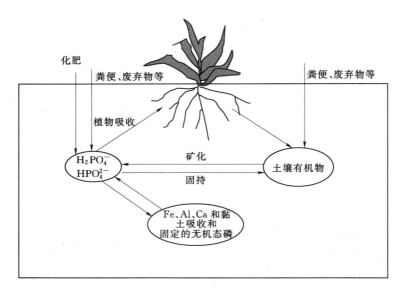

图 4.4.1　土壤中的磷循环

磷在土壤中的可迁移性远小于氮，此外，磷的溶解性在多数土壤情况下受到限制。磷与其他离子形成不能溶解的化合物后从土壤溶液中析出，这些性质使得磷易于在土壤表层聚集，并且随地表径流发生移动。

有机磷和无机磷可以进一步的划分为 6 种形态。与氮相同，有机磷可以进一步分为与植物残留和微生物生物量有关的新鲜有机磷，以及与土壤腐殖质有关的活动性有机磷和稳定性有机磷，而活动性和稳定性的划分标准与氮相同，取决于有机磷是否易于转化为无机磷。土壤中的无机磷可溶性无机磷、活动性的无机磷和稳定态无机磷等 3 种形式。图 4.4.2 显示了各种形式无机磷之间的转化。土壤中可溶解的无机磷很快与活动性的无机磷达到平衡状态，而活动性和稳定性的无机磷之间的平衡则要慢得多。

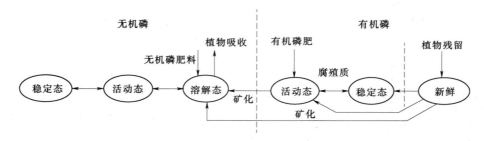

图 4.4.2　土壤中各种形态的无机磷的转化

4.4.2　土壤中磷的转化

（1）磷的矿化、分解与固定。新鲜有机物残留分解为简单的有机物的过程为磷的分解，矿化作用则是将有机磷通过生物作用转化为可供植物吸收的无机磷的过程，而固定则与矿化相反，为土壤中的可被植物吸收利用的无机磷在生物的作用下转化为有机磷的过程。

（2）无机磷的吸附。磷肥施用后，土壤溶液中磷的浓度通常被观测到随时间迅速下降，这种浓度的下降与磷与土壤发生反应有关。随后，土壤溶液中磷的浓度的变化的相当缓慢。一些研究认为，开始情况下磷浓度的迅速下降与可溶解性磷和活动性磷之间的平衡过程所造成的，而随后的磷的浓度的缓慢变化则主要是因为活动性磷和稳定性磷之间的均衡过程比较缓慢。

（3）磷在土壤中的移动。土壤中磷的迁移的主要动力是由于土壤溶液中磷浓度梯度的存在而形成扩散作用，而通常情况下，土壤中磷的浓度梯度的形成是由于植物根系从土壤溶液中吸收磷后造成根系周围磷浓度降低所造成的。

4.5 土壤中的农药

早期的农业活动中，收割和耕地的重要目的之一是尽可能地减少田间的植物残留，减少害虫（pest）的食物来源直到下一个种植季节。然而这种做法加剧了田间土壤的水土流失。而化学方法进行害虫控制中起到了逐渐重要的作用。农药的毒性以及其在土壤中存在对于环境和人体健康的作用则显得越发重要。

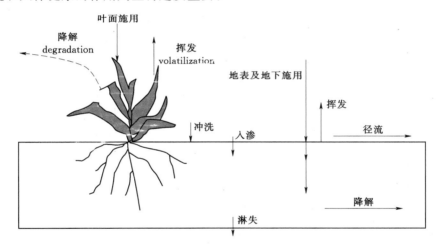

图 4.5.1 土壤中农药的移动以及最终去向

下雨时，一部分植物叶片中的农药被雨水冲洗进入土壤，农药的冲洗量与植物形态，农药的可溶性，降雨历时和强度等因素有关。一般情况下，日降雨量超过 2.54mm 的情况下即可能冲洗植物叶片上的农药。

农药有复杂的化合物形式转化为简单的化合物的形式称为降解（degradation）。土壤中农药的降解方式主要有暴露在光线下分解的光学降解（photo degradation）、与化学生物发生反应的化学降解（chemical degradation）以及生物降解（biodegradation）3 种形式。

绝大部分农药为有机化合物，由于有机物中含有碳，能够为生物和微生物反应提供能量，有机农药都可以生物降解。而与之相对，无机农药则并不适合生物降解。农药降解的能力也有很大的差异。具有链式结构的化合物相比芳香族化合物更容易破裂，农药降解的灵敏度以农药的半衰期作为评价指标。

农药的半衰期定义为农药浓度下降至原浓度 1/2 所用的天数。土壤中农药半衰期的概念考虑了由于挥发、光解、水解、生物降解和化学降解等多种作用的综合影响。

4.6 土壤溶质化学反应速率方程

4.6.1 土壤溶质化学反应动力学方程

土壤中溶质的化学反应的计算式表示为

$$aA + bB \longrightarrow eE + fF \tag{4.6.1}$$

或

$$0 = \sum_i v_i M_i \tag{4.6.2}$$

式中：v_i 为 i 物质的计量系数（产物取值为正，反应物取值为负）对于式（4.6.1）$v_a = -a$，$v_b = -b$，$v_e = e$，$v_f = f$。

则反应速率可定义为

$$r = \frac{1}{v_i} \frac{\mathrm{d}c_i}{\mathrm{d}t} \tag{4.6.3}$$

式中：c_i 为参加反应的 i 物质的浓度。其中由式（4.6.3）定义的反应速率 r 为反应时间 t 的函数，$mg/(L \cdot s)$，为瞬时反应速率。由定义可知，对反应速率 r 进行测定需要确定 $\mathrm{d}c/\mathrm{d}t$ 的值。

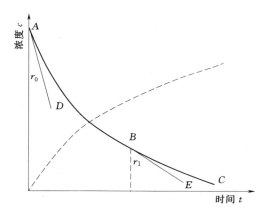

图 4.6.1 动力学曲线

在反应开始（$t = 0$）后的不同时间 t_1，t_2，$\cdots$，t_n 测定某一参加反应的溶质的浓度 c_1，c_2，$\cdots$，c_n，并绘制浓度 c -时间 t 关系，如图 4.6.1 所示，其中 ABC 为溶质的动力学曲线，虚线为反应后生成物质的动力学曲线。在动力学曲线在时间 t_1 位置的切线的斜率即为（$\mathrm{d}c/\mathrm{d}t$）。由图 4.6.1 可知，由于溶质反应后浓度不断下降，反应速率随着时间的增加而减小。初始速率为最大速率。

在温度不变的情况下，由动力学曲线以及反应速率定义可知，参加反应的溶质的浓度 c 和反应速率 r 均为时间 t 的函数：

$$c = c(t) \tag{4.6.4}$$

$$r = r(t) \tag{4.6.5}$$

反应速率亦可以表示为浓度的函数关系：

$$r = f(t) \tag{4.6.6}$$

反应速率和浓度的函数关系成为速率方程，根据反应速率的定义式（4.6.1），式（4.6.4）为微分方程的形式，其一般形式为

$$\frac{1}{v_i} \frac{\mathrm{d}c_i}{\mathrm{d}t} = f(c) \tag{4.6.7}$$

函数 $f(c)$ 的形式随化学反应的不同而异，许多情况下，由实验所确定的函数 $f(c)$ 具有浓度乘积的形式，如对于式（4.6.1）所示的化学反应：

$$r = f(c) = kc_A^{n_A} c_B^{n_B} c_E^{n_E} c_F^{n_F} = k \sum_i c_i^{n_i} \qquad (4.6.8)$$

式中：n_A、n_B、n_E、n_F 分别为参加反应的各种浓度 c_A、c_B、c_E、c_F 的指数，分别称为反应对于 A、B、E、F 等物质的级数。

$$n_A + n_B + n_E + n_F = \sum n_i = n \qquad (4.6.9)$$

n 为反应的（总）级数，对于土壤中大部分溶质的化学反应，n_E 和 n_F 为零，即反应速率仅与参与反应的溶质的浓度有关，而与反应发生物的浓度无关。然而，对于一些复杂的化学反应，产物的浓度亦可以出现在速率方程之中。

反应速率常数［式（4.6.1）中的 k］与浓度无关，k 并不是一个绝对的常数，与温度、反应介质条件，催化剂的存在与否都有关系。从形式上看，$c_A = c_B = c_E = c_F = 1$，则 $r = k$。因此 k 可以理解为单位浓度是的反应速率。表 4.6.1 速率常数 k 的单位与反应级数有关。

表 4.6.1　　　　　　　　　　　　　　速　率　常　数　k

级　　数	速率方程	k 的单位
0	rk	$mol/(dm^3 \cdot s)$
1	$R = kc$	$1/s$
2	$R = kc^2$	$dm^3/(mol \cdot s)$

（1）一阶动力学方程。一阶动力学反应中反应速度只与反应物浓度的一次方成正比，$aA \longrightarrow p$ 的速率方程可表示为

$$r = -\frac{1}{a} \frac{dc_A}{dt} = kc_A \qquad (4.6.10)$$

对式（4.6.10）积分，得

$$\ln c_t = -akt + B \qquad (4.6.11)$$

式中：B 为积分常数，时间 $t = 0$ 时，浓度为初始浓度 c_0，则积分常数 $B = \ln c_0$，代入式（4.6.11），得

$$c_t = c_0 e^{-akt} \qquad (4.6.12)$$

当反应物浓度 c 降至 $c_0/2$ 所需的时间，即为反应物的半衰期。

$$t_{1/2} = \ln2/ak \qquad (4.6.13)$$

可知，一级反应的半衰期为与浓度无关的常数。

（2）二阶动力学方程。土壤中溶质的反应速率与其中一种离子浓度的平方成正比，称为纯二阶反应。反应速率与参与反应的两种离子的浓度的乘积成正比，则称为混二阶反应。

设反应计量方程为

$$aA + bB \longrightarrow P \qquad (4.6.14)$$

则纯二阶反应可表示为

$$-\frac{1}{a}\frac{dc_A}{dt}=kc_A^2 \tag{4.6.15}$$

混二阶反应可表示为

$$-\frac{1}{a}\frac{dc_A}{dt}=kc_Ac_B \tag{4.6.16}$$

式（4.6.15）积分后得

$$c_A=\frac{1}{akt}+B \tag{4.6.17}$$

积分常数 B 由初始条件 $t=t_0$，$c_A=c_{A0}$ 确定，$B=1/c_{A0}$，则式（4.6.17）为

$$\frac{1}{c_A}-\frac{1}{c_{A0}}=akt \tag{4.6.18}$$

可知，二阶反应的半衰期为

$$t=\frac{1}{c_{A0}k} \tag{4.6.19}$$

二阶反应的半衰期与初始浓度成反比，初始浓度越高，其半衰期则越短。二阶反应常见的情况是反应速率与两种溶质的浓度有关，对于二级反应 $A+B\longrightarrow p$，速率方程为

$$-\frac{dc_A}{dt}=kc_Ac_B \tag{4.6.20}$$

为了对式（4.6.20）进行积分，必须找出 A、B 两种溶质浓度 c_A 和 c_B 之间的关系。若 x 为在时间 t 为已经完成了反应的 A 和 B 的浓度，则在时间 t、A 和 B 的浓度分别为

$$c_A=c_{A0}-x,c_B=c_{B0}-x$$

且

$$-dc_A/dt=dx/dt$$

则式（4.6.20）为

$$\frac{dx}{(c_{A0}-x)(c_{B0}-x)}=kdt \tag{4.6.21}$$

4.6.2　土壤中营养元素与有机污染物的化学动力学

固体和液态之间的交换采用非线性、非均衡方程（nonlinear nonequilibrium equations）进行描述，而液态和气态之间的变化则通常认为是线性的以及瞬间完成的。土壤液体中，溶质以对流和弥散作用发生迁移，气态状态下，以扩散的形式发生作用，对于 A、B 和 C 3 种溶质的一阶衰减反应（first-order decay reactions）总体结果如图 4.6.2 所示。

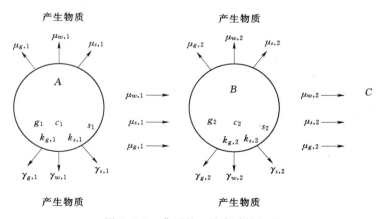

图 4.6.2　典型的一阶衰减链过程

土壤中的氮的反应过程为

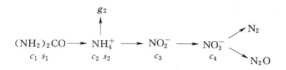

图 4.6.3 土壤中氮的转化动力学过程

土壤中的农药可表示为不间断的链式过程（单一反应路径）和间断链式（两条独立的链式路径）分别如图 4.6.4 和图 4.6.5 所示。

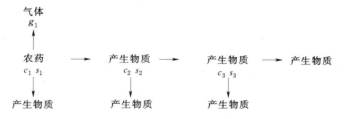

图 4.6.4 土壤中农药的转化动力学过程（不间断的链式过程）

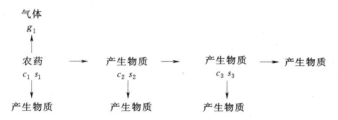

图 4.6.5 土壤中农药的转化动力学过程（间断的链式过程）

多孔介质中饱和-非饱和流动条件下，包括一阶衰减链式过程的非稳态溶质迁移方程表示为

$$\frac{\partial \theta c_1}{\partial t} + \frac{\partial \rho s_1}{\partial t} + \frac{\partial a_v g_1}{\partial t} = \frac{\partial}{\partial x_i}\left(\theta D_{ij,1}^w \frac{\partial c_1}{\partial x_j}\right) + \frac{\partial}{\partial x_i}\left(a_n D_{ij,1}^g \frac{\partial g_1}{\partial x_j}\right) - \frac{\partial q_i c_1}{\partial x_i} - S_{c_r,1}$$
$$- (\mu_{w,1} + \dot{\mu}_{w,1})\theta c_1 - (\mu_{s,1} + \dot{\mu}_{s,1})\rho s_1 - (\mu_{g,1} + \dot{\mu}_{g,1})a_v g_1$$
$$+ \gamma_{w,1}\theta + \gamma_{s,1}\rho + \gamma_{g,1}a_v \tag{4.6.22}$$

$$\frac{\partial \theta c_k}{\partial t} + \frac{\partial \rho s_k}{\partial t} + \frac{\partial a_v g_k}{\partial t} = \frac{\partial}{\partial x_i}\left(\theta D_{ij,1}^w \frac{\partial c_k}{\partial x_j}\right) + \frac{\partial}{\partial x_i}\left(a_n D_{ij,k}^g \frac{\partial g_k}{\partial x_j}\right) - \frac{\partial q_i c_k}{\partial x_i} - S_{c_r,k}$$
$$- (\mu_{w,1} + \dot{\mu}_{w,k})\theta c_k - (\mu_{s,k} + \dot{\mu}_{s,k})\rho s_k - (\mu_{g,k} + \dot{\mu}_{g,k})a_v g_k + \mu_{w,k-1}\theta c_{k-1}$$
$$+ \mu_{s,k-1}\rho s_{k-1} + \mu_{g,k-1}\rho s_{k-1} + \gamma_{w,k}\theta + \gamma_{s,k}\rho + \gamma_{g,k}a_v \quad k \in (2, n_s) \tag{4.6.23}$$

式中：c、s、g 分别为土壤溶液、固体和气体中的浓度；q_i 为第 i 项的通量；μ_w、μ_s、μ_g 分别为溶质在液态、气态和固态介质中的一阶动力学系数；γ_w、γ_s、γ_g 分为溶质在液态、气态和固态介质中的零阶动力学系数；a_v 为土壤中气体含量；S 为源汇项（根系吸收）；ρ

为土壤密度；D_{ij}^w、D_{ij}^g 分别为液态和气态中的弥散系数；下标 w、s、g 分别表示土壤中的液态水、固体颗粒和气体；下标中的 k 表示链式反应中的环节数；n_s 为总的溶质的数量。

土壤中溶质与吸附浓度之间的非均衡及动态作用，以及土壤溶液中溶质与气态浓度之间的均衡作用下，则邓文吸附关系可表示为

$$s_k = \frac{k_{s,k} c_k^{\beta_k}}{1 + \eta_k c_k^{\beta_k}} \quad k \in (1, n_s) \tag{4.6.24}$$

$$\frac{\partial s_k}{\partial t} = \frac{k_{s,k} c_k^{\beta_k - 1}}{(1 + \eta_k c_k^{\beta_k})^2} \frac{\partial c_k}{\partial t} + \frac{c_k^{\beta_k}}{1 + \eta_k c_k^{\beta_k}} \frac{\partial k_{s,k}}{\partial t} - \frac{k_{s,k} \partial c_k}{(1 + \eta_k c_k^{\beta_k})^2} \frac{\partial \eta_k}{\partial t} + \frac{k_{s,k} c_k^{\beta_k} \ln c_k}{(1 + \eta_k c_k^{\beta_k})^2} \frac{\partial \beta_k}{\partial t} \tag{4.6.25}$$

式中：$k_{s,k}$、β_k、η_k 为与浓度无关的经验系数，能够表示随时间和温度变化的函数。浓度 g_k 与 c_k 之间可表示为线性关系：

$$g_k = k_{g,k} c_k \quad k \in (1, n_s) \tag{4.6.26}$$

两区、双重孔隙类型的溶质迁移模型能够考虑溶质传输过程中的非平衡过程。两区的概念设定土壤中的液态水能够被分为可以移动的液态水，以及不能发生移动的液态水。其含水率分别为 θ_m 和 θ_{im}。两区之间的溶质交换可采用一阶动力学方程进行描述：

$$\left[\theta_m + \rho(1-f) \frac{k_{s,k} c_k^{\beta_k-1}}{(1+\eta_k c_k^{\beta_k})^2}\right] \frac{\partial c_{k,im}}{\partial t} = \omega_k(c_k - c_{k,im}) + \gamma_{w,k}\theta + (1-f)\rho\gamma_{s,k}$$
$$- \left[\theta_{im}(\mu_{w,k} + \dot\mu_{w,k}) + \rho(\mu_{s,k} + \dot\mu_{s,k})(1-f)\frac{k_{s,k} c_k^{\beta_k-1}}{\eta_k c_k^{\beta_k}}\right] \times$$
$$c_{k,im} \quad k \in (1, n_s) \tag{4.6.27}$$

式中：c_{im} 为不可移动区域中的溶质浓度；f 为第 k 种溶质在质量转移系数。

吸附-分离模型：细菌、土壤胶体以及病毒在土壤中的迁移以及最终的去向并通常需要在描述溶质的对流弥散方程的基础上进行修正：

$$\frac{\partial \theta c}{\partial t} + \frac{\partial \rho s_e}{\partial t} + \frac{\partial \rho s_1}{\partial t} + \frac{\partial \rho s_2}{\partial t} = \frac{\partial}{\partial x_i}\left(\theta D_{ij,1}^w \frac{\partial c_1}{\partial x_j}\right) - \frac{\partial q_i c}{\partial x_i} - \mu_w \theta c - \mu_s \rho(s_e + s_1 + s_2) \tag{4.6.28}$$

第5章 土壤热运动

5.1 土壤中能量的传播

土壤的热状况不仅直接影响土壤水分和空气的运动，而且影响土壤微生物的活动、养分的转化、植物的生长发育和产量的高低，是土壤肥力的重要因素之一。衡量土壤热状况的尺度是土壤温度。土壤温度决定于土壤热量的收支情况和热特性，并呈现出规律性的变化。

物理学中通常有 3 种能量传输原理：辐射、对流及热传递。辐射是指所有物体在其温度高于 0K 时（绝对零度），以电磁波形式放射出的能量。根据 Stefan - Boltzmann 定律，物体单位面积、单位时间辐射出的各种波长所具有的能量 J_c 与物体表面的热力学温度的 4 次方成正比：

$$J_c = \varepsilon\sigma T^4 \tag{5.1.1}$$

式中：σ 为常数；ε 为发射率。

绝对温度决定着辐射能量的波长分布。Wien 定律认为最大辐射强度对应的波长与绝对温度成反比：

$$\lambda_m = 2900/T \tag{5.1.2}$$

式中：λ_m 为波长，辐射强度是波长与温度的函数，由普朗克定律给出：

$$E_\lambda = C_1/\lambda^5 [\exp(C_2/\lambda T) - 1] \tag{5.1.3}$$

式中：E_λ 为不同波长辐射的能量强度；C_1、C_2 分别为常数。

由于土壤表面温度一般为 300K 左右（在凝固点 273～330K 或者更高范围内变化），所以土壤表面辐射的波长在 $10\mu m$ 时达到最高辐射强度，土壤表面辐射的波长分布为 3～$50\mu m$。这个波段包括红外线及热辐射。太阳辐射与土壤不同，太阳是表面温度大于 6000K 的高温辐射黑体，太阳辐射包括波长在 0.3～$0.7\mu m$ 的可见光段，波长大于 $3\mu m$ 的红外线以及波长小于 $0.3\mu m$ 的紫外线。由于这两种辐射之间没有交叉，太阳光波称为短波辐射，把地面辐射称为长波辐射。

第二种能量传输模式是对流，温度随着载热体的运动而运动，房屋供暖中，热量随着高温的水体运动而运动。一个更符合土壤物理的例子是将高温废水（比如从发电厂产生的废水）倒入寒土时的渗透现象。

第三种能量传输模式是热传递，通过物体内部的分子运动来传播热量。由于温度是物体中分子动能的表现形式，所以物体中温度差将通过物体中大量分子从高温区到低温区的快速运动来传输动能。将热传递过程类比扩散过程，与扩散过程能快速平衡物体的组成一样，热传导过程能够快速平衡物体内部分子动能的分布（即温度分布）。

除了上述描述的传输的 3 种模式外，土壤热传输过程包括了一种更为重要的模式，即潜热输送。一个重要的例子就是升华，升华包括蒸发的吸热阶段，随后水蒸气的对流、扩散运动以及最后凝结的散热阶段。一个与此相似的过程是冰与水之间的状态转化。

土壤热量的传输可能是以上任一种模式或者是其中多种模式的组合。而土壤中热量的传输以分子热扩散为主，而辐射、对流及潜热输送都是次要的。

对于热量传输可以类比于物质流动。事实上，热量并不是物质，是能量的一种形式。然而，基于概念上的类比，不难发现描述多孔介质中水流及热量流动的方程在数学上具有高度的相似性。

5.2　土壤–植物–大气连续体（SPAC）中的能量平衡

5.2.1　SPAC 系统能量平衡

1966 年 Philip 提出了比较完整的 SPAC 系统概念。认为尽管系统中各部分介质不同，界面不一，但在物理上都是一个统一的连续体，水在各种流动过程中相互衔接，其水流通量取决于水势梯度和水流阻力。在 SPAC 系统中，水分逆着水势梯度传输，水流路径为：由土壤达到植物根系表面，由根表面穿过表皮进入根木质部，由根木质部进入植物茎，经过茎到达植物叶面，在叶汽孔腔内汽化由叶气孔或角质层扩散到空气中，最终参与大气的湍流交换。

SPAC 系统可以被概化为 3 个层面：位于参照高度（百叶箱高度）的大气层，位于动量汇处的植物冠层和土壤表层。图 5.2.1 为 3 个层面的能量分配与转换及传输阻力关系图。

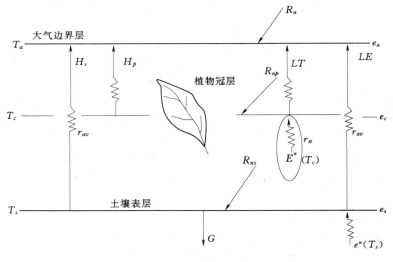

图 5.2.1　SPAC 系统能量交换与转换及传输阻力关系图

图中：R_n 为到达大气边界层净辐射能；R_{np}、R_{ns} 分别为植物冠层截留和到达土壤的净辐射能；LT 为植物冠层内用于蒸腾作用的潜热消耗；H_p 为植物冠层温度变化的显热消耗；LE 为用于地表土壤水蒸发的潜热消耗；H_s 为用于地表温度增加的显热消耗；G 为热量向深层土壤运动的土壤热通量；T_a、T_c、T_s 分别为大气温度，植物冠层温度和土壤地表温度；e_a、e_c、e_s 分别为大气层水气压，植物冠层水气压和土壤表层水气压。

大气边界层能量平衡关系为

$$R_n = R_{np} + R_{ns} \tag{5.2.1}$$

即大气边界层的净辐射能（短波辐射与长波辐射之差）等于被植物冠层截留的辐射能和透过植物冠层到达土壤层的辐射能。

作物冠层动量汇处能量平衡关系为

$$R_{np} = H_p + LT \tag{5.2.2}$$

即植物冠层截留的辐射能部分用于冠层温度增加的显热消耗，部分用于将叶片中的水分从液态转化为气态，并扩散到大气中的蒸腾过程所消耗的潜热。

地表层的能量平衡为

$$R_{ns} = H_s + LE + G \tag{5.2.3}$$

即土壤地表层接收的能量用于土壤表明温度增加所消耗的显热，土壤蒸发所消耗的潜热，以及土壤温度向深层传递的土壤热通量。

SPAC 系统中总显热消耗为植物冠层的显热消耗和地表层的显热消耗之和：

$$H = H_p + H_s \tag{5.2.4}$$

SPAC 系统总潜热消耗为用于植物蒸腾和土壤蒸发的总潜热消耗之和：

$$LET = LT + LE \tag{5.2.5}$$

土壤热通量为

$$G = -\lambda \frac{T_s - T_1}{\Delta z} \tag{5.2.6}$$

式中：R_n 为到达大气边界层净辐射，J/m^2；R_{np} 为冠层截留的净辐射，J/m^2；R_{ns} 为到达地表的净辐射，J/m^2；H、H_p、H_s 分别为系统的总显热消耗、冠层的显热消耗和地表的显热消耗，J/m^2；LET、LT、LE 分别为系统的潜热消耗、冠层的潜热消耗和地表的潜热消耗，J/m^2；T 为作物蒸腾量，mm；E 为地表蒸发量，mm；G 为土壤热通量，J/m^2。

5.2.2 裸地的能量平衡

裸土（没有作物和植物种植的土壤）表层的辐射平衡可表示为

$$J_n = (J_s + J_a)(1 - \alpha) + J_{li} - J_{le} \tag{5.2.7}$$

式中：J_n 为净辐射，即输入和输出的辐射能量之差；J_s 为输入的太阳辐射中的短波辐射；J_a 为输入的大气辐射中的短波辐射；J_{li} 为输入的大气辐射中的长波辐射；J_{le} 为土壤反射的长波辐射；α 为反射率系数，是输入的短波辐射中被土壤表面反射而不是吸收的那一部分。

反射率系数 α 是土壤表面一个重要的特征值，随着土壤基本颜色、表面粗糙度及坡度以及短期内土壤湿度的变化而在 $0.1 \sim 0.4$ 的范围内变化。土壤越干，表面越光滑，颜色越亮，反照率越高。在某种程度上，可以根据土壤表面不同的环境，如不同的耕作方式及不同的地面覆盖等对反照率进行修正。按照式（5.1.1），土壤反射的长波辐射 J_{le} 主要依赖于土壤表面温度，同时也受土壤发射率 ε、土壤湿度等因素的影响。

土壤表面收到的净辐射将转化成热量使得土壤、空气温度增加并蒸发水分，土壤表面平衡方程可以表示如下：

$$J_n = S + A + LE \tag{5.2.8}$$

式中：S 为土壤热通量（热量从土壤表面向深层土壤传输）；A 为从土壤表面向上传到空

气中的显热通量；LE 为发生蒸发所消耗的能量，土壤中的水由液态变化为气态，并扩散到大气中的过程中需要消耗能量，而这一部分能量由土壤接受到的辐射能提供，是蒸发通量 E 与单位质量水蒸发的潜热 L 的乘积。

将式（5.2.7）代入式（5.2.8），则地表能量平衡为

$$(J_s+J_a)(1-\alpha)+J_{li}-J_{le}-S-A-LE=0 \tag{5.2.9}$$

习惯上将能量平衡中正号表示土壤表面接收到的能量，负号相反。

【例 5.2.1】　已知：土壤蒸发量 E 为 6mm/d，求 LE。

解：L 的单位是质量单位，E 单位是长度单位（单位面积上的水量）。LE 的单位为 W/m^2，需要进行单位转化：

已知：$L=2449J/g$，$1W=1J/s$

$6mm/(d \cdot m^2)=6\times0.0116g/(s \cdot m^2)\times2449J/g=6\times28.3\ J/(s \cdot m^2)=170W/m^2$

【例 5.2.2】　已知：测量出一天内平均太阳总辐射 R_s 为 349W/m²，平均净长波热辐射为 58W/m²。求解：干燥黏壤土在湿润及干燥两种情况下的净辐射 R_n。

解：湿润土壤（黏质壤土）和干燥土壤（黏质壤土）对短波的反射率分别为 0.11 和 0.18。

干土条件下：

$$R_n=R_s(1-\alpha)+R_l=349\times(1-0.18)+(-58)=228(W/m^2)$$

湿土条件下：

$$R_n=R_s(1-\alpha)+R_l=349\times(1-0.11)+(-58)=253(W/m^2)$$

【例 5.2.3】　已知：没有作物生长的裸地条件下，能量平衡方程中各组成部分为，净辐射能 $R_n=175W/m^2$，显热消耗为 $H=-755W/m^2$，土壤热通量为 $G=10W/m^2$。求解：土壤蒸发的潜热消耗 LE 以及土壤蒸发量。

解：根据能量平衡方程：

$$LE=R_n+G-H=175+10-(-75)=260(W/m^2)$$

$$E=LE/L=260/28.3=9.2(mm/d)$$

【例 5.2.4】　考虑裸土中的能量平衡。日平均总辐射（包括太阳及大气）为 0.8cal/(cm²·min)，反射率为 0.15。日内土壤表面平均温度为 27℃。由于白天的对流运动平衡了晚上的显热流动，日大气交换的净显热可以忽略不计。蒸发量是 2mm/d；土壤发射率 ε 为 0.9，大气将大地辐射的 60% 的长波辐射返回大地。计算土壤热传递，并判断期正负（即土壤是吸收热量还是损失热量）。

解：根据式（5.2.7），日能量平衡为

$$(J_s+J_a)(1-\alpha)+J_{li}-J_{le}-S-A-LE=0$$

式中：J_s 为输入的太阳辐射中的总短波辐射；J_a 为输入的大气辐射中的短波辐射；α 为反射率；J_{li} 为长波辐射；S 为土壤热通量；A 为空气温度增加的显热；LE 为土壤中水分蒸发的潜热损失。

式（5.2.9）可表示为

$$S=(J_s)(1-\alpha)+J_l-A-LE$$

设定日短波辐射时间为 12h，净短波辐射为

$$J_s(1-\alpha)=0.8\times60\times12\times(1-0.15)=489.6[cal/(cm^2 \cdot d)]$$

输出的长波辐射，利用 Stefan – Boltzmann 定律，Stefan – Boltzmann 常数为 $1.17 \times 10^{-7} cal/(cm^2 \cdot min \cdot K^4)$，或 $8.14 \times 10^{-11} J/(cm^2 \cdot min \cdot K^4)$，方程（5.1.1）为

$$J_l = 0.4 \varepsilon \sigma T^4 = 0.4 \times 0.9 \times 1.17 \times 10^{-7} cal/(cm^2 \cdot min \cdot K^4) \times (273 + 27)^4 K^4$$
$$= 341.50 cal/(cm^2 \cdot d)$$

净显热 A 忽略不计，蒸发量是 $2mm/d$，相当于 $0.2cm^3/(cm^2 \cdot d)$，水的密度为 $1g/cm^3$。潜热损失为

$$LE = 580 cal/g \times 0.2g/(cm^2 \cdot d) = 116 cal/(cm^2 \cdot d)$$

最后将所有项相加得到土壤热通量：

$$S = 489.6 - 341.5 - 0 - 116 = 32.1 cal/(cm^2 \cdot d)$$

因此，土壤吸收热量。热量在土壤上部 20cm 内均匀分布的情况下，土壤的比热容为 $0.5cal/(g \cdot ℃)$，土壤密度为 $1.6g/cm^3$，则土壤温度将上升 2℃ 左右。

【例 5.2.5】 已知：分别测得能量平衡方程中各组成部分为，$R_n = 175W/m^2$，$H = -75W/m^2$，$G = 10W/m^2$。求解：LE_c。

解：利用 SPAC 系统能量平衡方程解答：

$$LE_t = R_n + G - H = 175 + 10 - (-75) = 260(W/m^2)$$
$$E_t = LE_t/L = 260W/m^2 \div 28.3 \ W/m^2 \cdot mm/d = 9.2(mm/d)$$

【例 5.2.6】 已知：在 1m 高度，风速为 3000m/h，空气温度为 20℃，大气压为 1kPa。在 2m 高度，风速为 3500m/h，空气温度为 19℃，大气压为 0.9kPa。假设 $P_a = 101.3kPa$，$\rho_a = 1200g/cm^3$，$c_p = 1.0J/(g \cdot ℃)$。求解：LE_c、H 的值。

解：利用 SPAC 系统能量平衡方程计算 LE_c 和 H，首先求得 K_v 或 K_h 值：

$$K_v = [p0.41^2 \times (3500 - 3000m/h) \times (2 - 1m)]/\ln(2m/1m)$$
$$= 0.168 \times 500 \times 1/0.693^2 = 8410.48 = 175(m^2/h)$$
$$E_t = -(1200g/cm^3) \times 0.622 \times (1752/h) \times (0.9 - 1.0kPa)/[101.3kPa(2-1m)]$$
$$= 129g/(m^2 \cdot h) = 3096g/(m^2 \cdot d) = 3.096mm/d$$
$$LE_t = 28.3W/m^2 \cdot mm/d \times 3.096mm/d = 87.7 \ W/m^2$$

为计算 H，假设 $K_v = K_h$，则：

$$H = [-(1200g/m^3) \times 1.0J/(g \cdot ℃)] \times (175m^2/h) \times (19 - 20℃)]/(2 - 1m)$$
$$= 210000J/(h \cdot m^2) 或者 58.3J/(s \cdot m^2) = 58.3W/m^2$$

5.3 土壤中的热传递动力学过程

5.3.1 土壤中的热传递动力学方程

根据热传导的第一定律（傅里叶定律），热量在均匀介质中的传播方向与温度梯度相同，大小与温度梯度成正比：

$$q_h = -\kappa \nabla T \tag{5.3.1}$$

式中：q_h 为热通量（单位时间内通过单位横截面的热量）；κ 为热导率；∇T 为温度梯度。

方程式（5.3.1）的一维形式为

$$q_h = -\kappa_x \frac{\mathrm{d}T}{\mathrm{d}x} \text{ 或者 } q_h = -\kappa_z \frac{\mathrm{d}T}{\mathrm{d}z} \tag{5.3.2}$$

式中：$\frac{\mathrm{d}T}{\mathrm{d}x}$ 为温度在 x 方向的梯度；$\frac{\mathrm{d}T}{\mathrm{d}z}$ 为土壤深度垂直方向的温度梯度。

热导率的不同的下标表示其可能会在不同的方向而取值不同。方程式（5.3.2）中的负号表示热量流动方向与温度梯度方向相反。

如果 q_h 以 cal/(s·cm²) 表示，温度梯度用 K/cm（开尔文/厘米）表示，则热导率 κ 的单位为 cal/(cm·s)。如果热量的单位是 W/m，温度梯度的单位是 K/m，则热导率 κ 的单位为 W/(m·K)。

尽管式（5.3.1）能够描述平衡状态下的热传递，即导热介质中每一点的温度及热通量是保持不变。然而为了解释不稳定及瞬变能量状态，需要像扩散中 Fick 第二定律一样建立热传导第二定律。根据能量平衡原理，在与外界热量隔绝时，单位体积元导热介质中热量随时间的变化率等于热通量随距离的变化：

$$\rho c_m \frac{\partial T}{\partial t} = -\nabla q_h \tag{5.3.3}$$

式中：ρ 为质量密度（单位体积的总质量，在湿润土壤中包括水的质量）；c_m 为不同物质的单位质量比热容（简称比热，定义为单位质量物体单位时间内单位温度变化所吸收或者释放出的能量）；ρc_m（通常用 C 表示）为容积比热容；$\frac{\partial T}{\partial t}$ 为温度随时间的变化率；∇ 为三维梯度的缩写，方程式（5.3.3）的三维形式为

$$\rho c_m \frac{\partial T}{\partial t} = -\left(\frac{\partial q_x}{\partial x} + \frac{\partial q_y}{\partial y} + \frac{\partial q_z}{\partial z} \right) \tag{5.3.4}$$

式中：x、y、z 为直角坐标系方向。

结合方程式（5.3.4）及方程式（5.3.1），热传导的第二定律可表示为

$$\rho c_m \frac{\partial T}{\partial t} = \nabla (\kappa \nabla T) \tag{5.3.5}$$

方程式（5.3.5）的一维方式为

$$\rho c_m \frac{\partial T}{\partial t} = \frac{\partial}{\partial x} \left(\kappa \frac{\partial T}{\partial x} \right) \tag{5.3.6}$$

有些情况下，可能需要考虑到热流发生时存在与外界的热量交换。土壤中热量的来源包括有机质分解、最初干燥的土壤的润湿和水蒸气的冷凝等现象。散热现象通常与蒸发有关。把所有这些与外界的热量交换用一个源汇项 S 表示，则式（5.3.6）形式为

$$\rho c_m \frac{\partial T}{\partial t} = \frac{\partial}{\partial x} \left(\kappa \frac{\partial T}{\partial x} \right) \pm S(x,t) \tag{5.3.7}$$

式中，源汇项 S 为空间及时间的函数。

热传导率 κ 与容积比热容 C($C = \rho c_m$) 比值叫作热扩散率，用 D_T 表示：

$$D_T = \kappa / C \tag{5.3.8}$$

用 D_T 代替 κ，式（5.3.2）及式（5.3.4）为

$$q_h = -D_T C \frac{\mathrm{d}T}{\mathrm{d}x} \tag{5.3.9}$$

及

$$\frac{\partial T}{\partial t} = \frac{\partial}{\partial x} \left(D_T \frac{\partial T}{\partial x} \right) \tag{5.3.10}$$

在 D_T 是常数而不是距离的函数的特殊情况下，式（5.3.10）可表示为

$$\frac{\partial T}{\partial t} = D_T \frac{\partial^2 T}{\partial x^2} \tag{5.3.11}$$

【例 5.3.1】 稳定流状态下，计算一维热通量及 20cm 的土层中的热量传输，假设热传导率为 3.6×10^{-3} cal/（cm·s·℃），使土样在 1h 内维持温差为 10℃。

解： 利用方程 $q_h = -\kappa_x \dfrac{\mathrm{d}T}{\mathrm{d}x}$ 的离散形式

$$q_h = -\kappa_x \frac{\Delta T}{\Delta x} = 3.6 \times 10^{-3} \times \frac{10}{20} = 1.8 \times 10^{-3} [\mathrm{cal/(cm^2 \cdot s)}]$$

1hr 内的热量传输为：$q_h t = 1.8 \times 10^{-3} \times 3600 = 6.48$（cal/cm²）

【例 5.3.2】 已知：土壤表层温度是 20℃ 在 0.05m 深处温度为 2120℃，$\kappa = 1.67$J/（m²·℃）。求解：假设这 1d 内温度保持恒定（恒温状态），求 1d 内从表层到 0.05m 深度通过单位面积的热量。

解： 利用式（5.3.2）进行求解

$$q_h = -\kappa_z \frac{\mathrm{d}T}{\mathrm{d}z}$$

$$Q = -q_h A t = -\kappa A T \frac{T_0 - T_{0.05}}{z_0 - z_{0.05}} = -1.67 \times 1 \times 86400 \frac{20 - 21}{0 - 0.05}$$

$$= 2.89(\mathrm{MJ/d}) \text{ 或者 } 33.4\mathrm{W/m^2}$$

正号表示热量向上传递。

【例 5.3.3】 土样上部 10cm 厚的土层中热通量维持在 10^{-3} cal/(cm²·s)，土样底部是绝热的，计算温度随时间的变化率及当土样的密度为 1.2g/cm³，比热容是 0.6cal/(g·℃) 时每小时上升的温度。

解： 对于这个问题采用式（5.3.3）$\rho c_m \dfrac{\partial T}{\partial t} = -\nabla q_h$ 的离散形式 $\dfrac{\partial T}{\partial t} = \dfrac{\Delta q_h}{\Delta x} \dfrac{1}{\rho c_m}$ 进行求解。

温度随时间的变化率为

$$\frac{\partial T}{\partial t} = \frac{10^{-3}}{10} \frac{1}{1.2 \times 0.6} = 1.39 \times 10^{-4} \text{（℃/s）}$$

【例 5.3.4】 土壤温度计算，采用显示差分法计算土壤非稳定热传导过程，热传输方程为

$$\frac{\partial T}{\partial t} = D_q \frac{\partial^2 T}{\partial z^2}$$

其中 $D = K_q / C_v$ 为热扩散系数，方程的采用显示差分法，方程写为差分的形式为

$$\frac{T_i^{j+1}-T_i^j}{\Delta t}=D_q\frac{T_{i-1}^j-2T_i^j+T_{i+1}^j}{(\Delta z)^2}$$

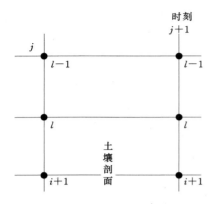

图 5.3.1　有限差分法（显式差分法）计算示意图

其中，下标 i 表示土壤中的节点位置，Δz 节点之间的距离，上标 j 表示时间步长，Δt 表示计算时段，如图 5.3.1 所示。

则在 $j+1$ 时刻 i 点的温度则可以根据 j 时刻，$i-1$、i 和 $i+1$ 3 个节点位置的温度进行计算：

$$T_i^{j+1}=F_x(T_{i-1}^j+T_{i+1}^j)+T_i^j(1-2F_x)$$

需要指出，计算过程中，需要控制时间步长和空间步长，确保 F_x 不超过 0.5，以保证计算的稳定性。

以 1.0m 深度、10cm 为间距的土柱，以 2h 为时间间隔，初始条件（$t=0$）、上边界条件和下边界条件已知的情况下，采用显式差分法计算 1.0m 土壤各个节点在 2～24h 内的温度变化见表 5.3.1 和如图 5.3.2 所示。

表 5.3.1　　　　　　　　采用显式差分法计算土壤剖面温度　　　　　　　　单位：℃

| 时间/h | 土壤深度/m | | | | | | | | | | |
	0	0.1	0.2	0.3	0.4	0.5	0.6	0.7	0.8	0.9	1.0
0	18.6	21.8	23.2	21.8	21.0	20.0	18.8	18.5	18.0	17.0	16.5
2	16.8	20.9	21.8	22.1	20.9	19.9	19.3	18.4	17.8	17.3	16.5
4	15.5	19.3	21.5	21.4	21.0	20.1	19.2	18.5	17.8	17.1	16.5
6	15.6	18.5	20.3	21.3	20.7	20.1	19.3	18.5	17.8	17.2	16.5
8	17.3	18.0	19.9	20.5	20.7	20.0	19.3	18.6	17.8	17.2	16.5
10	23.9	18.6	19.2	20.3	20.3	20.0	19.3	18.6	17.9	17.2	16.5
12	32.1	21.6	19.4	19.8	20.1	19.8	19.3	18.6	17.9	17.2	16.5
14	38.7	25.8	20.7	19.8	19.8	19.7	19.3	18.6	17.9	17.2	16.5
16	37.4	29.7	22.8	20.2	19.7	19.5	19.1	18.5	17.9	17.2	16.5
18	31.9	30.1	24.9	21.3	19.8	19.4	19.0	18.5	17.9	17.2	16.5
20	26.5	28.4	25.7	22.4	20.3	19.5	19.0	18.4	17.8	17.2	16.5
22	23.2	26.1	25.4	23.0	20.9	19.7	19.0	18.4	17.8	17.2	16.5
24	21.5	24.3	24.5	23.2	21.3	19.9	19.0	18.4	17.8	17.1	16.5

5.3.2　土壤热动力参数

土壤温度变化的幅度大小，快慢速度以及影响土层深度的范围等，除决定于热量交换以外，还受到土壤本身热力学性质的影响。土壤的重要的热动力学性质参数包括：

（1）温度：土壤中热的强度（℃，K，F）。

（2）热容量（heat capacity）：单位体积（或质量）的土壤温度升高 1℃ 所需要的热量 $[J/(m^3 \cdot ℃)]$ 或者 $J/(kg \cdot ℃)]$。

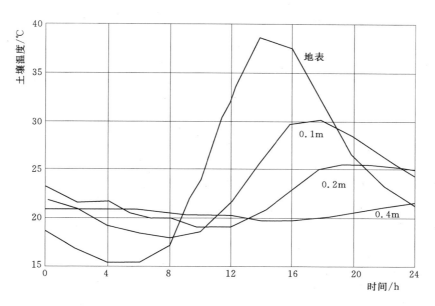

图 5.3.2 地表、0.1m、0.2m 和 0.4m 深度计算土壤温度

（3）热传导率（thermal conductivity）：热通量与温度梯度之比，J/(m² · s · ℃)。

1. 土壤容积热容量（soil heat capacity）

土壤容积热容量 C 定义为单位体积土壤发生单位温度变化时的热量变化（单位质量或原状体积土壤温度升高 1℃所需的热量），也称为土壤的比热。土壤不同成分密度以及容积比热容见表 5.3.2。容积热容量 C 的值可以通过对不同成分的容积热容相加得到，按照各部分组成的体积含量乘以权重系数：

表 5.3.2　　　　　　　　　土壤不同成分密度以及容积比热容

成分	密　　度		比　热　容	
	g/cm³	kg/m³	cal/(cm³ · K)	W/(cm³ · K)
石英	2.66	2.66×10³	0.48	2.0×10⁶
其他矿物质	2.65	2.65×10³	0.48	2.0×106
有机质	1.30	1.30×10³	0.6	2.5×10⁶
水	1.00	1.00×10³	1.0	4.2×10⁶
冰	0.92	0.92×10³	0.45	1.9×10⁶
空气	0.00125	1.25	0.003	1.25×10³

$$C = \sum f_{si} C_{si} + f_w C_w + f_a C_a \qquad (5.3.12)$$

式中：f 为土壤中三态的体积含量，固体下标为 s，水下标为 w，气体下标为 a，土壤固态包括了组成成分；下标 i 为不同的矿物质及有机物；Σ 为土壤中所有物质的体积含量与其比热容的乘积之和。

水、空气土壤固体中的组成物质的体积比热容 C 定义为物质的密度与单位质量比热容的乘积（如 $C_w = \rho_w c_{mw}$，$C_a = \rho_a c_{ma}$，$C_{si} = \rho_{si} c_{msi}$）。

土壤中大部分矿物组成的密度（大约为 $2.65g/cm^3$ 或者 $2.65 \times 103kg/m^3$）以及比热容几乎相同 [大约为 $2.0 \times 10^6 J/(cm \cdot K)$]。由于很难将土壤中不同的有机物区分开，因此通常将有机质作为一个整体对其热容量进行衡量（土壤有机质平均密度为 $0.5g/cm^3$ 或者 $1.3 \times 10^3 kg/m^3$），平均比热容为 $2.5 \times 10^6 J/(cm \cdot K)$。水的比热容比土壤固体矿物质比热容的 2 倍还要大 [$4.2 \times 10^6 J/(cm \cdot K)$]。空气的密度仅为水的 1/1000，对土壤的比热容贡献不大，因此一般可以忽略不计。因此式（5.3.12）可以简化为

$$C = f_m C_m + f_o C_o + f_w C_w \tag{5.3.13}$$

其中，下标 m、o 和 w 分别表示矿物质，有机质及水，且 $f_m + f_o + f_w = 1 - f_a$。总孔隙度液态水所占的体积和土壤空气所占的体积之和 $f = f_a + f_w$。C_m、C_o 和 C_w 的近似平均值分比为 $1.92MJ/(cm^2 \cdot K)$、$2.4MJ/(cm^2 \cdot K)$ 和 $4MJ/(cm^2 \cdot K)$。

需要指出，土壤体积热容量通常需要根据土壤质量热容量进行计算。对于潮湿的土壤，土壤体积热容量和质量热容量的关系为

$$C_v = \rho_{us} c_p \rho_b (1 + \theta_m) \tag{5.3.14}$$

式中：C_v 为土壤的体积热容量；c_p 为质量热容量；ρ_b 为土壤容重；θ_m 为质量含水率。土壤的体积热容量进一步表示为

$$C_v = \rho_b (c_{pav} + \theta_m c_{pw}) \tag{5.3.15}$$

其中，c_{pav} 和 c_{pw} 分别为土壤固体组成成分的平均质量热容量 [$837J/(kg \cdot ℃)$] 和水的质量热容量 [$4190J/(kg \cdot ℃)$]，这样，式（5.3.15）可表示为

$$C_v = \rho_b (0.837 + 4.19\theta_m) \, MJ/(m^3 \cdot ℃) \tag{5.3.16}$$

【例 5.3.5】 土壤温度为 18℃，体积含水率 $\theta_v = 0.23$，土壤容重为 $1.2g/cm$。则在 1m 深度区间内，土壤温度提升到 20℃，所需要的能量为

$$Q = C_v V(T - T_0)$$

式中：Q 为土壤温度提升所需要的能量；C_v 为土壤的体积热容量；T、T_0 分别为土壤的最终的温度和初始状态下的温度；V 为土壤体积，则

$$Q = (0.84\rho_b + 4.19\theta)V(T - T_0) = (0.84 \times 1.2 + 4.19 \times 0.23) \times 1 \times (20 - 18) = 3.94 (MJ)$$

即对于 $1m^3$ 的土壤，温度提升所需要的热量为 3.4MJ。

【例 5.3.6】 分别计算土壤密度为 $1.46g/cm^3$、完全干燥时及饱和时的容积比热容。假设土颗粒的密度为 $2.60g/cm^3$，有机质体积占固体体积的 10%。

土壤孔隙率为

$$f = (\rho_s - \rho_b)/\rho_s = (2.60 - 1.46)/2.60 = 0.44$$

因此固体体积含量为 $1 - 0.44 = 0.56$，其中有机质含量占固体体积的 10%，矿物质含量为

$$f_m = 0.56 \times 0.9 = 0.504$$

有机质体积含量为 $\qquad f_o = 0.56 \times 0.1 = 0.056$

利用方程式（5.3.12）（$C = \sum f_{si} C_{si} + f_w C_w + f_a C_a$）计算容积比热容：

$$C = f_m C_m + f_o C_o + f_w C_w$$

式中：f_m、f_o、f_w 分别是矿物质、有机质及水的体积含量；C_m、C_o、C_w 分别是每种成分的比热容，即矿物质 $0.48cal/(cm^2 \cdot ℃)$，有机质 $0.6cal/(cm^2 \cdot ℃)$，水 $0.48cal/(cm^2$

·℃），土壤完全干燥情况下：

$$C=0.48\times0.5047+0.60\times0.05=0.27[\mathrm{cal}/(\mathrm{cm}^2\cdot℃)]$$

土壤饱和情况下，水分体积含量等于孔隙率，因此：

$$C=0.48\times0.5047+0.44\times1=0.71[\mathrm{MJ}/(\mathrm{m}^3\cdot℃)]$$

空气在容积比热容的计算中所占比重很小（表 5.3.2），可以忽略不计。

2. 土壤热传导率

土壤热传导率 κ 定义为单位时间单位温度梯度作用下通过单位面积土壤的热量（表 5.3.3）。不同土壤成分的热传导率相差很大（表 5.3.4）。土壤平均空间内的热传导率取决于其矿物组成及有机质成分，以及水及空气的体积含量。由于空气的热传导率比固体及水小得多，所以空气含量高时对应的土壤热传导率低。同时，由于土壤中水和空气的含量是不断变化的，所以热传导率 κ 亦随着时间发生变化。不同深度土壤的组成不同，κ 一般是深度和时间的函数。影响热传导率 κ 的因素与影响容积比热容 C 的因素相同，然而，影响程度却表现出显著的差异：在田间土壤正常湿度范围内，C 可能发生 3～4 倍的变化，热传导率不像比热容，不仅仅对土壤的体积组成敏感，而且对土壤颗粒的尺寸、形状及空间分布敏感，相应的 κ 值的变化超过 100 倍。

表 5.3.3 土壤组成成分的热传导率

成分	cal/(cm·s·K)	W/(m·K)
石英	21（10℃）	8.8
其他矿物质	7（10℃）	2.9
有机质	0.6（10℃）	0.25
水	1.37（10℃）	0.57
冰	5.2（0℃冰）	2.2
空气	0.06（10℃）	0.025

表 5.3.4 不同土壤成分的土壤和雪的平均热传导率

土壤类型	孔隙率	体积含水率 /(cm³/cm³)	热传导率 /[10⁻³cal/(cm·s·℃)]	容积比热容 /[cal/(cm³·℃)]	阻尼深度 /cm
砂土	0.4	0.0	0.7	0.3	8.0
		0.2	4.2	0.5	15.2
		0.4	5.2	0.7	14.3
黏土	0.4	0.0	0.6	0.3	7.4
		0.2	2.8	0.5	12.4
		0.4	3.8	0.7	12.2
泥质土壤	0.8	0.0	0.14	0.35	3.3
		0.4	0.7	0.75	5.1
		0.8	1.2	1.15	5.4
雪	0.95	0.05	0.15	0.05	9.1
	0.8	0.2	0.32	0.2	6.6
	0.5	0.5	1.7	0.5	9.7

将土壤整体的热传导率表达为土壤不同成分的热传导率与其体积含量的函数是很困难的，因为其包括了土壤结构的内部几何形状、不同颗粒间及态势下的热量传输。可以想象两种不同的简单情况：具有相同颗粒形态的干土及水饱和状态下的土壤。在任一情况下，土壤颗粒都在体积含量为 f_0、热传导率为 κ_0 的连续流体（空气或水）中被分散。这样土壤颗粒的体积含量为 $f_1 = 1 - f_0$，热传动率为 κ_1。介质整体组合传导率定义如下：假设长为 L 的立方体土块，土块上表面温度为 T_1，底部温度较低为 T_2。使恒定的热通量 q_h 通过土块，q_h 正比于整个温度差，κ_c 是介质组成的比例因子，则

$$q_h = -\kappa_c \frac{dT}{dx} = \kappa_c \frac{T_1 - T_2}{L} \qquad (5.3.17)$$

由于土块是土壤颗粒和水（空气）这两种物态的混合物，所组合的热传导率 κ_c 的值在 κ_0 及 κ_1 之间，可表示为

$$\kappa_c = (f_0 \kappa_0 + k f_1 \kappa_1)/(f_0 + k f_1) \qquad (5.3.18)$$

式中系数 k 为颗粒间平均温度梯度与相应的连续流体中平均温度的比值：

$$k = \frac{(dT/dz)_2}{(dT/dz)_1} \qquad (5.3.19)$$

需要指出，方程式（5.3.19）仅仅是一种近似，k 值与土壤颗粒尺寸、形状及压缩状态有关，如果有很多种不同形状及传导率的颗粒，方程式（5.4.6）可以推广为

$$\kappa_c = \sum_{i=1}^{n} k_i f_i \kappa_i \Big/ \sum_{i=1}^{n} k_i f_i \qquad (5.3.20)$$

式中：n 为拥有相同形状及热传导率的颗粒级数。在一定的精确度下以利用方程式（5.3.20）计算组成差异很大的土壤的热传导率。

对于饱和土壤，$k_1/k_0 < 10$ 的情况下，热传导率测量值与计算值的偏差不到 10%，而对于干土，$k_1/k_0 < 100$ 的情况下，偏差小于 25%。对于湿润但不饱和的土壤，土壤不同组成成分对于热传导率的误差可以相互抵消，因此可以利用式（5.3.20）精确计算组成热传导率，甚至在三相物态都存在的土壤中也可以使用。图 5.3.3 描述了热传导率及热扩散与土壤湿度的关系。在充满空气的孔隙中通过水蒸

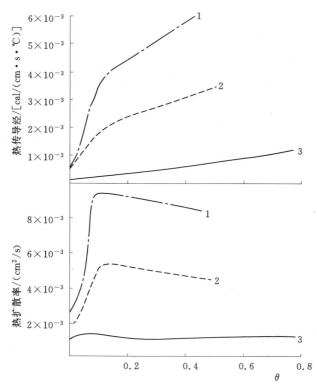

图 5.3.3　热传导率及热扩散率与体积含水量的函数
1—砂土（密度为 1.46gm/cm^3；固体体积含量为 0.55）；
2—壤土（密度为 1.33gm/cm^3，固体体积含量
为 0.5）；3—泥土（固体体积含量为 0.2）

气的潜热输送的影响与这些孔隙中的温度差成正比。可以将由于蒸发、输送、水蒸气的冷凝（即蒸汽增强因子）而产生的传导率作为空气的表观传导率加入热传导率中。这个值只取决于温度，而且随着温度的升高快速增长。

测量热传导率是很复杂困难的，因为土壤水势依赖于温度，而温度梯度的发展逐渐产生水及热的运动。尽管在理论上能够维持恒定的温度差，在稳定状态下测量通过土样的热流，进而确定土壤的热传导率，然而这种测量方法可能在测量过程中改变土壤内部的湿度从而改变土样的热性质：靠近高温区的土壤变干，而靠近低温区的土壤变湿。尽管稳定流方法测得的结果对于干土及短期的瞬态流能够达到较高的精确度，但是对湿润土壤则测量的误差可能比较显著。

利用瞬态流方法来测量热传导率的优点是可以避免测定土壤中的水的运动，避免长时间等待达到稳定状态，至少可以减小水流运动对于热传导率测量的影响，此外稳定流方法只能限制在实验室使用，而瞬态流方法不仅可以在实验室使用，还可以在田间使用。瞬态流方法的依据是从线源热的径向热传导方程的求解：

$$\frac{\partial T}{\partial t} = \kappa \frac{\partial^2 T}{\partial r^2} + \frac{1}{r} \frac{\partial T}{\partial r} \tag{5.3.21}$$

式中：T 为温度；t 为时间；r 为距热线源的径向距离；κ 为热传导率。

将装有热电阻的圆柱探针插入土壤中，接通电流后，土壤温度升高的速度就可以通过安装在热源旁边的热电偶或热敏电阻测量。在距离热线源较短的距离内，温度的上升通式（5.3.22）计算：

$$T - T_0 = (4\pi\kappa q_h)(c + \ln t) \tag{5.3.22}$$

式中：T 为测量的温度；T_0 为初始温度；q_h 为单位时间单位长度热电阻产生的热量；κ 为热传导率；c 为常数；t 为时间。

通过温度与时间的对数的关系可以计算 κ，通常需要一个校正系数来修正探针的尺寸对于测量结果的影响。

3. 热扩散率

热扩散率 D_h 定义为单位时间内在单位温度梯度单位体积土壤温度的变化，比较通俗的理解是热扩散率等于与比热容和密度乘积的比值：

$$D_h = \kappa / \rho c_s = \kappa / C_v \tag{5.3.23}$$

式中：C_v 为容积比热容，容积比热容的计算必须考虑固体和水的比热及密度：

$$C_v = \rho_s c_s + c_w w \tag{5.3.24}$$

式中：ρ_s 为干土的密度；c_s 为干土的比热；c_w 水的比热；w 为水的质量与干土的质量的比值。热扩散率可以由之前测得的热传导率及容积比热容计算得到，或者进行直接测定。

【例 5.3.7】 某一土壤，测定的土壤热通量 G 为 -25W/m^2 [$-25\text{J/(s} \cdot \text{m}^2)$] 以及热传导率为 $1.67\text{J/(m}^2 \cdot \text{s} \cdot \text{℃})$，计算导致这一土壤热通量的温度梯度。

由于 $\qquad\qquad\qquad G = J = -K\Delta T / \Delta z$

则 $\qquad\quad \Delta T / \Delta z = -G/K = 25\text{J/(s} \cdot \text{m}^2) / [1.67\text{J/(m} \cdot \text{s} \cdot \text{℃})] = 14.97\text{℃/m}$

【例 5.3.8】 土壤地表温度为 20℃，在 0.05m 深度为 21℃，土壤的热传导率为 $1.67\text{J/(m}^2 \cdot \text{s} \cdot \text{℃})$。设定 1d 内土壤温度保持恒定，则从地表向 0.05m 深度传输的热

量为

$$Q = -KAt[T_0 - T_{0.05}/(z_0 - z_{0.05})]$$
$$= -1.67J/(m^2 \cdot s \cdot ℃) \times 1m^2 \times 86400s/d \times (20℃ - 21℃)/(0m - 0.05m)$$
$$= 2.89MJ/d = 33.4W/m^2$$

【例 5.3.9】 已知湿润土壤的体积含水率 θ_v 和容重 ρ 分别为 0.18 和 1.2g/cm³，土壤热通量 $G = -25W/m^2$（1W=1J/s），求解：假设在 1m 土层内热量均匀分布，计算 1d 内土壤 1m 深度内增加的平均温度。

解：温度的变化量可表示为

$$\Delta T = \frac{GAT}{C_v V} = \frac{25 \times 86400 \times 1}{(0.837 \times 1.2 + 4.19 \times 0.18) \times 1} = 2.16 \times 10^6 (MJ/℃) = 1.23(℃)$$

注意：G 为负值表示热量流入土壤，所以如果所有的热量都储存在土壤中，土壤的温度将上升。

【例 5.3.10】 已知：土壤的体积含水率 θ_v 和容重 ρ 分别为 0.18 和 1.2g/cm³，1d 内平均净辐射 $R_n = 150W/m^2$，1 个月内 1m 深土壤温度平均上升 10℃，求解：R_n 中用来加热土壤的部分，即土壤热通量 G。

解：热通量方程为

$$G = \frac{Q_Q}{At} = \frac{C_v V \Delta T}{At} = \frac{(0.837 \times 1.2 + 4.19 \times 0.18) \times 10^6 \times 1 \times 10}{1 \times 1 \times 86400 \times 30} = 6.8[J/(s \cdot m^2)] = 6.8(W/m^2)$$

因此土壤热通量与净短波辐射能之比 $G/R_n = -6.8/150 = -0.045$。负号表示土壤的温度是上升的（温度向下传播）。

5.4　土壤温度的调节

土壤温度的日变化规律大致是：日出后开始吸热逐渐升温，至午后两点左右达到最高，稍迟于太阳辐射强度最大的时间。这时因为中午太阳辐射强度最大，土壤吸热大于失热，土壤得以继续上升。至午后 14：00 左右，土壤热量的收入与支出达到平衡时，土温才停止上升，这就是出现日最高土温的时刻。以后太阳辐射强度逐渐减弱，表土失热大于吸热，温度下降，至次日早晨日出以前 5：00—6：00（随季节而有变化）达到最低温度。每日最高和最低土温之差，称为土温日变幅。土温日变幅的特点是：日变幅的幅度随深度增加而见减小。最高最低温度出现的时间呈有规律的周期性，出现时间落后与气温，并随深度增加，落后的时间增多（即时间滞后现象）。如地表处最高温度出现在 14：40，而在 10cm 深度处则出现在 17：00，20cm 处在 20：20，在 40cm 深度处则出现在 24：00。

土温的年变化与日变化相似，也随着土层深度增加而减小。土温和四季气温变化类似，一年中最低土温出现在 1 月或 2 月，最高土温出现在 7 月或 8 月。由于太阳辐射强度和日照时间的长短不同，土温的年变化随温度的升高而增大。

土壤温度随着时间、空间的变化而不断变化，影响了土壤物理过程的速度与方向，以及土壤与大气之间的能量和质量交换，其中包括作为作物生长影响最为重要的蒸散发过程。温度同时也控制着土壤中各种化学反应的类型与速率。而且，土壤温度同样影响土壤中种子发芽、出苗、植物生长、根的生长及微生物活动等生物过程。

自然界中，土壤温度随着作用于土壤一大气交界处的气象状况的不断变化而连续变化。气象状况随着规律的日夜交替及夏天及冬天的交替而变化。规则的日变化及年周期变化被不规则的波动现象扰动，比如云、寒流、热流、雨雪以及不时的干旱。图 5.4.1 显示了夏天一天内不同时刻的地表至 100cm 深度土壤温度的变化。这些外部影响及所处地理环境、植被类型改变了土壤的属性（比如随时间变化的热容、随干湿交替变化的热传导率，随深度变化的其他属性），所以可以想象土壤剖面的热状况的复杂性。

描述热状况的自然波动最简单的数学方法是假设土壤不同深度中温度在一个平均值附近按纯时间谐波函数（正弦曲线）形式波动。由于自然中的真实变化并不是如此规律，这种方法只能得到粗略的近似值。但是这种方法对揭示土壤温度变化的内在机理具有指导性作用，有助于理解田间的温度监测数据，以及预测土壤的热状况。

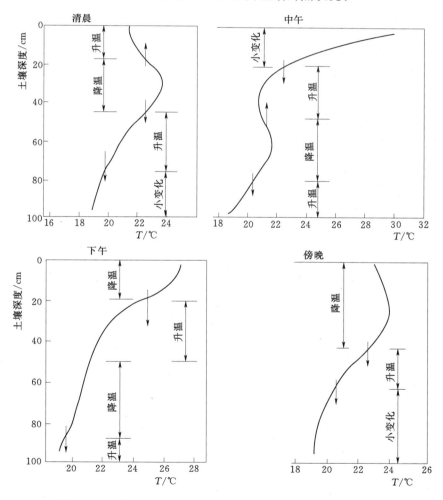

图 5.4.1 夏季一天内不同时刻温度随土壤深度的典型变化曲线

【例 5.4.1】 日最大土壤表面温度为 40℃，最小为 10℃。假设每天的温度变化是均匀的，即土壤剖面的平均温度相等（表面平均温度等于上午 6：00 及 18：00 的平均值），阻尼深度为 10cm，计算中午及午夜时深度 0cm、5cm、10cm 及 20cm 处的温度。

温度变化范围为 30℃，平均温度为 25℃，振幅为 A_0，平均值上面最大值为 15℃。

土壤温度为

$$T(z,t)=\overline{T}+A_0[\sin(\omega t-z/d)]e^{z/d}$$ 计算任意时间及任意深度的温度

式中：ω 为辐射频率（$2\pi/24h$）；d 为温度振幅 A_0 为 $1/e$（＝0.37）时的阻尼深度（径向角用弧度表示）。

深度为 0 位置（土壤表面）：中午的温度（$T=\overline{T}$6h 后）：

$$T(0,6)=25+15[\sin(\pi/2-0)]e^0=40(℃)$$

地表午夜（$T=\overline{T}$18h 后）温度为

$$T(0,18)=25+15[\sin(3\pi/2-0)]e^0=10(℃)$$

土壤 5cm 深度位置的中午温度为

$$T(5,6)=25+15[\sin(\pi/2-5/10)]e^{5/10}=32.97(℃)$$

土壤 5cm 深度位置午夜温度为

$$T(5,18)=25+15[\sin(3\pi/2-5/10)]e^{5/10}=17.03(℃)$$

土壤 10cm 深度（阻尼深度）位置的中午温度为

$$T(10,6)=25+15[\sin(\pi/2-1)]e^1=27.98(℃)$$

土壤 10cm 深度（阻尼深度）位置午夜温度为

$$T(10,18)=25+15[\sin(3\pi/2-1)]e^1=22.02(℃)$$

土壤 20cm 深度位置的中午温度为

$$T(20,6)=25+15[\sin(\pi/2-20/10)]e^{20/10}=24.15(℃)$$

土壤 20cm 深度位置午夜温度为

$$T(20,18)=25+15[\sin(3\pi/2-2)]e^2=25.85(℃)$$

注意：在 20cm 土壤深度位置由于移相很明显，所以午夜温度比中午温度高。

土壤温度受主要发生在土壤表面的辐射能、显热过程、潜热过程等能量交换过程的影响。通过改变土壤的热状态获得更为有利的植物生长状态，例如保证或加速植物的发芽和生长是一项重要的措施。

由于外界的能量首先达到地表然后向土壤深层传输，并且土壤表面是最容易且最适合操作的部分，所以影响土壤热最主要的方法是对地表进行处理。例如用覆盖的方法增加和降低土壤的温度以及减少蒸发（覆盖材料有腐殖质，秸秆，砂土，砂砾石，纸，沥青，石蜡，滑石粉，木炭以及各种塑料薄膜——黑色、白色以及透明的）。然而覆盖层对于土壤温度调节效果各异。例如用高反射的碎秸秆可以通过减少达到地表的辐射量从而降低土壤温度。再比如用塑料薄膜覆盖地表，不同透明度的塑料材料效果不同。因为中间层静止空气的绝缘效果，黑色塑料材料吸收大部分辐射能量但是几乎不传送给土壤。一天内塑料薄膜逐渐被晒热，但是下面的土壤依旧保持原温。透明的塑料反射率更高而吸收的更少，因此向土壤传送短波辐射（可见光），并且由于内表面水蒸气冷凝又减少了发射的长波辐射（红外波）向上损失，这样就形成温室效应从而温暖土壤。另外还有用石灰粉来使土壤变亮或者用炭使土壤变暗的例子。黑色吸收更多的辐射，因此首先可以加快蒸发，直到土壤

表面变干后进一步蒸发才会减缓，然后土壤表面温度会升高。相反白色会反射大部分辐射从而减少用于蒸发的能量，但是这样会使蒸发过程持续的更长的时间。

以麦秸覆盖情况说明覆盖对于土壤温度的调节机制。麦秸覆盖条件下，SPAC 可分为大气边界层，植物冠层，麦秸层和土壤表层 4 层结构。能量平衡关系如图 5.4.2 所示。

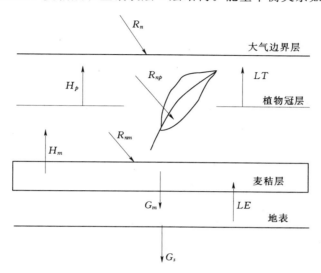

图 5.4.2 麦秸覆盖条件下 SPAC 系统概化示意图

大气边界层，能量平衡方程为

$$R_n = R_{np} + R_{nm} \tag{5.4.1}$$

式中：R_n、R_{np}、R_{nm} 分别为到达大气边界层的能量，植物冠层截留的能量以及透过植物冠层、到达麦秸覆盖层的能量。

植物冠层能量平衡方程为

$$R_{np} = H_p + LT \tag{5.4.2}$$

式中：H_p、LT 分别为用于冠层温度增加的显热消耗和用于植物蒸腾的潜热消耗。

麦秸覆盖层能量平衡方程为

$$R_{nm} = G_m + H_m \tag{5.4.3}$$

式中：G_m、H_m 分别为透过麦秸层的能量和使麦秸层温度增加的显热消耗。

地表层能量平衡方程为

$$G_m = G_s + LE \tag{5.4.4}$$

式中：G_s、LE 分别为土壤热通量和用于土壤蒸发的潜热消耗。

在土壤表层，植物蒸发经历两个阶段：第一个阶段，水由液态转化为气态，并且聚集在蒸发面上，此时，显热通量可表示为

$$LE = \frac{\rho c_p}{\gamma} h_r \frac{e^*(T_s) - e_s}{r_s} \tag{5.4.5}$$

第二个阶段，水汽在蒸发面上的扩散，由于土壤表层有麦秸层覆盖，这种情况下，水汽扩散与表层形成干土情况下的蒸发过程类似。

水汽由土壤表层向麦秸层扩散所形成的蒸发通量可表示为

$$LE = D_v \frac{e_s - e_m}{\delta} \tag{5.4.6}$$

水汽在麦秸层中扩散，并进入大气的蒸发通量为

$$LE = \frac{\rho c_p}{\gamma} \frac{e_m - e_a}{r_{av}} \tag{5.4.7}$$

式中：δ 为麦秸层厚度；D_v 为水汽在麦秸层中的扩散系数。

由于蒸发过程是连续的，没有质量损失和转移，因此，式（5.4.5）～式（5.4.7）所确定的蒸发通量相等。这样，通过 3 个方程，可将土壤层和麦秸层中难于确定的参数，即水汽压 e_m 和 e_s 消除，从而进行求解。

式（5.4.6）可写为

$$-\frac{\delta}{D_v} LE + e_s = e_m \tag{5.4.8}$$

将式（5.4.8）代入式（5.4.7），得

$$LE = \frac{\rho c_p}{\gamma} \frac{e_s - \dfrac{\delta}{D_v} LE - e_a}{r_{av}} \tag{5.4.9}$$

移项后得

$$LE\left(1 + \frac{\delta}{D_v r_{av}}\right) = \frac{\rho c_p}{\gamma} \frac{e_s - e_a}{r_{av}} \tag{5.4.10}$$

这样就得到了考虑麦秸覆盖层条件下的蒸发同量计算公式：

$$LE = \frac{\rho c_p}{\gamma} \frac{e_s - e_a}{r_{av}\left(1 + \dfrac{\delta}{D_v r_{av}}\right)} \tag{5.4.11}$$

可以看出，麦秸覆盖后，到达土壤层的能量发生变化，显热消耗一部分用于增加麦秸层温度，进入土壤的能量，由于土壤蒸发条件的变化，显热、潜热以及土壤热通量亦发生显著的变化。

土壤耕作能够使上层土壤松弛，物理属性有别于下层土壤，变松的土壤大孔隙会增多，至少暂时增多。其实耕地对土壤温度的影响主要是上层松动的土壤热属性改变的结果。由于土壤表面的温度取决于进入土壤表面及从土壤表面散失能量的速度，耕地土壤表面温度变化幅度比未耕地大，但是耕地土壤比未耕地土壤随着深度的增加变化幅度下降得更快（由于耕地土壤空气含量高所以热传导率降低）。这意味着耕地土壤表面日最高温度将会高几度，而最小温度几乎不变。

还有一些并不是特意用来改变土壤温度但是有这种效果的方法，例如灌溉、排水、除草以及收割及除害虫过程中的田间重复运输等。土壤排水对土壤温度的影响很大。在春天，特别是表土，湿润土壤会变成冻土。由于水分含量较高而使比热容增大，从而减少了吸收单位热量所升高的温度。水分含量高还会增加土壤的热传导率，从而促进热量向下传导而不是被截留在表层区域。而且湿润土壤中水分的蒸发消耗能量，使土壤表层无法利用这部分能量升温。由于以上这些所有因素，土壤上层通过表层或下层排水消除的多余水分以及土壤空气率的增加有利于温暖土壤从而促进种子萌发，根的生长，分蘖及芽伸长，微

生物活动。除了人为的方法，生长的植物会遮盖土壤表面的太阳辐射或改变土壤水分状况从而影响土壤热状况，这种影响可以缓和土壤表面的温度变化幅度，即减小任意深度的最大温度或增大任意深度的最低温度以及减小土壤平均温度。

5.5 土壤中水分和热量的同步迁移

土壤中水的流动及热量的流动是相互作用的过程：水分运动和温度迁移相互影响。温度梯度影响田间水势，并且引起流体及水蒸气的运动。相反地，在湿度梯度作用下水分携带热量运动。土壤中温度梯度及含水量梯度的同时发生将导致热量及水分的共同运输。这种共同运输在相对潮湿的土壤及几乎干燥的土壤这两种极端情况下一般是可以忽略不计的：在相对潮湿的土壤中与含水量梯度比较，温度梯度对水流运动的影响相对较小，而在较干燥土壤中，热量流动与水流及水蒸气运动关系不大。而在水流及水蒸气的运输在数量上是相似的，以及热量梯度比水势梯度更重要的情况，对土壤中的水分运动和热量运动进行同步计算就十分重要。

5.5.1 土壤中水、汽、热同步运动

土壤中的水分质量通量可以表示为

$$\vec{q}_m = \vec{q}_l + \vec{q}_v \tag{5.5.1}$$

式中：$\vec{q}_m$ 为水分总质量通量；$\vec{q}_l$ 为水流质量通量；$\vec{q}_v$ 为水汽质量通量，kg/s。

土壤中水和汽之间存在局部热动力学平衡时，$\vec{q}_l$ 及 $\vec{q}_v$ 可表示为

$$\vec{q}_l R = -\rho_l k(\nabla h + 1) \tag{5.5.2}$$

$$\vec{q}_v = -\rho_v D_{Tv} \nabla T + \rho_v D_{hv} \nabla h \tag{5.5.3}$$

式中：ρ_l 为土壤水密度；ρ_v 为土壤水汽密度；h 为土壤水压力水头（cmH_2O，$1cmH_2O = 9.8 \times 10^3 Pa$）；$T$ 为绝对温度，℃；D_{Tv} 为热蒸汽扩散系数；D_{hv} 为蒸汽传导率。

1. 土壤水流运动方程

土壤中水流连续方程可以表示为

$$\frac{\partial S}{\partial t} = -\nabla q_m \tag{5.5.4}$$

式中：S 为单位体积水体的质量；q_m 为水流质量通量。

假设土壤中的孔隙被水和水汽充满，两者所占的体积分别为 θ_l 和 θ_v，则下式成立：

$$\theta_l + \theta_v = n \tag{5.5.5}$$

式中：n 为介质孔隙率。单位体积内水体的质量可表示为

$$S = \rho_l \theta_l + \rho_v \theta_v \tag{5.5.6}$$

式中：ρ_l、ρ_v 分别为液态水密度和水汽密度（绝对湿度）。

土壤中水流质量通量可表示为

$$q_m = q_l + q_v \tag{5.5.7}$$

式中：q_l、q_v 分别表示水流质量通量和水汽质量通量。在均衡条件下 q_l、q_v 可表示为

$$q_l = -\rho_l K(\nabla h - 1) \tag{5.5.8}$$

$$q_v = -\rho_l D_{Tv} \nabla T - \rho_v D_{hv} \nabla h \tag{5.5.9}$$

式中：K 为非饱和水力传导度；D_{hv} 为蒸汽传导率；D_{Tv} 为热蒸汽扩散系数。

将式（5.5.6）、式（5.5.8）、式（5.5.9）代入式（5.5.4）得

$$\frac{\partial(\rho_l\theta_l+\rho_v\theta_v)}{\partial t}=-\nabla[-\rho_l K(\nabla h-1)-\rho_l D_{Tv}\nabla T-\rho_v D_{hv}\nabla h] \tag{5.5.10}$$

两边同时除以 ρ_l，对左边求导，右边展开得

$$\frac{\partial\theta_l}{\partial t}+\frac{\partial\rho_v\theta_v}{\rho_l\partial t}=\frac{\partial}{\partial z}(K+D_{hv})\frac{\partial h}{\partial z}+\frac{\partial}{\partial z}(D'_{Tv})\frac{\partial T}{\partial z}-\frac{\partial K}{\partial z} \tag{5.5.11}$$

式中：$D'_{Tv}=D_{Tv}/\rho_l$；θ_l、θ_v、ρ_v 为温度 T 和水势 h 的函数，因此，式（5.5.11）左边求导展开得

$$\frac{\partial\theta_l}{\partial t}+\frac{\partial\rho_v\theta_v}{\rho_l\partial t}=\frac{\partial\theta_l}{\partial h}\frac{\partial h}{\partial t}+\frac{\partial\theta_l}{\partial T}\frac{\partial T}{\partial t}$$
$$+\frac{1}{\rho_l}\left(\theta_v\frac{\partial\rho_v}{\partial h}\frac{\partial h}{\partial t}+\theta_v\frac{\partial\rho_v}{\partial T}\frac{\partial T}{\partial t}_v+\rho_v\frac{\partial\theta_v}{\partial h}\frac{\partial h}{\partial t}+\rho_v\frac{\partial\theta_v}{\partial T}\frac{\partial T}{\partial t}\right) \tag{5.5.12}$$

考虑 θ_v、θ_l 满足式（5.5.5），因此，如下关系成立：

$$\frac{\partial\theta_v}{\partial h}+\frac{\partial\theta_v}{\partial T}=\frac{\partial(n-\theta_l)}{\partial h}+\frac{\partial(n-\theta_l)}{\partial T}=-\left(\frac{\partial\theta_l}{\partial h}+\frac{\partial\theta_l}{\partial T}\right) \tag{5.5.13}$$

将式（5.5.13）代入式（5.5.12），合并整理得

$$S_h\frac{\partial h}{\partial t}+S_T\frac{\partial T}{\partial t}=\frac{\partial}{\partial z}(K+D_{hv})\frac{\partial h}{\partial z}+\frac{\partial}{\partial z}\left(D'_{Tv}\frac{\partial T}{\partial z}\right)-\frac{\partial k}{\partial z} \tag{5.5.14}$$

其中

$$S_h=\left(1-\frac{\rho_v}{\rho_l}\right)\frac{\partial\theta_l}{\partial h}|_T+\frac{\theta_v}{\rho_l}\frac{\partial\rho_v}{\partial h}|_T$$
$$S_T=\left(1-\frac{\rho_v}{\rho_l}\right)\frac{\partial\theta_l}{\partial T}|_h+\frac{\theta_v}{\rho_l}\frac{\partial\rho_v}{\partial T}|_h \tag{5.5.15}$$

2. 土壤能量方程

与水分运动连续方程相类似，土壤中热量传输连续方程可表示为

$$\frac{\partial Q}{\partial t}=-\nabla q_h \tag{5.5.16}$$

式中：Q 为单位体积介质中的热量；q_h 为热通量。

$$q_h=-\lambda\nabla T-\rho_l L D_{hv}\nabla h+c_l(T-T_0)q_m \tag{5.5.17}$$

$$Q=(C+c_l\rho_l\theta_l+c_p\rho_v\theta_v)(T-T_0)+L_0\rho_l\theta_v-\rho_l\int_0^{\theta_l}W\mathrm{d}\theta_l \tag{5.5.18}$$

式中：λ 为介质的热传导系数，J/(cm·s·℃)；L 为参照温度 T 下的水的蒸发潜热，J/g；c_l 为液态水比热；c_p 为水蒸气比热；T_0 为参照温度，℃；$\rho_l\int_0^{\theta_l}W\mathrm{d}\theta_l$ 为热平衡的一个源项；W 为介质中增加单位微小水滴所释放出的微分能量；其余符号物理意义同前。

对式（5.5.18）求导得

$$\frac{\partial Q}{\partial t}=\frac{\partial}{\partial t}[(C+c_l\rho_l\theta_l+c_p\rho_v\theta_v)(T-T_0)+L_0\rho_l\theta_v-\rho\int_0^{\theta_l}W\mathrm{d}\theta_l]$$

$$= (C + c_l\rho_l\theta + c_p\rho_v\theta_v)\frac{\partial(T-T_0)}{\partial t} + (T-T_0)\frac{\partial}{\partial t}(C + c_l\rho_l\theta + c_p\rho_v\theta_v)$$

$$+ L_0\theta_v\frac{\partial\rho_v}{\partial t} + L_0\rho_v\frac{\partial\theta_v}{\partial t} + \theta_v L_0\frac{\partial\rho_v}{\partial t} + \rho_v L_0\frac{\partial\theta_v}{\partial t} - \frac{\partial}{\partial t}(\rho\int_0^{\theta_l}W\,\mathrm{d}\theta_l)$$

$$\text{(5.5.19)}$$

将式（5.5.19）逐相展开并化简得

$$\frac{\partial Q}{\partial t} = \left(C_1 + H_1\frac{\partial\rho_v}{\partial T} + H_2\frac{\partial\theta_l}{\partial T}\right)\frac{\partial T}{\partial t} + \left(H_1\frac{\partial\rho_v}{\partial h} + H_2\frac{\partial\theta_l}{\partial h}\right)\frac{\partial h}{\partial t} \quad \text{(5.5.20)}$$

其中

$$C_1 = C + c_l\rho_l\theta_l + c_p\rho_v\theta_v$$

$$H_1 = [L_0 + c_p(T-T_0)]\theta_v$$

$$H_2 = (c_l\rho_l - c_p\rho_v)(T-T_0) - \rho_l W - \rho_v L_0$$

令：$L = L_0 + (c_p - c_l)(T-T_0)$，并将式（5.5.19）展开，同式（5.4.20）共同代入式（5.5.16）得

$$C_T\frac{\partial T}{\partial t} + C_h\frac{\partial h}{\partial t} = \frac{\partial}{\partial z}\left(\lambda\frac{\partial T}{\partial z}\right) + \frac{\partial}{\partial z}\left(\rho_l L D_{hv}\frac{\partial h}{\partial z}\right) - \frac{\partial}{\partial z}(C_1(T-T_0)q_m) \quad \text{(5.5.21)}$$

$$C_T = C_1 + L\theta_v\frac{\partial\rho_v}{\partial T}\Big|_h - (\rho_l W + \rho_v L)\frac{\partial\theta_l}{\partial T}\Big|_h$$

$$C_h = L\theta_v\frac{\partial\rho_v}{\partial h}\Big|_t - (\rho_l W + \rho_v L)\frac{\partial\theta_l}{\partial h}\Big|_t \quad \text{(5.5.22)}$$

综上可得水热耦合非等温模型：

$$S_h\frac{\partial h}{\partial t} + S_T\frac{\partial T}{\partial t} = \frac{\partial}{\partial z}(K_w + D_{hv})\frac{\partial h}{\partial z} + \frac{\partial}{\partial z}\left(D_{Tv}\frac{\partial T}{\partial z}\right) - \frac{\partial k}{\partial z} - S_r \quad \text{(5.5.23)}$$

$$C_T\frac{\partial T}{\partial t} + C_h\frac{\partial h}{\partial t} = \frac{\partial}{\partial z}\left(\lambda\frac{\partial T}{\partial z}\right) + \frac{\partial}{\partial z}\left(\rho_L L D_{hv}\frac{\partial h}{\partial z}\right) - \frac{\partial}{\partial z}[C_1(T-T_0)q_m] \quad \text{(5.5.24)}$$

$$S_h = \left(1 - \frac{\rho_v}{\rho_l}\right)\frac{\partial\theta_L}{\partial h}\Big| + \frac{\theta_v}{\rho_l}\frac{\partial\rho_v}{\partial h}$$

$$S_T = \left(1 - \frac{\rho_v}{\rho_l}\right)\frac{\partial\theta_L}{\partial T}\Big|_h + \frac{\theta_v}{\rho_l}\frac{\partial\rho_v}{\partial T}\Big|_h$$

其中

$$C_T = C + L\theta_v\frac{\partial\rho_v}{\partial T}\Big|_h - (\rho_L w + \rho_v L)\frac{\partial\theta_l}{\partial T}\Big|_h$$

$$C_h = L\theta_v\frac{\partial\rho_v}{\partial h}\Big|_t - (\rho_L w + \rho_v L)\frac{\partial\theta_l}{\partial h}\Big|_t$$

5.5.2 冻土中的水热迁移

土壤冻融过程中的水热迁移是冻土物理学研究的基本内容。土壤冻结过程中的热量传输、水分迁移相互作用、相互影响。在研究土壤冻结过程中，只有综合考虑水、热的耦合作用，才能准确反映其运动的客观物理机制，冻土水热耦合模型热量方程中考虑温差引起的热量传递、液态水流动所携带的能量转化以及水和相变的影响，以及液态水的运动、冰和水的变化以及水汽扩散的影响。水流运动方程中则仍然以达西定律描述液态水的运动，对其中水力学和热力学变量的计算考虑了冻土结构中冰晶存在的影响。

冻土中的水流通量可表示为

$$q_{tot} = K_{fh}\frac{\Delta h}{\Delta z} + K_{fh} + K_T\frac{\Delta h}{\Delta z} \tag{5.5.25}$$

式中：q_{tot} 为水流通量；$K_{fh}\dfrac{\Delta h}{\Delta z}$、$K_{fh}$、$K_T\dfrac{\Delta h}{\Delta z}$ 分别为基质势、重力势和温度势共同作用下形成的水流通量；K_{fh}、K_T 分别为对应于基质势和温度势的水力传导度。

对应于温度势的水力传导度 K_T 为

$$K_T = K_{fh}\left(hG\frac{1}{\gamma_0}\frac{\mathrm{d}\gamma}{\mathrm{d}T}\right) \tag{5.5.26}$$

式中：G 为修正因子，对于砂质土壤，可取值为 7.0，对于壤土，可取值为 5.4；γ 为表面张力，表示为温度的函数：

$$\gamma = 75.6 - 0.1425T - 2.38\times10^{-4}T^2 \tag{5.5.27}$$

γ_0 为温度为 25℃情况下的表面张力（71.89g/s²），冻土中的基质势 h 根据冻土中液态水和冰中的状态平衡，由 Clausius – Clapeyron 方程确定，平衡状态下，土壤基质势表示为温度的函数：

$$h = \frac{L_f}{g}\ln\frac{T_m - T}{T_m} \tag{5.5.28}$$

式中：L_f 为土壤孔隙中水由液态转变为固态所释放出的潜热，$0.34\times10^5\mathrm{J/kg}$；$T_m$ 为纯水的冻结温度，273.15K；g 为重力加速度，9.8m/s²。

土壤温度变化对于液态水传导度的影响可用一个阻抗系数 Ω 表示：

$$K_f(h) = 10^{-\Omega\theta_i/\phi}K(h) \tag{5.5.29}$$

式中：ϕ 为土壤孔隙率；θ_i 为冰体含量；θ_i/ϕ 为冰体在孔隙中的填充率。

在忽略水汽迁移、热量对流作用的情况下，冻土中土壤水分运动方程为

$$\frac{\partial\theta_u}{\partial t} = \frac{\partial}{\partial z}\left(D\frac{\partial\theta_u}{\partial z} - K\right) - \frac{\rho_s}{\rho_w}\frac{\partial\theta_s}{\partial t} \tag{5.5.30}$$

式中：θ_u、θ_s 分别为土壤液态水含水率和冰的体积含量；t 为时间；z 为空间坐标（以垂直向下为正）；D、K 分别为土壤非饱和水分扩散率以及导水率，为土壤液态含水率的函数；ρ_w、ρ_s 分别为水和冰的密度。

在冻土中，液态水的含量与负温保持动态平衡，这一关系表示了冻土中水、热之间的相互联系：

$$\theta_u = \theta_m(T) \tag{5.5.31}$$

式中：$\theta_m(T)$ 为相应土壤负温条件下的最大液态水含水率。

土壤温度的变化用冻土水、热耦合方程进行描述：

$$C_e\frac{\partial T}{\partial t} = \frac{\partial}{\partial z}\left(\lambda_x\frac{\partial T}{\partial z}\right) - U_e\frac{\partial T}{\partial t} \tag{5.5.32}$$

式中：T 为土壤温度；C_e、λ_x、U_e 分别为冬季热土壤的等效体积热容量、热导率和热水流速度。式（5.5.25）和式（5.4.27）能够采用全隐式有限差分法进行迭代求解。

冻土中液态含水率 θ_u 和含冰量 θ_s 关系为

$$h = h_0\left(\frac{\theta_u}{\theta_s}\right)^{-b}(1 + c_k\theta_u)^2 \tag{5.5.33}$$

式中：b 为经验常数，都与土质有关；c_k 为由观测数据拟合的参数，变化较大。式（5.5.30）和式（5.5.32）中有 3 个未知量，即液态水含水率、含冰量和土壤温度 T。

冻土中土壤水势与温度的关系，称之为非饱和土壤冻融关系，在非饱和土壤中，土壤并不像自由水那样在冰点（273.15K）结冰，在平衡态假设适用情况下，土壤水势和温度之间存在着严格的平衡态热力学关系式（5.5.28）。这样，原来完整复杂的冻土水热传输耦合方程就可以初步简化为只含有 4 个方程 [式（5.5.31）、式（5.5.32）、式（5.5.28）和式（5.5.33）]，包括 4 个未知量的闭合方程组。

对特定的土质定量地描述液态水含水率、含冰量、土壤温度和土壤水势之间的关系，具体地讲：什么时候水开始结冰或者融化，冻结和融化过程与土壤温度、含水率之间的关系，液态水含水率与含冰量间的比例关系如何确定等。在不同的冻土水热耦合模型中，大致归纳为 4 类方法：

（1）认为土壤冻结过程只发生在 0℃，温度大于 0℃ 时土壤只有液态水，温度小于 0℃ 时全部液态水变成冰。在 0℃ 时含冰量和含水率比例变化根据体系所含的能量的过剩和缺失确定。这类方法明显不符实际情况，很多室内外观测事实表明在非饱和的土壤中，土壤在零摄氏度时液态水并不结冰。

（2）认为冻融过程发生和完成在冰点到冰点之下某一固定温度区间。这类的方案也不符合土壤结冰过程的事实。理论上可以证明：非饱和土壤内的结冰过程中，即使温度很低，也可有液态水存在。此外，不同的土质、不同的总含水率（液态水含水率与含冰量之和）条件下，土壤液态水随温度的变化过程有很大的差别，不可能在共同的某一固定温度区间内完成冻融过程。

（3）利用液态水含水率与温度的经验函数来确定未冻水含量，然后多余的水都结冰。这类方案的经验性较强，通用性较差。

（4）建立在热力学平衡态基础上的冻融方案。即认为发生在土壤内的过程相对较慢，系统的热力学状态和所有热力学变量都处于热力学平衡态，这是一个很有用的假设，几乎所有以往对非饱和的非冻土内水、热输运过程研究都是建立在这一基础上。当然，对包括非冻土情况在内的统一土壤水热输运过程的研究也只能建立在平衡态热力学基础上。

第6章 土壤中的气体运动

6.1 土壤中的气体

由于植物的呼吸和微生物对有机质的分解过程等是氧的消耗和二氧化碳的产生与积累过程。所以，土壤空气组成变化的主要特征是氧的不断消耗和二氧化碳的累积。土壤和大气间的气体交换也主要是氧与二氧化碳气体的互相交换，即土壤从大气中不断获得新鲜氧气，同时向大气排出二氧化碳，使土壤空气不断得到更新。因而土壤与大气的气体交换，亦称为土壤的呼吸作用。

土壤通气性即土壤气体交换的性能。主要指土壤与近地面大气之间的气体交换，其次是土体内部的气体交换。土壤通气性是土壤的重要特性之一，是保证土壤空气质量，使植物正常生长，微生物进行正常生命活动等不可缺少的条件（图 6.1.1）。如果没有土壤的通气性，土壤空气中的氧气就会在很短时间内全部耗尽，而二氧化碳则大量积累。据研究测定，在 $20\sim30℃$ 的 $0\sim30cm$ 的表层土壤中，生物耗氧量高达 $0.5\sim1.7L/(m^2 \cdot h)$。假若一般土壤的平均空气容量为 33.3%，其中含氧量为 20%，在土壤不通气的情况下，按上述耗氧量标准推算，土壤中的氧气将会在 $12\sim40h$ 内被生物耗尽（每平方米 30cm 深

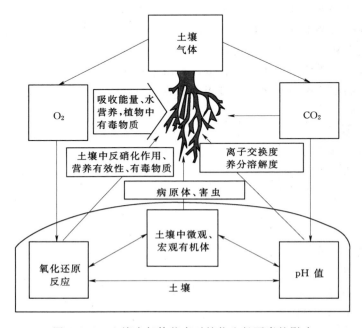

图 6.1.1 土壤中气体状态对植物生长要素的影响

110

的耕层土壤含氧量＝1002×30×0.33×0.2 ＝20000cm³，只能供12h）。因此，土壤通气不良，会影响微生物活动，降低有机质的分解速度及养分的有效性。已有试验表明，土壤中有二氧化碳存在时，会抑制养分的吸收，对于养分的吸收速率的抑制作用的顺序为：K＞N＞P＞Ca＞Mg。土壤通气不良还会使土壤中的有机质分解形成氢，氢能引起富含氧的盐类以及三价铁和四价锰发生化学还原作用，例如土壤中的硝酸盐被还原并最终成为氮气而散失到大气中去。硫酸盐和磷酸盐也同样能被还原，如土壤溶液中的 H_2S 含量达到0.07mg/kg时，水稻就表现枯黄，稻根变黑。土壤中氧少、二氧化碳多时，会使土壤酸度提高，适宜于致病霉菌的发育，易使作物感染病虫害。及时将二氧化碳排至近地面空气层，不仅有利于作物根系生长，而且可加强作物地上部分的光合作用。另外，良好的通气性是作物吸收大量水分所必不可少的条件。土壤通气性突然降低时，会使吸水速率降低，作物发生萎蔫。

大气中 O_2 的含量为21%，土壤中 O_2 含量占土壤空气的19%～＜5%，在涝渍的情况下，甚至可能为0。大气中 CO_2 的含量为0.035%，土壤中 CO_2 的浓度为0.35%～10%。土壤中超过20%的土壤孔隙被气体占据的情况下有利于微生物的活动。

透气性好的土壤中，由于土壤空气中氧气的消耗从大气中得到了很好的补充，因此土壤空气的组成近似于外部大气组成。但是在透气性较差的土壤中，田间土壤真正的空气组成与外部大气组成表现出显著的差异。通常由于土壤温度、土壤湿度、土壤表面以下深度、根的生长、微生物活动、pH值以及土壤表面的空气交换速率因素在一个年度中会发生显著的变化，受到这些因素变化的影响，土壤空气组成会与外部大气组成表现出一定程度的差异。而其中最为显著的是 CO_2 浓度差异。CO_2 是植物的根、土壤中大量生物微生物有氧呼吸的产物。大气中 CO_2 浓度大约是0.03%，然而在土壤中 CO_2 的浓度会逐渐达到空气中 CO_2 的浓度10倍甚至100倍。

图6.1.2是巴西亚马逊地区热带雨林中的土壤 CO_2 浓度随土壤深度的变化，CO_2 的主要来源是根和微生物的呼吸作用。尽管土壤表层中 CO_2 产生的数量最大，但是这里的 CO_2 移动的距离非常有限。CO_2 浓度随着深度的增大而增加，主要是由于传输距离的增加，以及土壤深层大孔隙数量的减少限制了气体移动，造成了土壤中 CO_2 的积累。

土壤中有机物的氧化会产生 CO_2，CO_2 浓度的增大一般伴随着 O_2 浓度的减小，然而土壤中二氧化碳和氧气的增减并不是精确相称的，因为氧元素还可能以溶解氧或简单还原性化合物的其他形式存在。空气中的氧气浓度

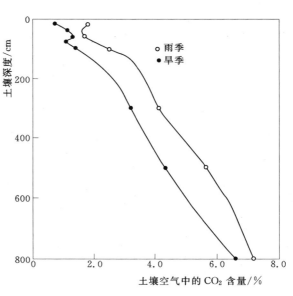

图 6.1.2　土壤 CO_2 浓度随土壤深度的变化

正常情况下为 20%，所以即使 CO_2 浓度增大 100 倍，从 0.03% 增大到 3%，O_2 浓度也只能减小到 17%。然而需要指出，在氧气浓度开始减小之前，一些植物可能就已经遭受过量浓度的 CO_2 以及其他气相或液相的气体的影响。在限制土壤通气性的更加极端的情况下，O_2 浓度可能会减小到 0，并且长期的厌氧环境会将会产生 H_2S、CH_4、乙烯等气体以及减少土壤中氧化矿物（例如铁、锰）的含量。与大气中的相对湿度不同，除了地表层之外，土壤中的空气湿度几乎接近 100%。

土壤中的气体状态对于作物生长具有重要的作用：根系呼吸需要氧气，并且氧气是根系呼吸通量的决定性影响因素。植物只有在良好的气体条件下，才能够达到最大的吸水速率。土壤中氧气浓度的迅速降低将导致作物生长的停滞。CO_2 溶解于水中，增大了土壤中许多元素的可溶解性。而其中的一些元素对于植物是有害的。CO_2 浓度的增加以及 O_2 浓度的降低都将降低植物根系的活性以及发育速度。土壤对于 O_2 的需求将可能改变土壤的水势-含水率的状态。因此，对于土壤中气体状态的调节（O_2 的补充以及 CO_2 的去除）率对于作物生长发育具有重要的作用。

长期的农业耕作和森林砍伐等人类活动使大气层中 CO_2、N_2O 和 CH_4 等温室气体的增加对过去 50 年所观察到的全球变暖产生了重要的影响。来自农田的这些温室气体的净排放占气候变化温室效应年增长量的 20%，农业活动对温室气体释放的贡献占全球因人为因素释放的总的温室气体的 12%；农业活动产生的 CH_4 释放量为 3.3Gt 的等同 CO_2 量，占其总释放量的 60%；农业活动产生的 N_2O 释放量为 2.8Gt 的等同 CO_2 量。许多研究报告表明，化学氮肥用量的增加是全球大气 N_2O 浓度增加的一个重要因素。土壤特别是热带土壤和农业土壤，是大气中 N_2O 的最主要来源，其贡献达 70%～90%。另一方面，据估计，美国森林土壤的净碳汇速率相当于在 10 年内将汇集 10 亿 t 的碳，这还不包括森林中增加的生物量所含的碳和地表所汇集的碳。在陆地生态系统中，土壤对温室气体具有源（释放）或汇（汇聚）的功能，并可受人为利用和管理措施的较快影响，其碳库可以在短时间尺度（5～10 年）快速调节，在未来的 50～100 年中农田土壤可以固定 40～80Pg C。农业、森林生态系统中土壤和作物的碳汇能力对于全球因人类活动产生的碳排放具有巨大的补偿潜力。

土壤微生物从成土作用开始，到土壤中的物质和能量循环，再到土壤生态系统的演替，都发挥着巨大作用。在土壤中，微生物不仅种类繁多，而且生物化学过程十分复杂，对土壤演化过程和性质变化有深刻影响。土壤中的一系列过程，如以碳、氮循环为中心的腐殖质的形成，木质素、纤维素、糖类物质的分解，有机氮的矿化、硝化和反硝化作用，生物固氮作用，有机磷、硫的转化等大部分反应是在微生物及酶的作用下完成的。因而对土壤和植物中的氮、碳循环，对农业、森林生态系统中的温室气体的汇聚和释放产生巨大作用。在农业、森林生态系统中的人类活动（如改变土地利用方式、农业灌溉与排水、耕作、森林砍伐等）必然会对土壤的微生物群落结构及功能类群产生影响。参与土壤生物地球化学循环的气体（O_2、CO_2、N_2、N_2O、NH_3、H_2、H_2S 和 CH_4）都与微生物的活性有关，其中温室气体 CO_2、CH_4、N_2O 的含量直接与微生物的活性有关。温室气体效应、水体富营养化、土地退化等环境和生态问题都直接或间接与土壤微生物有关。因此，研究土壤微生物群落结构与功能对于监控土壤温室气体的排放、治理环境污染，促进生态系统的良性循环有着重要作用。

6.2 土壤中气体的对流与扩散

6.2.1 土壤中气体的对流作用

  土壤中的空气与大气中的空气发生着交换（图 6.2.1），土壤中空气与大气气体交换有两种不同机制：对流及扩散。这两个过程都可以归结为线性速率定律，即流量与动力成正比。对流（质量流动）情况下，动力由总气压梯度组成，空气由高压区流向低压区运动。在扩散情况下，动力是混合空气组分间压力梯度（或浓度梯度），导致不均匀分布的气体组成从高浓度区移向低浓度区运行，直到气体作为一个整体时是等压且静止的。

  许多现象可以产生土壤空气与外部大气之间的压力差，包括大气压的改变，温度梯度，土壤表面的阵风等。此外，入渗过程中水的渗透会导致之前进入土壤的空气在水流的驱动下发生移位，入渗过程导致浅地下水位的波动从而推动土壤气体上移或下降，在机械耕作或压实过程中也会发生短期的土壤空气压力变化。

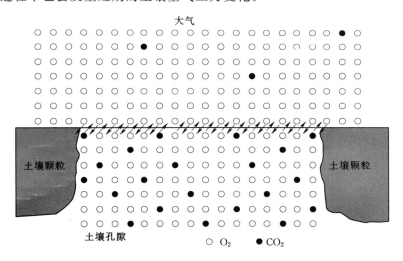

图 6.2.1 土壤和大气中的气体交换示意图

  对于土壤中的空气，大多数观点认为影响土壤通气性的主要因素是扩散作用，而不是对流作用。然而对流在一定程度上对土壤通气性有很重要的影响，特别是在土壤表层以及土壤中存在大孔隙的情况。例如：假设氧气（O_2）消耗速率是 0.2mL/(h·g·根组织)，根密度是 $0.1g/m^3$，植物根系吸收水的速率是 7.5mm/d，则计算得到植物根系在吸收水的过程中会同时吸入植物根呼吸强度所需要的氧的 70%。

  土壤中的空气对流与水的流动既相似，也存在着显著的差异。事实上土壤中空气的对流和土壤中的水流运动的相似之处在于这两种流体的流动都发生在压力差的推动下，或者说与压力差成正比。其不同之处在于与气体相比水的不可压缩性，由于空气是可以高度压缩的，所以其密度和黏度受压力（温度）的影响很大。此外，土壤中的水对矿物颗粒表面有很大的亲和性（湿润流体），因此能够被吸入土壤的细颈和孔隙中，形成毛细管膜以及

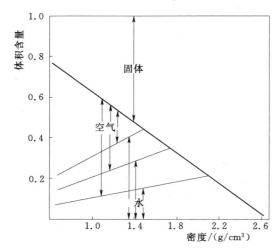

图 6.2.2 土壤三相成分随密度的变化

楔形凹面。在土壤这种由固体、液体和气体组成的三相系统中，气体占据更大的空间（图 6.2.2）。水及空气这两种流体共同存在于土壤中，占据着不同几何形状结构的孔隙中的不同部分。因此，土壤随着两种流体的不同而表现出不同的传导性及通透性，而土壤的水动力学性质与孔隙中被每种流体所占据的不同的有效直径以及曲率有关。只有当土壤孔隙完全被水或空气占据时流动的流体才会用介质的同一个传输系数。

尽管空气流动与水流不同，土壤中空气的流动方程仍然可以类比于水流的达西定律，如下所示：

$$q_v = -(k/\eta)\nabla P \tag{6.2.1}$$

式中：q_v 为土壤空气体积对流通量（单位时间内流过单位横截面积的流量）；k 为孔隙充满空气时的气体传导率；η 为土壤空气黏度；∇P 为土壤中空气的压力梯度，一维运动情况下，式（6.2.1）可表示为

$$q_v = -(k/\eta)\frac{\mathrm{d}p}{\mathrm{d}x} \tag{6.2.2}$$

以单位时间内通过单位横截面积的质量（而不是体积）表示对流通量通量，则方程式（6.2.2）可表示为

$$q_m = -(\rho k/\eta)\frac{\mathrm{d}p}{\mathrm{d}x} \tag{6.2.3}$$

式中：q_m 为质量对流通量；ρ 为土壤中空气的密度。

土壤中气体的密度受到作用于其的压力和温度影响很大。设定土壤中的空气是理想气体，空气质量、体积、温度的关系可表示为

$$PV = nRT \tag{6.2.4}$$

式中：P 为压力；V 为气体的体积；n 为空气摩尔数；R 为摩尔气体常数；T 为绝对温度。

由于密度 $\rho = M/V$，而质量 M 为摩尔数 n 与分子质量 m 的乘积，因此，式（6.2.4）可表示为

$$\rho = (m/RT)P \tag{6.2.5}$$

对于可压缩性流动，其连续性方程可表示为

$$\frac{\partial \rho}{\partial t} = -\frac{\partial q_m}{\partial x} \tag{6.2.6}$$

将关于 ρ 的表达式、关于 q_m 的表达式［方程式（6.2.3）］代入方程式（6.2.6）中，得

$$\frac{m}{RT}\frac{\partial P}{\partial t}=\frac{\partial}{\partial x}\left(\frac{\rho k}{\eta}\frac{\partial P}{\partial x}\right) \tag{6.2.7}$$

压力差很小的情况下，$\frac{\rho k}{\eta}$ 为常数，则方程式（6.2.7）为

$$\frac{\partial P}{\partial t}=\frac{\partial^2 P}{\partial x^2} \tag{6.2.8}$$

其中，$\alpha=\frac{RTk}{m}$，方程式（6.2.8）是对土壤空气瞬态对流的近似方程。这个方程的使用是在假设流动为层流的情况下，在层流下压力差会比较小。

6.2.2 土壤中的气体扩散

土壤中 O_2、CO_2 等气体可以以气态形式扩散，也可以以液态形式扩散。通过孔隙充满气体的土壤中的气体扩散维持着土壤气体与大气的交换，而通过不同深度水膜的气体扩散维持着对活体组织氧气的供应以及二氧化碳的排泄，这就是典型的水合作用。这两部分扩散都可以用 Fick 定律进行描述：

$$q_a=-D\frac{\mathrm{d}c}{\mathrm{d}x} \tag{6.2.9}$$

式中：q_a 为空气扩散通量（单位时间内通过单位横截面积的气体质量）；D 为气体的扩散率；c 为浓度（单位体积气体的质量）；x 为距离；$\frac{\mathrm{d}c}{\mathrm{d}x}$ 为浓度梯度。

由于连续的充满气体的孔隙占据的总体积是有限的，并且这些孔隙存在天然的曲率（图 6.2.3），土壤中的空气扩散率 D_s 小于大气中空气扩散率 D_0。通常将 D_s 表示为 D_0 和土壤气态孔隙率 f_a 的函数（气态孔隙率＝土壤孔隙率-液态水含水率）。然而对于不同的土壤，D_s 和 D_0 之间表现出不同的函数形式，例如线性关系：

$$D_s/D_0=0.66f_a \tag{6.2.10}$$

其中 0.66 是土壤孔隙弯曲系数，式（6.2.10）说明表面通道大约是实际土壤扩散通道平均长度的 2/3（图 6.23 所示的 L/Le）。弯曲率与土壤气体体积含量有很大的关系（因为弯曲的通道长度会随着气体体积含量的减少而增加）。因而式（6.2.10）通常只适用于有限范围内的气体体积含量或有限湿度范围的土壤。

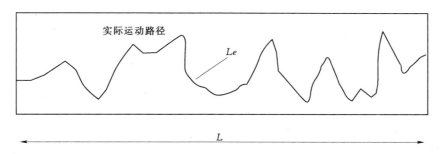

图 6.2.3 Fick 气体扩散示意图

有效扩散系数与气体含量之间的关系应该是曲线关系，而且取决于孔隙气体几何形状，因此对于不同的土壤以及不同水分与气体含量情况下 D_s 和 D_0 之间关系是不同的。D_s 和 D_0 更多地表现出非线性的函数形式（图 6.2.4），D_s 和 D_0 之间其他的一些函数形

式为

$$D_s/D_0 = a^{3/2} \tag{6.2.11}$$

$$D_s/D_0 = a^{4/3} \tag{6.2.12}$$

$$D_s/D_0 = \gamma a^\mu \tag{6.2.13}$$

$$D_s/D_0 = \frac{a^{10/3}}{\phi^2} \tag{6.2.14}$$

式中：a 为土壤中空气的含量；γ、μ 为系数。

$$D_s/D_0 = k f_a^n \tag{6.2.15}$$

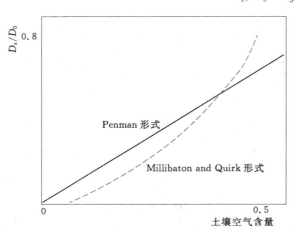

图 6.2.4　土壤气体扩散系数与土壤空气含量的关系

根据连续性方程，土壤体积单元体中质量的变化等于进入和流出单元体的通量之差：

$$\frac{\partial c}{\partial t} = -\frac{\partial q_d}{\partial x} \tag{6.2.16}$$

式（6.2.16）的前提条件是扩散气体是整体保存的。考虑到 O_2 和 CO_2 在土壤中扩散时，在扩散通道中随着好氧生物的活动消耗 O_2 而产生 CO_2。为了说明单位时间内进入系统或分离出系统的扩散物的质量，在式（6.2.16）右边加入源汇项 $\pm S$。对于所考虑的扩散物，正号表示增长的速率（源），负号表示减小的速率（汇），因此：

$$\frac{\partial c}{\partial t} = -\frac{\partial q_d}{\partial x} \pm S(x, t) \tag{6.2.17}$$

$S(x, t)$ 表明源汇项是随着时间和空间变化而变化的函数。

将式（6.2.9）代入式（6.2.17），只考虑气体在垂直方向的运动，则式（6.2.17）为

$$\frac{\partial c}{\partial t} = -\frac{\partial}{\partial x}\left(D_s \frac{\partial c}{\partial z}\right) \pm S(x, t) \tag{6.2.18}$$

D_s 为常数的情况下，式（6.2.18）可以表示为

$$\frac{\partial c}{\partial t} = -D_s \frac{\partial^2 c}{\partial z^2} \pm S(x, t) \tag{6.2.19}$$

在团聚体土壤中，气体扩散可以快速发生在相互聚合的大孔隙中，所以在降雨或灌溉后水会快速排干然后形成连续的气网。另一方面，相互聚合的大孔隙能够长时间保持几乎饱和状态，然后阻止团聚体内部的扩散。平时观察发现植物根一般受团聚体间大孔隙的限制，几乎不在团聚体内部渗透，可能是因为团聚体内部的小孔隙的硬度不允许渗透或者因为小孔隙本身的渗透阻力。然而，微生物对团聚体的渗透有影响，因为微生物对氧气的需要整体上影响着土壤扩散。周围都是大孔隙的大的致密的团粒似乎应该扩散性良好，但是其中心还是厌氧的。因此膨胀性很好的土壤中心存在厌氧生长。

式（6.2.18）以及式（6.2.19）整体上考虑在土壤剖面的扩散。如果需要仔细研究在

单个土壤团聚体（土块）中的扩散则需要将计算方程表示为全方位（三维）的形式。假设团聚体是各项同性并且近似为球形，利用极坐标来表示：

$$\frac{\partial c}{\partial t} = \frac{1}{r^2}\frac{\partial}{\partial r}\left(D_s r^2 \frac{\partial c}{\partial r}\right) \pm S \qquad (6.2.20)$$

其中，r 是到球形中心的半径。进一步假设土块与周围环境之间发生稳定的气体交换（即吸收氧气，放出二氧化碳），则可以简单地认为 $\frac{\partial c}{\partial t}$ 等于 0，利用合适的边界条件可以解出这个方程。例如，对于半径为 R 的均匀的团聚体，稳定均匀的呼吸作用，团聚体表面与中心的浓度差为

$$\Delta c = \pm SR^2/6D_s \qquad (6.2.21)$$

浓度差（表现为土块中氧气的减少以及二氧化碳的增加）直接与呼吸速率 S 成正比，与空气扩散率成反比。

除了气体在土壤孔隙中的扩散过程，土壤孔隙中气体的另外一个主要过程是向根扩散路径的最后部分要通过根周围的水化膜或水化壳。为了描述扩散过程的这个阶段，用圆柱形扩散方程：

$$\frac{\partial c}{\partial t} = \frac{1}{r}\frac{\partial}{\partial r}\left(rD_w \frac{\partial c}{\partial r}\right) \qquad (6.2.22)$$

其中，r 是距根轴的半径距离，水汽扩散率 D_w 表示水中可溶性扩散物质的扩散系数。即使这个过程只经过很短的距离（水化膜的厚度通常仅为几毫米），但其可能是限制扩散速率的关键阶段，因为氧气在水中的扩散率只是其在空气中扩散率的 1/10000（氧气在水中的扩散率大约为 $2.6\times10^{-5}\,cm^2/s$，而在空气中约为 $0.266\,cm^2/s$）。在温度相对较高时氧气在水中的扩散率（只有溶解的二氧化碳的 4%）也会受到限制。

在 20℃时，水中的溶解氧浓度为 $4.3\,g/cm^3$，雨水中溶解氧饱和情况下，25mm 雨水可以使每立方米土壤增加 0.1g 的氧气（大约等于大气压下 70mL 的氧气）。这部分氧气对于生长旺盛的植物每天所需的氧气来说只是很小一部分。然而，这部分氧气可以为植物缺氧短暂地补充氧气。

氧气向根的扩散过程需要经历两个区域，如图 6.2.5 所示，内区域表示根，外区域表示根周围的水膜。对于稳定扩散来说，气体在内部区域（i 区域）和外部区域（e 区域）的扩散过程可分别表示为

$$D_i\left(\frac{\partial^2 c_i}{\partial r^2} + \frac{1}{r}\frac{\partial c_i}{\partial r}\right) - S = 0 \qquad (6.2.23)$$

$$D_c\left(\frac{\partial^2 c_c}{\partial r^2} + \frac{1}{r}\frac{\partial c_c}{\partial r}\right) - S = 0 \qquad (6.2.24)$$

单位长度根消耗氧气的速率以及根区及扩散区的扩散系数 D_i、D_c 已知的情况下，则可以同时对式（6.2.23）和式（6.2.24）求解。

氧气从土壤向根部的扩散，将根系和水膜

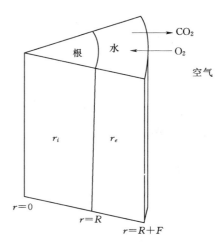

图 6.2.5 氧气从土壤向根部的扩散的示意图

视为同心圆柱形，r 为距根轴的距离，R 为根系的半径，F 为根系吸附水膜层的厚度。

需要指出，土壤中水流的运动和气体的扩散在运动机理上有着本质的区别。土壤中水流的渗透属于有压黏性对流，遵从 Poiseuille 定律，即流动随着孔隙半径的四次方的改变而改变，因此渗透性强烈依赖于孔隙尺寸分布。而土壤中气体的扩散主要依赖于对扩散有用的连续孔的体积以及孔隙率。由于分子热运动的自由程（一个分子碰撞其他分子之前随机运动过程中的平均距离）为 0.0001～0.0005mm，这个距离远远小于对大多数土壤孔隙充气率很重要的孔隙半径，因此土壤中气体的扩散并不依赖孔隙尺寸分布。

【例 6.2.1】　土壤中的氧气的迁移方程可表示为

$$\frac{\partial c_g}{\partial t} = D_m \frac{\partial c_g^2}{\partial z^2} - S(z,t)$$

式中：$S(z,t) = r_g(z,t)/a$，r_g 为氧气的消耗速率，在土壤中不同的深度位置 z 和不同的时刻，氧气的消耗速度为常数的情况下：

$$S(z,t) = a$$

稳定的状态下：

$$\frac{\partial c_g}{\partial t} = 0$$

则：$D_m \dfrac{\partial c_g^2}{\partial z^2} = S(z,t) = a$，写为常微分的形式为

$$\frac{\mathrm{d} c_g^2}{\mathrm{d} z^2} = \frac{a}{D_m}$$

两边进行积分：

$$\int \frac{\mathrm{d} c_g^2}{\mathrm{d} z^2} \mathrm{d} z = \int \frac{a}{D_m} \mathrm{d} z$$

得

$$\frac{\mathrm{d} c_g}{\mathrm{d} z} = \frac{a}{D_m} z + c_1$$

其中，c_1 为积分常数，进一步进行二次积分，得

$$\int \frac{\mathrm{d} c_g}{\mathrm{d} z} \mathrm{d} z = \int \left(\frac{a}{D_m} z + c_1 \right) \mathrm{d} z$$

得

$$c_g = \frac{a}{2D_m} z^2 + c_1 z + c_2$$

地表水位于地下 L 深度位置，在这一位置 $\dfrac{\mathrm{d} c_g}{\mathrm{d} z} = 0$，在地表位置氧气的浓度为 c_0，将这两个边界条件代入后，得稳定状态下的土壤中在不同深度位置 z 的氧气浓度为

$$c_g = \frac{a}{2D_m} z^2 - \frac{aL}{D_m} z + c_0$$

图 6.2.6 中的 1、2、3 和 4 分别为表 6.2.1 所列的不同生物活动和扩散系数条件下稳定状态下的氧气浓度-深度关系。

表 6.2.1   不同生物活动强度和 D_s/D_0

序号	生物活动的强度/(m³/d)	D_s/D_0
1	10	0.06
2	5	0.06
3	10	0.25
4	5	0.25

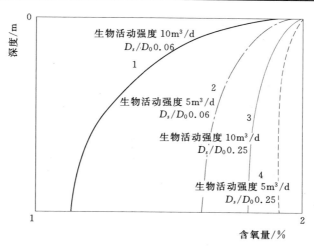

图 6.2.6   稳定状态下的氧气浓度-深度关系

6.2.3   土壤气体扩散系数的测定

基于 Fick 定律测定土壤中的扩散系数，测试装置如图 6.2.7 所示，土壤中进入气室的通量可表示为

$$-J_g = -\frac{m_g}{At} = -D_s \frac{dc_g}{dz} \qquad (6.2.25)$$

式中：m_g 为气体的质量；A 为土样的截面面积；c_g 为气室内的气体浓度。由式（6.2.25）可得

$$\frac{dm_g}{dt} = -AD_s \frac{dc_g}{dz} \qquad (6.2.26)$$

由于：$m_g = c_g V$，代入式（6.2.26），得

$$\frac{dc_g}{dt} = -\frac{D_s A}{V} \frac{dc_g}{dz} \qquad (6.2.27)$$

移项得

$$\frac{dc_g}{dz} = \frac{c_g - c_0}{-L} \qquad (6.2.28)$$

式中：V 为土体的体积；L 为土样的长度。

将式（6.2.28）代入式（6.2.26）得

$$\frac{dc_g}{dt} = \frac{D_s A}{VL}(c_g - c_0) \qquad (6.2.29)$$

移项得

$$\frac{dc_g}{c_g - c_0} = -\frac{D_s A}{VL} dt \qquad (6.2.30)$$

积分得

$$\int_{c_i}^{c_g} \frac{dc_g}{c_g - c_0} = -\frac{D_s A}{VL} \int_0^t dt \qquad (6.2.31)$$

119

其中 c_i 为气室内的 $t=0$ 时刻初始浓度。求解式（6.2.22）得

$$\ln(c_g-c_0)\Big|_{c_i}^{c_g}=-\frac{D_s A}{VL}t\Big|_0^t \tag{6.2.32}$$

$$\ln(c_g-c_0)-\ln(c_i-c_0)=-\frac{D_s A}{VL}t \tag{6.2.33}$$

$$\ln\frac{c_g-c_0}{c_i-c_0}=-\frac{D_s A}{VL}t \tag{6.2.34}$$

在气室内初始浓度 c_i 为 0 的情况下：则

$$\ln\frac{c_0-c_g}{c_0}=-\frac{D_s A}{VL}t \tag{6.2.35}$$

绘制 $\ln\dfrac{c_g-c_0}{c_i-c_0}-t$ 关系图，采用式（6.2.34）或者式（6.2.35）式进行拟合，即可确定 D_s，如图 6.2.8 所示。

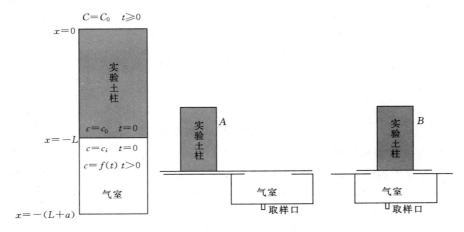

图 6.2.7　土壤扩散系数测定示意图

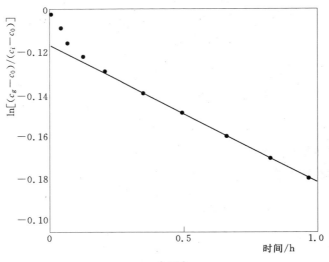

图 6.2.8　$\ln\dfrac{c_g-c_0}{c_i-c_0}-t$ 关系图

需要指出，方程需要在经过一定时间之后成立，因为在时间较短的情况下，$\dfrac{dc_g}{dz} \neq \dfrac{c_g - c_0}{-L}$，此外，方程也没有考虑测试土壤中气体容量的变化。

6.3　土壤的氧化还原作用及其影响因素

6.3.1　土壤的氧化还原作用

土壤氧化还原作用主要是指土壤中某些无机物质的电子得失过程。氧化反应即失去（或放出）电子的反应，还原反应则是得到（或吸收）电子的反应。在土壤溶液中，氧化和还原反应是同时进行的。对同一物质来说，以能吸收（得到）电子的状态存在时为氧化剂，以放出（失去）电子的状态存在时为还原剂。例如土壤 FeO 与水反应后生成 FeOOH，释放出 2 个电子，其中的还原剂（Reducing agent）提供电子，而氧化剂（oxidizing agent）则接受电子。

$$2FeO + 2H_2O \Longleftrightarrow 2FeOOH + 2H^+ + 2e^-$$

$$Fe^{2+} \qquad\qquad Fe^{3+}$$

参加土壤氧化还原反应的物质，除了溶解在土壤溶液中的氧以外，还有许多可变原子价的元素，土壤中的一些离子的氧化态、还原态和元素形式如下：

还原态	元素	氧化态
CH_4、CO	C	CO_2
NH_3、N_2、NO	N	NO_2^-、NO_3^-
H_2S	S	SO_4^{2-}
PH_3	P	PO_4^{3-}
Fe^{2+}	Fe	Fe^{3-}
Mn^{2+}	Mn	Mn^{4-}
Cu^+	Cu	Cu^{2+}

土壤的氧化还原状况通常用氧化还原电位 Eh 表示，其单位是毫伏（mV）。土壤中氧化还原电位的高低决定于土壤中氧化剂的性质与浓度。实践中一般用铂电极作为指示电极，甘汞电极作为比照电极来进行测定。当两个不同的电极插入土壤时产生电位差，把两极连通时就会有电流通过，其电位差就是土壤的氧化还原电位。土壤中不同氧化还原状态下的化学反应如图 6.3.1 所示。

6.3.2　影响氧化还原电位的因素

土壤通气性：土壤通气好坏是影响土壤氧化还原状况的最主要因素。因为土壤空气中氧的含量是受土壤通气性制约的。土壤通气性好，土壤空气中的含氧量就高，氧的分压大，与之相平衡的土壤溶液中的氧浓度也必然较高，从而影响溶液中氧化还原物质系统的转化，使氧化态的物质增加，土壤的 Eh 值升高。土壤通气性差，则土壤空气的氧压降低，以致使土壤溶液中氧的浓度减少，还原态物质增加，土壤的 Eh 值降低。因此，土壤氧化还原电位是衡量土壤通气性的良好指标。

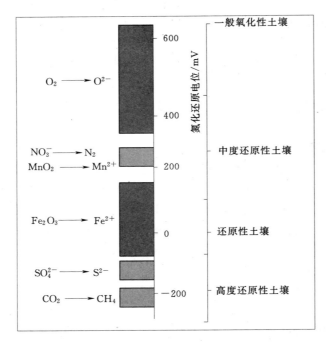

图 6.3.1　土壤氧化还原状态及化学过程

土壤水分状况：土壤氧化还原电位随土壤水分状况而变化。因为土壤氧化还原电位主要取决于土壤的通气性，而土壤含水量则是影响土壤空气状况的主要因素。水多时，空气孔隙减少，通气性差，氧化还原电位降低，反之则升高。其次是因为土壤水分状况影响生物的活度，特别是微生物的生物化学过程强度，从而影响土壤空气中的氧压高低，使土壤 Eh 值发生变化。

植物根系的代谢作用：植物根系能分泌出有机酸等，不仅能造成根际微生物的特殊生活环境，而且分泌物本身也可能有一部分直接参与根际土壤的氧化还原反应。水稻根系有分泌氧的能力，使根际土壤的 Eh 值较根外土壤为高。如有人测定水田土壤的 Eh 值情况时发现，在淹水种稻期间，土壤还原层的 Eh 值明显下降至 200mV 以下（最低可降到 $-$150～$-$170mV），但在稻根周围（0～3mm）的 Eh 值常在 200mV 以上，稻根表面有时可达 600mV 左右，这对改善水稻根际的土壤营养环境有重要作用。Eh 值随着 pH 值的增加而减小，在 Eh 值较小的情况下，可能发生不同的化学过程，稻田开始淹水后氧化还原电位，溶解氧浓度，pH 值的变化如图 6.3.3 所示，可以看出，氧化还原电位，溶解氧浓度，pH 值随着淹水过程的持续而不断发生变化。

土壤中大多数 N 及沉积物是以有机物的形式存在，只有少部分是以无机物的形式存在。经过土壤中一系列的生物化学及物理化学反应，N 由一种形式转换成另一种形式。土壤中的无机氮主要以 NH_4^+、NO_3^-、NO_2^-、N_2 及 N_2O 的形式存在，这些存在形式均是生化反应过程的最终产物。土壤中几个主要的微生物转化过程包括有机氮转化为 NH_4^+（氨化作用），$NH_4^+ \rightarrow NO_2^- \rightarrow NO_3^-$（硝化作用），$NO_3^- \rightarrow N_2O \rightarrow N_2$（反硝化作用），$NO_3^- \rightarrow NH_4^+$（同化作用消耗 NO_3^-），$N_2 \rightarrow$ 有机氮（生物固氮），$NH_4^+ \rightarrow NH_3$（挥发）。

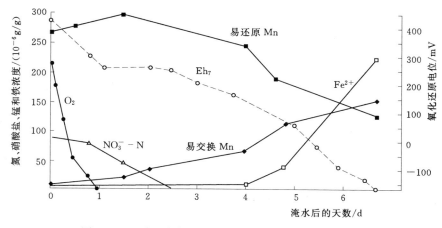

图 6.3.2　稻田淹水后氧、硝酸盐、锰、铁浓度的变化

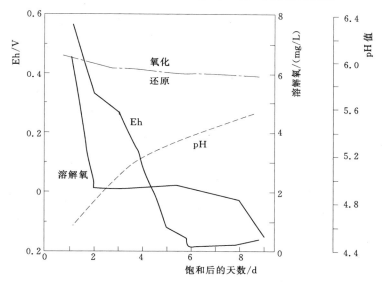

图 6.3.3　稻田开始淹水后氧化还原电位、溶解氧浓度、pH 值的变化

稻田开始淹水后氧、硝酸盐、锰、铁浓度变化如图 6.3.2 所示，氧化还原电位，溶解氧浓度，pH 值的变化如图 6.3.3 所示。可以看出，氧化还原电位，溶解氧浓度，pH 值随着淹水过程的持续而不断发生变化。

无论土壤通气性如何，都有有机氮转化为 NH_4^+ 的发生，但是不同通气性转化速率不同。在良好的通气环境下，土壤中很少甚至不发生 NH_4^+ 的积累，因为氧气充足的情况下 NH_4^+ 很快发生氧化，转化成 NO_3^-。氨根主要在缺乏氧气的情况下才会在土壤中积累，这是因为 NH_4^+ 向 NO_3^- 的转化过程中氧气必不可少。图 6.3.4 表示不同土水势的转化速率，间接表明通气性对转化速率的影响。如图所示氨化作用的最大速率发生在土水势为 0.3atm，即使土水势大于 0.3atm 时氧气浓度大，由于受到土壤水分状态的影响，氨化速率也会减小。

当土水势小于 0.3atm 时，土壤中氧气含量是限制因素，这时土壤孔隙大部分充满水

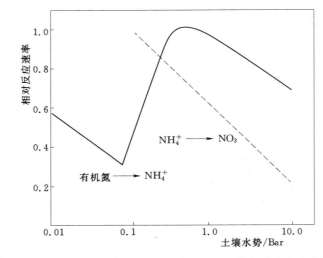

图 6.3.4　排水条件下土壤水势对 NH_4^+ 和 NO_3^- 的相对反应速率的影响

分。NH_4^+ 的反应与浓度相关，所以在缺氧环境的土壤中反应因为氨根浓度的增加而加速。由于 NH_4^+ 在黏土层发生固氮，增加的 NH_4^+ 浓度也会加速固氮反应。

　　土壤中一种常见氮的转化方式是植物及微生物对 NO_3^- 的同化作用，有限的通气状况使 NO_3^- 在兼性厌氧菌的作用下发生异化作用，并且异化作用占优势。在 O_2 不足的情况下，随着 O_2 的消耗，NO_3^- 是土壤中首先消失的氧化还原产物。在排水性较差的土壤中，反应速率主要受 O_2 占据的土壤有效孔隙率及土壤中的能量影响。

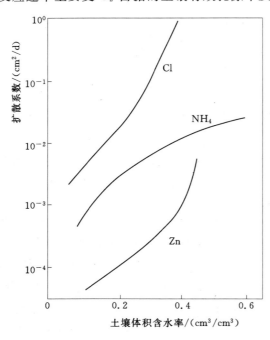

图 6.3.5　土壤体积含水率对 Cl、NH_4 和 Zn 的扩散速率的影响

　　上述讨论的 N 的转化过程决定了排水区、排水不良区及淹水土壤中的 NH_4^+ 及 NO_3^- 的浓度。这些离子间的电子转移主要与土壤通气性有关。明显地 NH_4^+ 的扩散随着土壤水分含量的增加而增加（图 6.3.5），随着土壤水分含量的增加，液体逐渐连通，扩散通道不再那么弯曲。在缺氧土壤中，由于 NH_4^+ 浓度增大，以及大部分 NH_4^+ 存在于孔隙水中，而不是吸附于交换复合体上，均使 NH_4^+ 的移动加快。后者使 NH_4^+ 的移动加快是由于交换复合体被反应过程中产生的其他阳离子置换。例如，在排水不良的土壤及淹水土壤中，随着反应的发生及与 NH_4^+ 和其他可交换阳离子的竞争，Mn^{2+} 及 Fe^{2+} 浓度会增加，这样也会导致 NH_4^+ 与交换复合体发生置换反应，这样会增加 NH_4^+ 的吸附性，并加快 NH_4^+ 的移动。在淹水土壤中，大部分 NH_4^+ 由于扩散到上覆含氧水

层及表面好氧层而减少。NH_4^+ 扩散到土壤表面或者水中可以加速氧化生成 NO_3^- 或者挥发成 NH_3。这样以硝酸根形式扩散到下层厌氧区，并在反硝化作用下消耗掉。在被淹的土壤及沉积物中，由于光合作用及呼吸作用的不平衡，使淹水层中形成较高的 pH 环境，这样有利于 NH_3 的挥发，从而加速氮的损失。

硝酸根的扩散同样受土壤中水分含量、土壤氧气含量以及土壤反硝化作用势的影响。硝酸根的扩散速率随着土壤中水分含量的增加而增加，同时发现砂土中硝酸根离子的运动比在壤土中快。土壤中氧气浓度低以及厌氧区对电子受体的大量需要，都会加快硝酸根从好氧区向厌氧区的扩散，然后在反硝化作用下损失。

图 6.3.6 为淹水条件下氮素转化示意图。对于受淹的土壤及沉积物来说，淹水中及表层氧化带中硝酸根的来源主要有以下几方面：①氧化带或者淹水层中的硝化反应；②外部环境的输入（排水设施，污水处理）。在土壤系统中，硝酸根从上层淹水层扩散到下层好氧沉积物中，下层沉积物主要发生反硝化反应。已经证明在 C 充足的淹水区很少或者几乎不发生反硝化反应，在这些环境中，淹水中硝酸根的移除主要取决于硝酸根向沉积厌氧层的扩散。淹水层中硝酸根的通量主要取决于：①通过沉积物-水层交界面的浓度梯度；②淹水深度；③温度；④混合度及通气性。

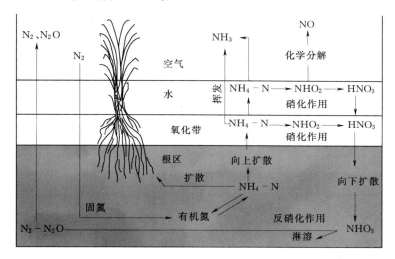

图 6.3.6 淹水条件下 N 转化过程

土壤中的磷主要也是以有机体及无机体两种形式存在。在矿物土壤中，无机磷更重要些，主要因为有机磷的可利用性比较低。然而，在有机土壤及有机体含量较高的矿物土中，有机磷矿物在释放可溶性无机磷中发挥主要作用。P 元素的转移主要是以无机磷的形式，在特定条件下，也会以可溶性有机磷的形式迁移。土壤中的无机磷主要有 4 种形式：磷酸钙，正磷酸铁，磷酸铁，从前三种形态下提取出的水溶性还原磷。后两种形式的无机磷在通气性良好的土壤中不是主要的肥料，但是在排水不良及淹水土壤中发挥很重要的作用。

虽然在土壤的生化反应中 P 本身并不是正常的生化产物，但是 P 在反应过程中也发挥很重要的作用（图 6.3.7）。土壤厌氧条件下大多数 P 反应的变化主要与土壤中铁的化合物有关。氢氧化铁及磷酸铁的反应增大了 PO_4^{3-}（HPO_4^{2-}、$H_2PO_4^-$）的溶解性，并且使 P 更容易被植物吸收。Fe^{3+} 化合物还原溶剂通过两种方式释放 PO_4^{3-}：①将不可溶的磷酸铁转化为溶解性较大的磷酸亚铁；②通过溶解土壤中以磷酸盐的基质形式存在的三价铁的氧化物，使之比封闭的三价铁的氧化物更活跃。也有发现显示在淹没的有机土中比持续排水情况的土中磷的释放更显著。有机土中 Fe 及 Al 含量低。厌氧环境增加了有机物的可溶性，因此增加了可溶性 P 的有效性。

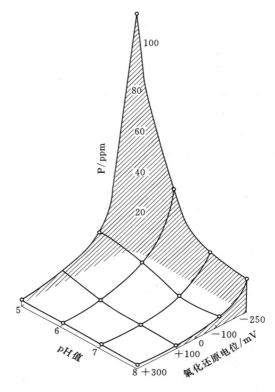

图 6.3.7　磷的溶解性与 pH 值和氧化还原电位的关系

6.4　土壤呼吸

6.4.1　土壤呼吸作用

通过呼吸，人体从大气摄取新陈代谢所需要的 O_2，排出 CO_2。与人的呼吸相类似，土壤呼吸（soil respiration），是指土壤释放二氧化碳的过程，土壤中的微生物的呼吸、作物根系的呼吸和土壤动物的呼吸都会释放出大量的二氧化碳。土壤呼吸是表征土壤质量和土壤肥力的重要指标，也可以反应生态系统受到环境变化的影响，当然，土壤呼吸还为植物提供光合原料——CO_2。

土壤呼吸作用的速率取决于土壤中微生物活动——在整个土壤剖面消耗的氧气量及产生的二氧化碳量——决定着土壤中的通气需要量。如果想要确切满足通气需要就要定量知道不同环境下不同植物的通气需要量受到了温度、土壤湿度、有机物以及随时间变化的土壤中生物及微生物的呼吸活性等等多种因素的影响。

当供氧速率低于需要时土壤中就会发生厌氧呼吸。由于土壤中储存的氧气量低于土壤呼吸所需要的量，厌氧过程发展得很快。为了说明这个问题，假设土壤中有效根深为 60cm，充气孔隙率为 15%，所以每立方米土壤含有 90L 空气。最初的氧含量为 20%，可以计算出气态氧的存储量为 18L，标准温度及压力下理想气体每摩尔体积为 22.4L，1mol 氧气的质量为 32g，18L 氧气质量为 25.7g。如果土壤呼吸的需氧量是 10g/d，每立方米土壤最初保存的氧气只能维持 2.5d，真实情况下厌氧特征可能出现的更早。由于真实情况中通气速率可能在较大的范围内变化，所以这些数据只能提供一个数量级的参考。

实际情况下，土壤呼吸值变化很大。一些实验研究发现呼吸速率为 1.7×10^{-11} mol/$(cm^3 \cdot s)$，即 12h 算每立方米呼吸 0.75mol 氧气，或者 24g/$(m^3 \cdot d)$。然而在极端情况下，土壤的呼吸速率能够达到这个值的 10000 倍以上。在田间环境下的呼吸速率值可能比在生长室中发现的小。一些测量结果表明，成熟作物覆盖地中氧气平均消耗速率是 1.3×10^{-7} mol/$(cm^3 \cdot s)$，而最大速率可能是这个值的 3 倍。平均消耗速率换算为质量即 1 天 12 小时每立方米土壤消耗 8g。

图 6.4.1 描述了土壤呼吸速率与季节性温度变化之间的关系。可以看出，夏天呼吸速率比冬天的 10 倍还高。当然其他的因素也会有很大的影响。例如在给定温度下春天的土壤呼吸速率比秋天的高，原因可能是由于春天精力旺盛的微生物数量更多而且不可分解的有

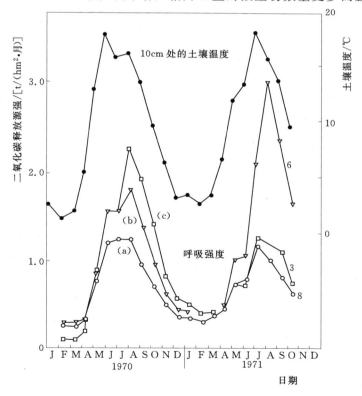

图 6.4.1　土壤温度与土壤呼吸的季节性变化

127

机残留物的利用率比秋天更大。明显地植被覆盖下的土壤呼吸比裸地要大，原因有根呼吸以及由根的渗出液及腐烂而加强的微生物活动。白天的土壤呼吸变化与土壤温度变化趋势相似，测得的氧气摄入速率从早上到中午增长两倍多。所以土壤呼吸速率随着不同的季节、不同的日期甚至不同的小时而变化，土壤呼吸速率主要与植物生长阶段及微生物活动有关。在冬天土壤积水对呼吸速率影响很小，即使空气扩散受到阻碍。而在植物生长最活跃的夏天，土壤积水对呼吸速率影响很大，甚至会严重伤害植物。

土壤呼吸是进入大气 CO_2 库的第二大通量，土壤呼吸受多种土壤环境因子影响，包括土壤温度、土壤含水率、土壤有机碳（SOC）含量。土壤温度和土壤含水率对土壤呼吸的影响已有较多的研究。然而，这些研究主要关注于较大时间尺度上，例如以月、季节甚至年作为时间单位。然而，气候变化将会改变土壤温度和土壤含水率的日变化情况，这种短时间的土壤温度和土壤含水率的变化又会影响土壤呼吸的日变化。除此以外，土壤呼吸的日变化也可能会潜在地反映土壤微生物活性和 SOC 的稳定性。

降雨明显地影响了土壤含水率和土壤呼吸。每次降雨后，土壤含水率急剧的增加到40％或者更多而土壤温度会降低。相比降雨前的呼吸速率，降雨后土壤呼吸速率非常快的下降。一些文献报道土壤经过长期干旱后，降雨会产生土壤呼吸的脉冲，也有研究实验得出相反的结论，观测不到任何明显的脉冲现象。这种结果解释为：降雨前土壤含水率一直保持较高的情况下，降雨所增加的土壤含水率只会抑制土壤 CO_2 和 O_2 扩散。另外，研究区域较低的 SOC 含量也在一定程度上导致该区域降雨难以刺激土壤呼吸脉冲。

土壤含水率对土壤呼吸的影响也很明显。土壤含水率和土壤呼吸的变化趋势刚好相反。土壤微生物和土壤根系的新陈代谢活动不会受到水分不足的抑制，因为土壤含水率一直很高；然而，土壤含水率的持续较高水平也会抑制土壤里 CO_2 和 O_2 的扩散。这种抑制作用也说明在这个站点降雨导致的土壤含水率急剧增加不会引起土壤呼吸的脉冲。

土壤温度对土壤呼吸的影响是明显的，这也可以从土壤呼吸和土壤温度相对较大的时间变异性。在每个后半天（12：00—24：00），土壤呼吸一般比对应的前半天的土壤呼吸大（00：00—12：00）。土壤温度的变化会提前于土壤呼吸的变化，一天里，大概 7：00土壤温度最低，而大概 14：00 土壤温度最高。尽管二者之间有滞后现象，实验数据仍然可以总结得到高的土壤温度会刺激土壤呼吸。这种变化可能与土壤微生物活性有关，即在更高的土壤温度下，土壤微生物分解 SOC 的活性更大。另外，高的土壤温度也会加快土壤气体扩散，包括土壤里 CO_2 和 O_2 的扩散。相比于文献中报道的基础呼吸值，本研究的基础呼吸速率相对较低。类似地，土壤呼吸速率也要比文献中报道的低。这些差异主要是由于本实验站点的 SOC 含量相对较低。不过，基础呼吸速率是明显随着土壤含水率改变的。

土壤呼吸对土壤温度存在明显的滞后效应，因为土壤呼吸不仅仅由 CO_2 产生过程控制，也由 CO_2 扩散和运移过程影响，这些过程受土壤温度影响程度不同。另外，土壤呼吸还会受到土壤表面的 CO_2 扩散过程影响，这个过程主要受地表温度和地表空气扰动影响；而土壤温度也会落后地表空气温度的变化。明显地，这种滞后效应降低了不同步的土壤呼吸与土壤温度拟合效果。通过推迟土壤温度的作用时间，非线性回归的拟合效果得到进一步提高。不过，滞后时间对于每天或每个测量点来说都是不同的。当土壤含水率比较高时，土壤温度对土壤呼吸的影响被压制，此时土壤含水率起主要作用，因此滞后效应并不明显。

6.4.2 土壤温室气体的排放

在农业土地利用中，旱地可以汇聚一部分的甲烷，但却释放出大量的 CO_2 和 N_2O；水田在水淹灌时期会释放相当数量的甲烷，而在排干时可以明显减少甲烷的释放，但却增加了 N_2O 的释放。使用氮肥能促进植物生长固定更多的碳，但却抑制 CH_4 吸收并显著增加 N_2O 排放。另外，CO_2、CH_4 和 N_2O 对气候变化的影响潜力是不同的，因此，以减缓温室气体释放为目标的管理措施研究必须综合考虑这 3 种主要温室气体的综合影响。

农业灌排的根本目的是为了调节农田水分，农田水分直接影响土壤中的生物代谢和物质循环。水分条件作为农田管理的主要措施之一，直接影响土壤环境的变化，从而影响温室气体的产生和排放。CH_4 产生于厌氧环境，而 N_2O 则产生于好氧条件，CO_2 在好氧和厌氧条件下均可产生。基于实验室研究的结果发现，CO_2、CH_4 和 N_2O 的产生均存在一个最优土壤含水量的问题。产生 CH_4 的最合适的条件是极端厌氧（土壤处于长期饱和状态），产生 CO_2 最大量的含水量被认为是接近田间持水量的水平，产生 N_2O 的最优含水量在土壤体积含水量 60% 和 90% 之间。

在地下水位较浅的地区，从土壤非饱和区淋失到地下水中的硝态氮在反硝化作用下生成 N_2O，N_2O 会从土壤非饱和区扩散到大气中。

农田中的微生物作用不仅是土壤中物质循环、能量循环的控制因素，而且对于温室气体产生和作物生长具有显著影响。植被覆盖、土壤特性、土壤水分、氧气、酸碱度、温度及营养状况都会影响到土壤微生物的群落结构，植被变化、农业灌排、施肥、耕作等也会对土壤微生物种类和数量变化产生很大影响。因此，微生物多样性是反映生态系统受干扰后发生变化的重点检测因子，而变化后的微生物类群对生态环境也会产生明显的反作用。如土壤中的环境污染物可导致土壤中不适应微生物种群数量减少，适应微生物种群数量增大，而适应微生物种群可对污染环境进行微生物修复。

人类活动（如农业耕作等）不仅造成土壤微生物的大批死亡和更新，还会影响到微生物生理功能的改变。土壤有机碳在微生物作用下分解产生 CO_2 或甲烷，其产物因水分条件不同而异，当稻田淹至 Eh 值 $< -300mV$ 时，有机物在产甲烷菌作用下产生大量甲烷，同时也伴有大量 CO_2 产生。农业灌溉或施用氮肥后，土壤释放 N_2O 的量会短时间内增加，我国水稻种植中也发现中期排水可降低甲烷的释放量而提高 N_2O 的释放量。

第7章　主要作物的合理用水

7.1　水稻

7.1.1　水稻的生育概况及其与环境条件的关系

水稻从种子发芽到成熟收割，要经历出苗、幼苗生长、移栽返青（直播的无移栽返青期）、分蘖、拔节、孕穗、抽穗、开花、结实成熟等生育阶段（生育时期），各个阶段的生长发育都有其特点，对环境条件和栽培措施有着不同的要求和反应。

1. 发芽出苗期

从水稻种子吸水膨胀到出现第一片完全叶为发芽出苗期。稻谷发芽，要求一定的温度、水分和空气。一般当温度在12℃以上，种子吸水达本身重的25％以上时，就开始萌发，逐渐破胸露白，长出种根和芽鞘。经过浸种催芽的稻谷，播种在湿润的秧田上，在有足够氧气供应的条件下，种根先长出并扎入土中，而且长出一些不定根（冠根），然后芽鞘裂开长出不完全叶（图7.1.1），接着长出具有叶鞘、叶片、叶舌和叶耳的完全叶。如果种芽泡在水里，那就只长芽，不长根，而且芽也长得软弱，容易造成倒芽、浮秧和烂秧的不良后果。

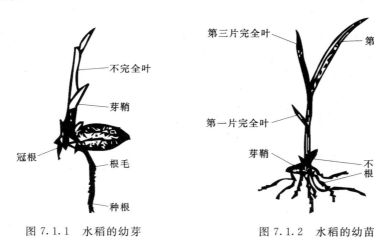

图7.1.1　水稻的幼芽　　　　　图7.1.2　水稻的幼苗

2. 幼苗期

从出现第一片完全叶到起秧移栽前为幼苗期，或称为秧田期。这时期秧苗叶片逐增，蒸腾作用渐强，需要有充足的水分供应才能维持体内的水分平衡，也才能顺利地进行光合作用，所以一般宜灌浅水。但从第一片完全叶展开到三叶期（图7.1.2），秧苗抗寒力减弱，早稻秧苗应特别注意用合理灌排来调节温度，以防幼苗受冻和烂秧。一般在出苗后至二叶期的日最低温度低于 4℃，三叶期的日最低温度低于 5～7℃，即需灌水护秧。此外，三叶期是秧苗的断乳期。即在此以前，秧苗生长靠本身的胚乳供应养分，自此以后，由于胚乳内的养分消耗殆尽，秧苗需要通过根系从土壤中吸收无机养分。故在三叶期必须注意搞好水肥供应，保证秧苗所需营养。

3. 返青期

秧苗从秧田拔出移栽到本田，因根系和秧叶受到损伤，吸水能力减弱，生长停滞，叶片呈现一定程度的萎黄，一般需经五六天或七八天甚至十多天，才能长出新根和新叶而恢复青绿色，这一时期叫返青期。高产水稻要求尽量缩短返青期。为此，必须培育壮秧；提高本田整地质量和栽秧质量，在拔秧前要追好"送嫁肥"；或采用带土移栽的方法；栽秧后稻田要维持合适的水层。这样才有利于促进秧苗早返青，早分蘖。

4. 分蘖期

分蘖或叫发蔸。直播水稻一般在出苗后约 20d 左右，当出现第四完全叶时就开始分蘖。育秧移栽的水稻一般在秧田期由于秧苗较密，营养和光照条件有限，通常到五、六叶时还不分蘖，需到移栽返青后并长出 2～3 片新叶时，才进入分蘖期。但是，如果采用稀播长秧龄壮秧，则秧苗在秧田分蘖，栽秧时带蘖栽入本田。

水稻分蘖是由稻茎靠近地面的地下若干个茎节上的腋芽发育而成。分蘖除在主茎上发生外，还可在分蘖上发生。凡从主茎上发出的分蘖叫第一次分蘖（或叫"子蘖"）；由第一次分蘖上发出的分蘖叫第二次分蘖（或叫"孙蘖"）；如果条件许可，还可能有第三第四次分蘖。但在一般栽培条件下，以"子蘖"为多，"孙蘖"极少（图 7.1.3）。

一般出生早的分蘖能抽穗结实，称为有效分蘖。出生迟的分蘖不能抽穗结实，称为无效分蘖。所以生产上必须采取一些措施，促进分蘖早生快发，并抑制后期无效分蘖的发生，以提高成穗率。据各地观测，双季早稻有效分蘖期一般不超过 10d，双季晚稻更短一些，中稻和单季晚稻的有效分蘖期较长，约分别为 10～20d 和 15～25d。

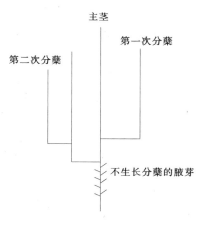

图 7.1.3 分蘖模式

分蘖着生的节位叫分蘖位。着生在下面节位的分蘖叫低位分蘖，着生在上面节位的分蘖叫高位分蘖。低位分蘖的成穗率较高位分蘖高。生产上采用小苗带土移栽和浅栽等措施，都有利于发生低位分蘖和提高成穗率。

水稻分蘖要求适宜的温度、光照、水分和养分等条件。一般气温以 30～32℃，水温以 32～34℃为最适宜。水温低于 22℃和高于 37℃都对分蘖不利。据测定，如有效分蘖期内平均气温在 22℃以上，最高为 27℃左右时，即可满足分蘖早发的要求。光照弱则同化物质少，使分蘖发生迟缓。如阴天多雨，过于密植，通风透光不良，都会使分蘖受阻。浅水多肥能促进分蘖发生。常灌深水能使稻苗基部光照减弱，温度降低，养分分解缓慢，因而不利于分蘖。水分不足和缺肥，也会抑制分蘖的发生。

5. 拔节孕穗期

分蘖后期稻株基部逐渐由扁平状变为圆筒状，节间随之伸长，称为圆秆、拔节。同时茎顶端生长点细胞分裂，进行穗的分化发育，逐渐孕育成稻穗，使上部叶鞘膨大，呈怀胎状，称为孕穗。穗的分化发育可分为若干时期，有几种划分方法，较简便的是划分为 4 个时期：枝梗分化期、颖花分化期、减数分裂期和花粉粒充实完成期。拔节孕穗标志着植株由营养生长进入生殖生长。此时期生育旺盛，对水分、养分的吸收和光合作用的进行都进入最高峰，是决定茎秆壮弱、穗子大小和每穗粒数多少的关键时期。拔节孕穗期对不良环境条件极为敏感，特别是孕穗期如遇干旱，会造成颖花大量退化，产生大批不孕花，引起严重减产。如果土壤长期淹水不排，通气性差，根系活动受阻，就会形成黑根，对孕穗不利。稻穗分化发育的最适温度为 30℃左右。一些研究者认为，昼温35℃左右，夜温 25℃左右的温差，最有利于形成大穗。稻穗分化的最低温度 20℃。如低于 20℃对穗的发育不利。在孕穗过程中如群体郁闭过度，光照削弱，也对稻穗发育甚为不利。所以在此时期必须加强田间管理，为稻秆和稻穗生长发育创造良好的环境条件，以保证秆壮穗大魁多。

6. 抽穗开花期

水稻的幼穗分化发育完成后，从剑叶（最上一片叶）的叶鞘中抽出，称为抽穗。水稻在高温下抽穗快，低温下抽穗慢。全田自始穗到全穗，早稻需 5d 左右，晚稻约需 7～10d。水稻抽穗后可随即开花。开花最盛时期早、中稻是抽穗后 2～3d，晚稻是抽穗后 4～5d。通常一个穗子从始花到终花约需 7d 左右。每天开花的时间因气温及其他条件而不同。在正常气候条件下，上午 9：00—10：00 开花，11：00 到中午前后达最盛，午后开花渐减，下午 14：00—15：00 停止。在晴暖有微风的情况下，对开花最有利。阴雨或有大风的天气虽然也可开花，但往往影响正常授粉，容易形成空壳。开花对气温的要求是 20℃以上，日平均温度在 20℃以下时花粉就不能开裂，会发生不结实的现象。最适宜的水稻开花温度为 25～30℃，温度过高会破坏颖花。最适宜水稻开花的相对湿度为 70%～80%，湿度过低会妨碍花药开裂和花丝的伸长，影响授粉，产生空壳，湿度过高也会有害。

7. 结实成熟期

水稻开花授粉后进入结实成熟期。结实成熟期又可分为 4 个时期。首先是子房逐渐膨大，籽粒内部开始积累养分，逐渐充满乳白色浆液，是为乳熟期，或称灌浆期。此时仍要求有充足的水分供应，如遇干旱，会抑制养分向籽粒运储，造成秕粒。以后白色浆液由淡变浓，形成蜡质状，进入蜡熟期。此时期谷粒中的含水量由乳熟期的 86% 左右降到45%～50%，叶色逐渐退淡。以后谷壳逐渐变黄，进入黄熟期，谷粒含水量降至 20%～25%，此时对水肥的要求大减。往后籽粒变坚硬，植株全呈黄色，是为完熟期。一般水稻在黄熟后期进行收割，过晚易造成产量和米质的降低。

水稻从播种到收割的全生育期日数约 90～180d，随栽培地区和水稻类型及品种等不同而有很大差异。以湖北省为例，一般前季稻（双季早稻）大致为 95～120d，后季稻（双季晚稻）为 95～150d，中稻为 125～150d，一季晚稻为 150～170d（表7.1.1）。

表 7.1.1   **不同水稻类型品种的全生育期（湖北地区）**

品种类型		播种季节	成熟季节	全生育期/d
早稻	早熟品种	4 月上旬	7 月 15 日以前	95～105
	中熟品种	3 月底至 4 月上旬	7 月 20 日左右	110～115
	迟熟品种	3 月底至 4 月上旬	7 月 25 左右	120 左右
连作晚稻	早熟品种	6 月底至 7 月初	10 月中旬初	95～110
	中熟品种	6 月中、下旬	10 月中、下旬	120～130
	迟熟品种	6 月上旬	11 月上旬	140～150
中稻	早熟品种	4 月份	8 月上旬	125～130
	中熟品种	4 月份	8 月中旬	135 左右
	迟熟品种	4 月份	8 月底至 9 月初	140～150
一季晚稻		5 月份	10 月上、中旬	150～170

在水稻的一生中（全生育期内）除移栽前的秧田期外，移栽后在本田又可分为前、中、后三期。前期是从移栽到开始拔节，是水稻根系、叶片和分蘖等营养器官生长的重要阶段，是决定穗数多少的关键时期；中期是从开始拔节到抽穗，是由以营养生长为主转向以生殖生长为主的重要阶段，是决定每穗粒数多少的关键时期；后期是从抽穗到成熟收割，主要是进行抽穗开花和灌浆成熟的生殖生长，是决定空秕率高低和粒重大小的关键时期（图 7.1.4）。

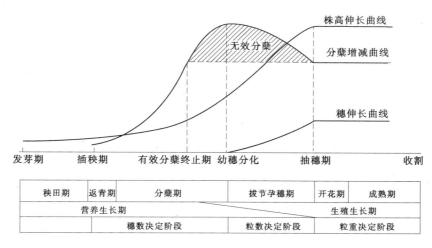

图 7.1.4 水稻生殖关键期

水稻一生虽可分为上述生育期，但各期之间是紧密联系互相制约的。要使水稻生长发育良好，既须根据各生育期的特征特性，又要考虑各时期之间相互影响和制约的关系，瞻前顾后，采用合理的耕作栽培和以水肥为中心的促控结合的管理措施，力争秧田期秧苗健壮；前期早发足苗；中期壮秆大穗；后期籽饱粒重，才能获得高额的产量。

7.1.2 水稻的合理用水

1. 水稻的需水特性

水稻属湿生类型作物，原产热带亚热带的潮湿季风地区，在长期的系统发育过程中，

133

形成了不同于旱作物的一些特性。众所周知，旱作物很怕地面积水，而水稻却可以长期生活在有水层的稻田中，这是由于水稻在生理上具有一些特殊结构所致。

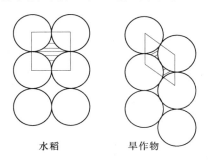

水稻　　　　　旱作物

图 7.1.5　稻根与旱作物根细胞的排列和细胞间隙情况（斜线部分示细胞间隙）

（1）水稻植株体内各细胞间有较大的间隙相连，光合作用产生的氧气，可以通过细胞间隙输送到根系供呼吸之用，故水稻能在有水层的条件下生活。稻根的皮层细胞呈柱状排列，其细胞间隙比旱作物倾斜排列的细胞间隙要大 2 倍以上（图 7.1.5），因而有利于氧气向根输送。

（2）稻根的外皮层与旱作物不同，有着高度木质化的结构，以阻止土壤中还原性物质侵入根内细胞。

（3）水稻植株细胞内原生质较少，液泡小，因而所含水分较少（据分析，稻叶的含水量比小麦、马铃薯等作物要少 1/3～1/2），如果土壤水分不足，较易妨碍生理活动的进行。

（4）水稻叶细胞的吸水力弱，同时在淹水条件下，其根系几乎不长根毛。因此必须水分充足，才能保证根系吸水，满足生育的需要。

此外，利用水层栽培水稻，还有保持珠间较高湿度，降低蒸腾作用，调节土壤温度，缓和昼夜温差，防止寒冻和过热，以及使土壤有较多的营养物质处于有效状态，并源源供应水稻根系吸收等作用。

由于水稻具有上述喜水耐水特性，水层对水稻还有一定的生态作用，所以一般稻田常保持一定水层。但是，事物都有其矛盾方面。水稻长期淹水，也会对其的生长发育带来不利的影响。由于长期淹水，土壤空气缺乏，微生物活动困难，有机质分解缓慢，有毒物质增加，水稻根系生长不良，吸收能力减弱，茎秆细长软弱，容易倒伏。此外，水层还有妨碍通风透光，使株间湿度过大，造成容易发病的条件。长期保持水层的这些危害，在多肥密植和要求高产的条件下更为突出。随着水利条件的不断改善和科学种田水平的提高，各地对水稻需水特性的认识逐渐全面和深刻。为了克服长期淹水的不良影响，不少地区已先后改变过去长期淹水种稻的习惯，而改用水层、晒田和湿润相结合的措施。实践证明，进行晒田有很多好处。

（1）改善土壤环境：晒田可使土壤温度升高，空气大量进入，加强好气微生物活动，促进有机质分解，使复水后有效养分增加，满足幼穗发育的需要。在长期水层下积累的还原性物质，如亚铁，硫化氢等，通过晒田可使之氧化而消除毒害，为根系生长创造良好条件。

（2）促进稻株健壮：由于土壤环境改善，水稻根系活动转旺，黑根减少，白根增多，老根下扎，吸肥能力增强，为壮秆大穗打下基础。根据武汉大学水利水电学院农水教研室与湖南韶山灌区科研所进行的早稻对比试验结果，晒田比不晒田的稻根：白根数增加35.6%，白根鲜重增加 72%；黄根数和根重均有所减少；根鲜重和茎叶鲜重之比增加17%。另据中国科学院植物生理研究所用 C14 测定结果，晒田能促进碳水化合物在茎和叶鞘内集中，使茎壁增厚，机械组织发达，组织坚实，抑制基部节间过分伸长，从而增强植株抗倒伏的能力。

（3）抑制无效分蘖：分蘖末期排水晒田，由于节水停肥，能抑制无放分蘖的发生，并促使幼小分蘖死亡。幼小的高位分蘖由于根系尚不健全，叶细胞浓度又低，极不耐脱水，因此，晒田后易脱水受旱而死。而且这些小蘖在死亡过程中，尚有部分养分回流转入主茎，被主茎和大分蘖所利用，从而有利于巩固有效分蘖，提高成穗率，建立良好的大田群体结构。

湿润是使稻田处于水分大致饱和但不见水层的状态。湿润的作用可能介乎薄水层和晒田之间。在一定时期保持稻田湿润，既能保证水稻需水，又能在一定程度上克服水多的不利影响。

正如稻区的群众所说："水稻爱水又怕水""水是稻的'命'，又是稻'病'。"因此，水稻的合理用水，必须改变过去长期水层淹灌的旧习惯，根据不同生育期的需水规律，因地制宜地采用水层、湿润、晒田三结合的灌水方式，以满足水稻的生理需水和生态需水。这不但可以显著地提高水稻的产量，而且可以降低灌溉定额，提高灌溉水的生产效率（表7.1.2、表7.1.3），是一项成本低、收效大、容易做到的增产措施。

表 7.1.2　　　　　　　　　不同灌水方式对早稻产量结构的影响

处　　理	有效穗/（万穗/亩）	每穗实粒数/粒	每穗空秕粒数/粒	空秕率/％	千粒重/g	产量/（kg/亩）
浅、晒、湿三结合	41	41	11.6	22.7	25	379
长期水层（对照）	35.6	38	12.3	25.2	23.9	323
三结合比对照差值	+05	+03	−0.7	−2.5	+1.1	+56
三结合比对照增减	+15	+08	−5.7	−1.0	+4.6	+8.7

注　资料来源：韶山灌区管理局。

表 7.1.3　　　　　　　　　不同灌水方式对一季稻的增产省水效果

灌水方式	稻谷产量/（kg/亩）	灌溉定额/（m³/亩）	水分生产率
浅湿结合（包括晒田）	615.0	557.4	1.11
浅灌	572.5	616.5	0.94
深灌	488.5	788.3	0.62

注　1. 资料来源：辽宁省水利水电科学研究院。
　　2. 水分生产率＝稻谷产量/灌溉定额，kg/m³。

稻田耗水量由植株蒸腾量、棵间蒸发量和稻田渗漏量3部分组成。稻田耗水量的大小因地区、栽培季节、品种和栽培措施等的不同而异。从表7.1.4可以看出，我国水稻田不论是蒸腾量、蒸发量、腾发量、渗漏量和总耗水量，都是北方多于南方，晚季多于早季。

表 7.1.4   我国不同地区稻田耗水量

地区	稻别	时　间	蒸腾量/mm	蒸发量/mm	腾发量 mm	腾发量 %	渗漏量 mm	渗漏量 %	总计/mm
长江以南	双季早稻	平均每日	2.33	1.77	4.1	67~82.6	1.18	17.4~33	5.38
		全生育期（90d）	160~260	110~210	270~470		30~100		300~570
	双季晚稻	平均每日	2.83	2.11	4.94	77~92	1.21	8~23	6.15
		全生育期（90d）	210~300	140~240	350~540		30~160		380~700
江淮之间	一季中稻	平均每日	3.65	2.35	6	71~93	1.6	7~29	7.6
		全生育期（90~110d）	330~400	180~290	510~690		40~280		550~970
淮河以北	一季晚稻	平均每日	3.22	2.52	5.74	37~57	7.82	43~63	13.56
		全生育期（100~130d）	240~500	240~340	480~840		360~1440		840~2280

　　腾发量的大小，主要与气候条件、栽培措施等有密切关系。在一定条件下，腾发量与大气饱和湿度成一定的比例，同时也受日射量和温度的影响。在多肥、密植、高产条件下，由于稻株生长发育良好，干物质积累多，腾发量比少肥、稀植、低产的要多。但从生产单位重量的稻谷所需水量来说，高产比低产的还要少些。据四川省某灌区资料：亩产 225kg 的水稻的单位产量的腾发量为 1.7mm/kg，而亩产 425kg 水稻的平均单位产量的腾发量为 0.76mm/kg。广东、湖南、江苏等地的试验，也得到类似结果。这就说明，采用以合理灌排为主的综合措施，既可提高单位面积产量，又可收到经济用水的效果。

　　稻田渗漏量的大小与地形、土壤质地、稻田新老、地下水位高低、整地技术及温水方法等有关。稻田渗漏量过去一般认为以 2mm/d 左右为宜，有的认为 5mm/d 左右为好。一些地方调查总结出高产稻田需要有较高的渗漏量的经验。例如，江苏省水文总站总结不同地区共计 26 个灌溉试验站的资料，肥沃水稻田的日渗漏量平均为 9~15mm；浙江省全年亩产双千斤的高产稻田日渗漏量为 10~15mm；珠江三角洲的高产稻田日渗漏量多为 15~20mm。

　　稻田所消耗的水量，除一部分可利用天然降雨补给外，其余需靠人工灌溉来补给。据南方各地试验资料，水稻在本田生育期内所需灌溉的水量一般为 300~400mm（200~280m³/亩），真中双季晚稻略多于双季早稻，一季稻又略多于双季晚稻。此外，稻田整地时需要一定的泡田水量，一般为 60~120mm（40~80m³/亩），其中渗漏大的塝田和砂性重的田，要大于渗漏小的冲田、畈田和黏性土田。北方稻田的灌水量和泡田水量，一般都比南方稻田大。

　　2. 水稻秧田的灌溉排水

　　水稻育秧移栽可以充分利用季节和地力，提高复种指数，解决前后作间的矛盾，并具有便于集中管理和防治自然灾害等优点。"秧好一半谷"，说明培育壮秧是夺取高产的重要基础。育秧的方式很多：根据秧田水分状况的不同，可分为水育秧、旱育秧、湿润育秧（前湿后水）、水旱育秧（前湿后旱）等几种；根据保温设备等的不同，有薄膜育秧、温床育秧、温室育秧、无土温室育秧、蒸汽育秧和增温剂育秧等多种；根据秧苗移栽方法的不同，有走棋（带土移栽）和两段育秧（先带土寄秧，后洗泥移栽）等。

水育秧是过去采用的主要方式。其特点是从播种开始，秧田一直维持一定的水层。通过水层的深浅变化来调节温度，可使秧苗生长整齐迅速，移栽时拔秧容易，用工少；缺点是秧苗扎根浅，前期容易出现烂种烂芽和杂秧，不利于培育壮秧。故除盐碱土地区为了防治盐碱为害应采用水育秧外，一般不宜采用水育秧。

旱育秧的特点是从播种开始，秧田不保持水层，而用浇水或灌跑马水（有条件的可喷灌）的方法，满足秧苗所需水分。其优点是秧苗比较粗壮，扎根深，可以利用各种场地进行育秧，有利于节省秧田。缺点是秧龄不能长，苗高 6～10cm 后，容易发生卷叶枯黄而死苗，不利于培育老壮秧，移栽时起苗也比较困难。

湿润育秧是为了克服水育秧和旱育秧的缺点而创造出来的一种比较先进的育秧方式。其特点是初期保持秧畦湿润无水层，促进秧苗扎根深，立秧快，成苗率高。当秧苗出现二三片真叶时，逐渐由灌跑马水到保持浅水层，以利培育老壮秧。温润育秧为当前露地育秧中较好的方式。南方双季早稻和北方一季稻育秧时气温低，采用湿润育秧能较好地防止烂秧，培育壮秧。南方单季稻和连作晚稻也可采用温润育秧方式。

下面着重介绍湿润育秧的灌排技术，并简单介绍另几种育秧的管水要点。

（1）湿润育秧。湿润育秧的秧田，应选择在地势平坦，避风向阳，排灌方便，土壤肥力较高的田块，通过精细耕作再开沟作厢。一般厢宽 1.3～1.7m，沟宽 0.23～0.27m，沟深 0.1～0.13m，为合理灌排创造条件。秧田的灌溉排水，必须根据秧苗不同阶段的特点，抓住主要矛盾，满足壮秧对生活条件的要求。

1）播种后到现青前：这时种芽抗寒力强，有胚乳供给养分，主要是怕缺氧。如供氧不足，则出苗扎根现青慢，甚至造成烂秧。所以这时应坚持湿润扎根，严防厢面渍水，保证供氧充足。具体要求是：有覆盖物的秧田，要做到"晴天平沟水，阴天半沟水，雨天排干水，烈日跑马水"；无覆盖物的秧田也同上面一样，只是在出现霜冻和大风雨情况下，为了防止翻根、焦头，可暂时灌水护秧，灌水深度要做到"大风不起浪，雨打不翻根"，雨停天晴，要及时排水暖脚；南方连作晚稻和迟播的单季晚稻，当天气晴朗秧沟灌满水仍不能保持厢面湿润时，要灌好跑马水，严防厢面晒裂。

2）秧苗扎根现青后到长成三叶：由于秧苗体内通气组织逐渐形成，对缺氧环境的适应力逐渐增强，而对低温冻害的抵抗力减弱。同时秧苗根系入土尚浅，幼苗不壮，最易发生烂秧。此时期应逐渐灌水上秧桩，要做到暖天浅灌，勤换新鲜水，冷天灌水淹身不淹心叶，遇霜夜（最好后半夜）淹顶，次晨排浅，以保温抗寒防烂秧。连作晚稻和迟播单季晚稻秧，此时仍继续保持温润灌溉。

3）三叶以后：由于胚乳养分耗尽，应合理供应水肥，保证有良好的营养条件，早稻秧还需注意灌水保温和防霜害。为了调节秧苗生育环境，从而促进或控制秧苗的生长，应根据气候变化和秧苗生长状况进行合理灌排，以提高秧苗素质。一般可采用薄水养苗，深水护秧的原则。即在正常天气下坚持勤灌浅灌，既要满足秧苗生理需水，又要控苗稳长。如遇低温寒潮或霜冻天气，还应及时灌深水护秧，防止死苗。大气转晴 1～2d 后，排水炼苗、切忌刚晴猛排，以防秧苗生理失水，造成卷叶死苗。此后到移栽前一般可随秧苗高度的增加而逐渐加深水层，以利拔秧和移栽。

（2）前湿后旱法育秧。连作晚稻育秧期间气温高，雷阵雨多，且秧龄一般较长，为了防止暴雨冲乱种谷和前期高温烫死种芽，并在后来控制秧苗徒长，一般应采用前温后旱法育秧。即秧苗出现三四片叶以前，秧田保持湿润状态，晴天采用沟灌或套灌方法，以免厢面干裂，妨碍出苗。三四叶以后，排水晒田，控制秧苗徒长。晒田期间，如果秧苗出现凋萎卷叶，则灌跑马水，增大土壤湿度，以防干旱死苗。移栽时灌水拔秧，也可以排水旱拔。

（3）薄膜育秧。塑料薄膜育秧能增温、保温和保湿，有防止烂秧，培育壮秧，适当提早播种，扩大水稻种植范围和早熟避灾等优点。但是温湿度过高时，也不利秧苗生长，必须加强管理，及时调节温度和湿度。

薄膜育秧一般分为密封期、通风炼苗期和揭膜期 3 个阶段。密封期是从播种到第一叶期，以密封为主，创造适宜的温、湿环境，促使早齐苗，早扎根。要求厢沟有水，厢面湿润，膜内温度一般以保持 30～35℃为宜。如超过 40℃，要短时间两头揭膜通风。通风前注意先灌水。当温度降到 25℃时就要关膜。

通风炼苗期是二叶到三叶期，膜内温度一般保持在 20～30℃。晴天上午 9：00—10：00，当膜内温度超过 25℃以上，大气温度在 15℃以上，就可通风炼苗，下午 16：00 左右封闭。通风时应掌握揭膜面积先小后大，时间先短后长，先白天通风，后日夜通风的原则，使秧苗逐渐适应大气环境。在此期间，厢面应保持浅水，以缓和温差。

揭膜期是在三叶期后。一般大气温度稳定在 15℃左右就可揭膜。揭膜最好选在阴天或多云天进行。应特别注意先灌水后揭膜，切忌在大晴天中午揭膜。揭膜后秧田水层提高到 5cm 左右。如遇 10℃以下低温，要灌深水护秧。

（4）茁秧。茁秧又叫小苗育秧。其特点是密播短秧龄，带土铲秧移栽。过去小苗育秧多在场地、空坪进行，实践证明，仍以选择避风向阳排灌方便的稻田为好。水分管理与湿润秧田基本相同，要坚持湿润扎根，浅水长身。寒潮过后和霜后晴天，一定要灌水护苗，防止生理失水而发生卷叶死苗。移栽前 1～2d 排水干田，以利铲秧移栽。

（5）两段育秧。近年来为了发展稻田三熟制，解决季节矛盾，夺取迟茬水稻高产，一些先进地区创造和推广茁秧、寄秧配套的两段育秧法，即先茁秧，再寄秧，然后移栽到本田。这种方法在前季稻和后季稻都可采用。第一段育毫秧的灌排技术与前述的近似，但在齐苗后要排水旱育（保持土壤湿润），控制秧苗徒长。寄秧田要薄水浅插。前季稻寸水活棵防僵苗，后季稻要深水活棵，防止卷时焦梢。活棵后保持浅水或活水灌溉，不能断水，以防根系下扎过深而不利于扯秧。

3. 水稻本田的灌溉排水

（1）水稻本田各生育期的合理灌溉排水经验。水稻本田主要应根据各个生育期的需水特性和需水规律进行合理灌排。虽然各种类型水稻（早稻、连作晚稻、中稻、一季晚稻）的各生育期和全生育期长短有所不同，所处气候条件也不一样，但其需水特性和需水规律基本相同，所以对灌排水的要求也就大同小异。各地在水稻高产实践中，总结了很多稻田各生育期合理灌排的宝贵经验。例如湖北省浠水县十月大队的主要灌排水经验是：返青养苗水，分蘖润泥水，苗够放干水，打苞扬花淹蔸水，穗子勾头过田水。现主要就长江中下游一带连作早、晚稻的先进灌排经验综合介绍如下。

1）薄水栽秧：栽秧要求栽得浅、直、匀、齐、稳，特别不能深栽，因深栽往往导致秧苗迟发。为了保证栽秧质量，提高秧苗成活率和栽秧效率，在精细耕作，田面平整的基础上，栽秧时水层应薄，小苗秧以2～3分水层为宜，秧大和气温高时应适当加深一些。

2）适水返青：秧苗移栽过程中根系受到损伤，栽后吸水力弱，容易失去水分平衡，发生凋萎死苗。此时保持适当水层，不但能给秧苗创造一个湿、温比较稳定的环境，而且还能减少蒸腾，有利于早发新根，加速返青。返青期的具体水深，应视水稻类型和当时气候情况而定。早栽早稻的返青期，气温低，而且常有寒潮侵袭，故一般白天灌浅水，晚上灌深水，可以提高水温和保持泥温，有利于秧苗返青。若遇寒潮低温，白天也应加深水层。三熟制早稻、一季中稻和晚稻的返青期，气温较高，日照强，植株蒸腾大，应维持3.3cm左右的水层。连作晚稻栽秧时气温更高，为了防止高温热水烫伤秧苗，可采用白天灌深水，夜间排水的办法，或用长流水灌溉。返青期需灌深水时，其具体深度也应根据秧苗大小而定，过深会妨碍光合作用和呼吸作用的进行，并引起稻叶过分伸长，植株生长柔弱。最深以不淹及秧苗最上全出叶的叶耳为度。

3）浅湿促蘖：高产稻田要求分蘖早生快发。一般认为，水稻返青后，稻田进行浅水勤灌或保持温润状态，既能满足水稻生理需水，又有利于加强光照，提高水土温度，增进土壤通气，促进土壤微生物活动和养料分解，以便根系吸收。同时在浅水特别是湿润条件下，昼夜温差加大，有利于稻苗积累营养物质，促使分蘖旺盛，分蘖节位低，提高分蘖的数量和质量。但据有关单位试验结果，水稻开始分蘖与主茎叶片生长好坏有直接关系，而主茎叶片的生长又与叶片本身含水量有密切关系。在浅水层灌溉的条件下，叶片含水量达78.3%，有利于分蘖的发生；而在湿润条件下叶片含水量只有72.6%。这种含水量的减少，主要是由于细胞内自由水的减少。自由水是细胞内进行生理活动和酶促生化反应的介质，自由水的下降必然导致叶片生长量的下降，这对分蘖的发生是十分不利的。

生产实践证明，为了促进分蘖，对肥力和生产水平一般的稻田，宜保持浅水层，灌水深3.3cm左右，自然落干后再灌。而对肥力较好，生产水平较高的稻田，宜以湿润为主。例如，湖北浠水十月大队的经验是"一天一次水，上午瓜皮水，下午花搭水，晚上不见水"。江浙一带的先进经验也认为此时要适当轻搁田。

4）晒田健苗：分蘖末期为了抑制无效分蘖，促进稻株健壮，应及时进行晒田，并掌握好晒田程度。

晒田开始的时间，群众有很多经验。其中主要的一是看苗数（包括主茎和三叶以上的分蘖），叫够苗晒田；二是看栽秧后经历的天数，叫够时晒田。例如湖北省浠水县十月大队亩产千斤的早稻，当苗数达到40万～45万时就开始晒田。他们还认为，如果栽秧后已有25～28d，即使苗数没达到上述计划指标，也要开始晒田。由于栽培条件和品种特性不同，各地和同一地方不同品种够苗和够时的指标不可能一致，应视实际情况并通过生产实践或科学实验才能定出合理的指标。一般来说，晒田应在分蘖高峰出现后到开始孕穗前进行，要做到"搁稻不搁穗"。浙江省的一些先进单位，近年来，由过去的足苗后搁田改为搁田促足苗，由搁田控制分蘖改为前促后控，从而更好地发挥了水的促控作用。

晒田的程度可分轻晒和重晒。一般轻晒的标准是晒到田土紧皮，手压不沾泥，约需晒4d左右。重晒的标准是晒到田中开丝坼，田面不发白，白根长出（缝隙现出很多白根），叶片挺直，叶色褪淡，茎秆坚硬，约需晒一星期左右。

具体每块田晒到什么程度，晒多长时间，应根据地形、土质、水源、禾苗长势长相及天气情况等而定。一般低垄田、烂泥田、黏土田、肥田和禾苗生长旺盛的田要多晒重晒；而塝田，砂性田、瘦田、水源困难的田和秧苗长势差的田可轻晒或不晒。一般连作晚稻比早稻的晒田程度应轻一些，晒田时间可短一些。另外，在天气晴朗的日子，一般晒 5～6d 就可以达到重晒标准。如遇阴雨，则应及早排水落干，并延长晒田时间。

为了保证晒田质量，要求田块平整，排灌沟渠完善，消灭串灌串排。栽秧时要留好丰产沟的位置（田周设围沟，田中根据田块大小设丰字沟、十字沟或一字沟），结合各次中耕，逐渐挖出沟中泥土，晒田前再彻底疏通，保证排灌通畅。

5）足水养胎：水稻自穗分化到抽穗前是穗器官形成期，也是营养生长和生殖生长同时并进，生育旺盛，一生中生理需水最多的高峰期。其需水量约占全生育期需水量的40％左右。此时期对缺水也最敏感。如果稻田缺水或水分不足，水稻茎叶会向幼嫩器官吸水，使正在发育的幼穗先受其害，以致发育受阻；同时，水分不足还会削弱有机物质的合成与输送，降低幼穗发育所需养分的供应水平，以致引起颖花退化，造成穗子短，籽粒少，下部退化颖花多；此外，在幼穗分化发育期间，特别是减数分裂期，如遇到40℃以上的高土温（中稻）或15℃以下的低土温（后季稻），常会造成颖花大量退化。而高温时以水降温，低温时灌深水保温，可以明显减少颖花的不孕和退化。所以，此时期必须保证水稻有足够的水分供应。农民过去有"树怕剥皮，禾怕干苞"和"禾打苞，水齐腰"的老经验，也说明此时期最怕缺水。但在密植多肥和要求高产的条件下，灌水不宜太深，一般以灌至 3.3cm 左右，让其自然落干，再及时灌水为合适。如果连续保持深水层，就会使土壤还原作用增强，根系生长不良，并引起病害和倒伏。

6）活水抽穗：抽穗期如果稻田缺水或空气干燥，则花粉和雌蕊柱头容易枯萎，或者抽穗困难，形成所谓"锁口旱"，稻穗基部颖花不能抽出，包在鞘内不能正常开花授粉而形成空壳。长江中下游一带，在早稻抽穗期间，常有"火南风"，高温低湿，更应注意灌水防旱。这时期，一般宜采用活水浅水勤灌，保持较高的土壤和空气温度，以有利于抽穗开花和授粉，降低空壳率。

7）干湿壮籽：灌浆期合理用水，是养根保叶争粒重的重要措施。因为此时期要求维持根系有较强的活力，上面有三片青叶进行光合作用以制造有机养分，并顺利地将所制造的养分向籽粒运转，才能达到籽饱粒重。如果水分不足，会使叶片早衰，光合作用能力减弱，减少养分的制造和输运，使灌浆不足，秕谷增多，粒重减轻。此时期灌水，宜采用灌跑马水的方式，保持田面干干湿湿以湿为主的状态。在灌水一次后，断水 1～2d 或 3～4d 再灌，要防止白田。如果灌水过多，也会增加病害，并且延迟成熟。对透水性较好的轻质土，则可经常保持浅水，防止因缺水而引起早衰。

8）断水黄熟：水稻进入黄熟后，生理需水显著下降，可以减少水分供应，促进成熟。但不能断水过早。如断水过早，茎叶早衰，还会降低粒重和米质。一般黄熟初期可维持干干湿湿以干为主的状态，黄熟中期断水。具体断水时间，要掌握既有利于增产不早衰，又有利于后作物及时耕种的原则。一般前季稻可于收割前 5～7d 断水，单季稻和后季稻于收割前 10～15d 断水。

（2）杂交水稻的灌排原则。上面所述是普通水稻（常规稻种）稻田的合理灌排经验。

关于杂交水稻稻田的合理灌排，基本上与普通水稻近似。根据各地经验，一般认为，杂交水稻前期宜采用寸水返青，浅水或湿润分蘖。中期应特别注意掌握好晒田的时机和程度。一般每亩基本苗3万～4万株的杂交水稻，当茎蘖数达到20万～24万株（大致在早稻栽后25～30d，晚稻栽后20d左右），即开始晒田。晒田程度一般比普通水稻要轻，不宜重晒，但长势旺盛的也需重晒。后期宜保持干干湿湿，以湿为主的状态，特别要注意不能断水过早，以养根保叶，做到收割时还保持3片左右青叶，避免早衰。

（3）因地制宜地采用合理灌排方式。水稻的合理灌排水方式，应以生理需水为基础，结合生态需水来制定。如前所述，水稻生理需水有一定的适宜范围，而生态需水则因受各种条件，特别是土壤、气候条件的制约，以至差异较大，各地稻田情况和栽培技术不同，因而形成了稻田灌排方式的多样性。上面介绍的水层、湿润、晒田三结合的灌排方式，一般适用于土壤肥力较高，质地为壤土或较黏，地下水位适中，水源条件较好的稻田。至于其他稻田，应根据具体情况，分别采用恰当的灌排方式，做到从实际出发，因地制宜。下面介绍几种特殊类型稻田的灌排方式。

1）盐渍型水稻田：在盐碱地上种稻，平整耕翻后要进行泡田洗盐，使土壤含盐量降到可以种稻的临界浓度以下才能插秧。一般如氯化物为主的盐土，插稻前30cm土层内的氧化物含量要低于0.15%，全盐量要低于0.2%～0.3%。水稻生育期间，要求长期水层灌溉，不宜脱水。淹灌水层除了满足水稻生理需水外，还要利用水的下渗以压盐，使土壤盐分继续降低。各生育期的水层深度，一般可按浅、深、浅的方式进行，即前期浅水，中期水较深（控制无效分蘖和保证孕穗的需要），后期又浅水。同时要求适时换水，以便排出咸水。换来时间和次数，应依田水中含盐浓度和水稻不同生育期的耐盐性及水源条件等而定。水稻不同生育期的耐盐性不同，例如：在氧化物盐土上，返青期土壤含盐率一般不宜超过0.15%，分蘖期不宜超过0.3%，以后不超过0.4%～0.5%。在碱化土上，前期碳酸盐含量不宜超过0.1%，后期可稍高一些。

2）冷浸型水稻田：冷浸型水稻田的特点是稻田长期处于水分过饱和状态，水冷土温低，土体呈灰色或蓝绿色，土粒分散无结构，水、肥、气、热状况不良，甚至还有毒质为害，水稻生长发育受阻，表现为扎根难，返青慢，分蘖迟，成熟晚，产量低。对这种水稻田，除采取措施改良外，栽种水稻期内应采用以湿润为主，浅灌、勤灌和多次晒田的灌排方式，以利提高水温和土温。

3）缺水型水稻田：地下水位很低，灌溉水源无保证的水稻田，特别像分布于地形部位较高处的"望天田"和高塝田，为了节约灌溉用水，可采用在重点生育期浅水灌溉，其他生育期间歇灌溉的方式。为了尽可能充分利用自然降雨，也可全生育期采用浅灌深蓄方式，即缺水时灌水3.3cm左右，降大雨时中蓄，保留雨水6.7cm左右。

7.2 小麦的水分生理特性及合理用水

我国小麦有冬小麦和春小麦两大类型。冬小麦大致分布在长城以南，六盘山以东；春小麦大致分布于长城以北，六盘山以西。冬小麦的栽培面积约占小麦栽培面积的六分之五。在冬小麦区内又可以淮河秦岭为界：以北为北方冬麦区，面积约占全国麦田面积的

60％；其南为南方冬麦区，面积占全国麦田面积的 20％以上。下面着重介绍冬小麦的生育概况和合理用水。

7.2.1　小麦的生育概况及其与环境条件的关系

冬小麦于头年秋冬播种，第二年夏初前后收割，全生育期随地区条件及品种特性等不同而异，如华南只 120d 左右，华北可长达 260d 以上。春小麦春种秋收，全生育期约为 100～130d。在小麦整个一生中，按其形态特性的变化，可分为发芽出苗、分蘖、拔节、孕穗、抽穗、开花、成熟等生育期。

1. 发芽出苗

小麦种子发芽要求一定的水分、温度和空气条件。一般当小麦种子吸水达本身重量的 50％，在温度为 2℃ 的条件下即能萌发，发芽最适温度为 12～20℃。土壤水分过多时，氧气不足，不利于发芽。

当小麦芽鞘露出表土 2cm 并顶出第一片真叶时，就称为出苗。在土壤水分和温度适宜的条件下，从播种到出苗一般只要 5～8d。为使出苗迅速并达到苗齐、苗匀、苗壮，在栽培方面要做好整地保墒，施足基肥，精选种子，适时播种和防治病虫等工作。

2. 分蘖、越冬和返青

一般小麦出苗后 15～20d 左右，具有三片真叶时，就进入分蘖期。每出生一个分蘖，就会相应地发生 1～2 条次生根。小麦分蘖具有一定的规律性。分蘖的数量和强弱，受品种、温度、水肥等条件影响很大。一般冬性品种比春性品种分蘖力强，而春性品种的有效分蘖率较冬性晶种高。土壤干旱时分蘖不能形成，即使形成也常因水分不足而生长缓慢，甚至死亡。水分充足能促进分蘖。适当镇压可抑制主茎生长，提高分蘖率。

当冬季平均气温降到 3℃ 以下，小麦就进入越冬期。此时麦苗停止分蘖，生长缓慢，甚至停止生长。开春以后，气温上升到 3℃ 以上时，麦苗逐渐恢复生长，称为返青。返青期能萌发大量新叶，同时长出一些分蘖，但一般只有早春分蘖才有效。南方小麦一般没有明显的越冬期和返青期。为了给小麦高产打下良好基础，生产上要求在小麦分蘖期有充足的水肥供应，要搞好田间管理，促根促蘖促壮苗。一般壮苗的标准是具有五叶一心，3～4 个分蘖（包括主茎），5～7 条次生根，生长健壮，叶宽色绿。

3. 拔节孕穗

小麦返青以后，麦苗由匍匐状开始向上生长转为直立状，称为起身。起身后进入拔节孕穗。当小麦茎基部第一伸长节间露出地面 1.5～2cm，整个茎高达 5～7cm 时，称为拔节。小麦拔节标志着植株由营养生长为主转向以生殖生长为主，幼穗已开始分化。当第三节间显著伸长，幼穗分化结束，麦穗体积增大，称为孕穗。在拔节孕穗期间，小麦茎节的伸长与幼穗分化同时进行，是一生中生长发育最旺盛的时期，也是决定穗子大小和粒数多少的关键时期。

一般当春季气温高达 10℃ 以上，麦苗即开始拔节。拔节后的小麦生理活动显著加强，耐寒力减弱，需要大量的水分和养分。此时合理的灌水与追肥（特别是磷肥和钾肥），能促进幼穗分化，并使穗子增长，小穗粒数增多，有利于增产。我国淮河以北及长江流域一带麦区，这时常出现干旱与寒潮的不利天气，应特别注意做好灌水与防寒工作。

4. 抽穗开花

小麦穗子孕育完成后，茎上第四节间伸长，麦穗即由最上叶（旗叶）的叶鞘中伸出，称为抽穗。抽穗的早晚，因品种和其他条件不同而异。一般春性品种早于冬性品种，播种早的抽穗期相应提前，氮肥施用过多过晚可延迟抽穗，施用磷肥可促使抽穗期提前。如果土壤水分不足，天气干旱，也会延迟抽穗，降低结实率。

小麦抽穗后 2～5d 开花，也有抽穗当天就开花的。小麦开花最好有晴朗的天气，温度以 15～25℃ 为宜。若低于 9～11℃ 或高于 40℃，都会使花药受损不孕而不能结实。空气湿度和土壤水分不足，会影响开花，造成缺粒。湿度过大时，花药遇水破裂，也会造成不孕。

5. 成熟

小麦开花授粉后，即开始形成麦粒，进入结实成熟期。小麦成熟期可分乳熟、黄熟和完熟 3 个时期。在麦粒形成和灌浆过程中，最适温度为 20～22℃，若气温在 23～25℃ 以上，则会加速这个过程，使干物质积累提早结束，因而产量降低。若低于 15～17℃，则会延迟此过程，这样产量可能有所增加，但生育期延长易遭受自然灾害的影响，也不利于后茬作物的及时种植。

土壤水分对麦粒形成和灌浆影响很大。初期水分不足，会抑制籽粒发育，甚至形成缺粒；在灌浆过程中缺少水分，会抑制营养物质向籽粒转运，造成秕籽，降低千粒重。

近年来我国的小麦生产，不论北方和南方，也不论冬麦和春麦，都涌现了大批高产典型。在开展高产科学试验，探索小麦高产规律，实现高产更高产方面，各地都有不少新的成果，并在不断发展。实践证明，要把小麦种好，保证大面积高产稳产，必须搞好农田基本建设，改善灌排条件，选用优良品种，适当深耕，精细整地，适时播种，并认真抓好以水、肥为中心的促控管理措施。

根据小麦生长发育规律，运用促控管理措施，使麦株保持有节奏地稳健生长，达到合理的群体指标，是夺取高产的重要环节。各地冬小麦合理促控管理的主要经验，除少数"一促到底"的以外，大多是"冬前促，返青控，拔节孕穗争粒重"。冬前主攻方向是壮苗，一般田和丰产田应亩施氮素化肥 5～10kg，高产田群体适度和过量的不要追肥，而要划锄、镇压，促进麦苗健壮，形成较强大的根群和适当的分蘖；越冬后至拔节前高产田麦苗健壮、群体适度的返青期不施肥不浇水，只划锄保埔增温，抑制小蘖发生；拔节至抽穗期的主攻方向是调整群体结构，保证适当的成穗数和较多的可孕小穗小花数，必须保证所需大量水肥的供应，每亩应施氮素化肥 15～20kg，抽穗以后的主攻方向是力争粒饱粒重，关键是维持适宜的水分，以保持较大的功能叶面积系数和较强的光合能力，促进光合产物向籽粒运转，防止贪青或早衰青枯。对脱肥的麦田，在抽穗到乳熟期，可喷施 1%～2% 的尿素或硫铵溶液。高产田喷 3% 左右的过磷酸钙溶液和 0.1%～0.2% 的磷酸二氢钾。此外，喷施植物生长调节剂（如石油助长剂）或草木灰水等，也都有一定的增产效果。

7.2.2　小麦的合理用水

1. 小麦的需水特性

冬小麦一生中的日耗水量和阶段耗水量变化很大。耗水最多的阶段是拔节至抽穗和抽穗至成熟期。这两个阶段的耗水量约占总耗水量的 70% 左右，日耗水量可达 3～4m^3/亩。

其次是冬前分蘖期，阶段耗水量占总耗水量的 10％以上，日耗水量可达 1m³/亩左右。越冬、返青期的阶段耗水量和日耗水量都较小。以武汉大学和中国农业科学院农田灌溉研究所于 1997—1998 年在河南省新乡县古固寨的监测资料为例，冬小麦一生耗水情况见表 7.2.1。另据测定麦田耗水速度，也以拔节期和灌浆期最大，每日土壤水分降低 0.45％～0.60％；其次是冬前分蘖期，每日土壤水分降低 0.233％；越冬与返青期耗水速度最小，每日土壤水分仅降低 0.10％左右。因此，冬小麦一生形成两个需水高峰期，即冬前分蘖期和年后的拔节抽穗灌浆期。这两个耗水高峰期也是冬小麦需水的关键时期。在此时期内必须特别注意随时查看墒情及麦苗生长情况，及时灌水，以满足其需要。

表 7.2.1　　　　　　　　　　　　　　　　冬 小 麦 耗 水 情 况

日期/ （年.月.日）	生育阶段	天数 /d	阶段耗水量 /（m³/亩）	日耗水量 /（m³/亩）	阶段耗水模系数 /％
1997.10.10—1997.11.10	播种-分蘖	31	16.8	0.542	4.8
1997.11.10—1997.12.30	分蘖-越冬	50	43	0.86	12.1
1997.12.30—1998.2.18	越冬-返青	50	20.8	0.416	5.9
1998.2.18—1998.3.20	返青-拔节	30	20.8	0.693	5.9
1998.3.20—1998.4.25	拔节-抽穗	35	106.4	3.02	29.9
1998.4.25—1998.6.3	抽穗-成熟	39	143.6	3.682	40.4
1997.10.10—1998.6.3	全生育期	235	351.4	1.497	100

注　品种：郑引一号；产量：515kg/亩。

麦田水分的消耗主要是植株蒸腾和土壤蒸发。小麦一生中的植株蒸腾量约占腾发量的 60％～70％，土壤蒸发约占 30％～40％。冬前麦苗小，麦地裸露大，以土壤蒸发为主。返青以后，叶面积系数逐渐增加，植株蒸腾逐渐成为麦田耗水的主要方面。

小麦在低产或中产水平情况下，需水量有随产量增加而按一定比例增加的趋势。近年来，各地小麦高产实践证明，亩产千斤左右的麦田全生育期需水量与过去亩产三五百斤的需水量差不多，都在 350m³/亩左右；耗水系数指植物耗水量与生物产量或者经济产量之比值，表示为单位面积土地上植物形成单位生物产量（干物质）或者经济产量所消耗的水量，单位为：mm/（kg·hm²），过去为 1500～2000，而高产条件下只在 640～683。这是由于通过平整土地，增施有机肥，深耕改土，良种结合良法栽培，改善水利设施，提高灌水技术以及灌后及时中耕松土等，土壤保水能力增强，农田小气候改善，棵间土壤蒸发减少，蒸腾效率提高了。

冬小麦生长发育所需的适宜土壤含水量，过去的经验认为，以占田间持水量的 70％左右（100cm 土层内）为宜。近年来一些高产单位的实践证明，总的说应稍大于 70％，而且不同生育期应有所差别。一般发芽出苗期和分蘖期宜稍大于 70％，越冬期为 70％左右，返青到拔节期为 60％～70％，拔节以后应保持在 70％～80％。要求适宜温度的土层深度，一般采用 60cm。据调查研究小麦植株能利用 1m 土层内的水分，其中 0～20cm 土层内的水分变化幅度最大，与小麦生长发育的关系最为密切，占耗水量的 50％～60％；20～50cm 土层内次之，占耗水量的 20％左右；50cm 以下的水分分布比较均匀稳定，其耗水量占 20％左右。由于 0～20cm 土壤中的水分含量对小麦生育期间水分供应的关系最大，故也可以 0～20cm 内的土壤水分状况，作为是否需要灌溉的主要依据。

2. 麦田的灌溉

我国幅员辽阔，各地自然条件、耕作制度和栽培技术等不同，因而麦田对灌溉的要求不一。北方干旱、半干旱地区，麦季的降雨量一般远远不能满足小麦正常生育和高产的需要，必须进行多次灌溉。以北京地区为例，高产麦田绝大多数年份要灌冻水（冬水），大多数的年份在春季要灌 3～4 次水。在南方的长江中、下游地区，多数年份在秋播时遇旱，要及时采取抗旱措施。长江上游大部分地区和华南大多数地区常出现冬春干旱，应根据墒情及时灌溉，一般要灌拔节水和孕穗水，旱情严重时，要适当增加灌水次数。现将麦田各次灌水的经验简介如下。

（1）播前水（底墒水）。小麦足墒下种，是保证全苗夺取高产的关键之一。播前水的作用，主要是提供麦粒发芽出苗所需的适当水分，同时有利于提高耕作播种质量，改善苗期的营养条件，促进苗全苗匀苗壮。根据有关试验资料，当 0～10cm 土层内的土壤含水量占田间持水量的 75％～85％时，小麦种子出苗最好，土壤含水量过高或过低，都不利于发芽出苗。据中国农科院农田灌溉研究所调查，足墒与欠墒下种的地块，小麦每亩产量之差可达 50～100kg。一般认为，在土壤表层含水量低于田间持水量 70％时，应灌好播前水。播前水应结合深耕整地进行。早茬地可在前作收后整地做畦，播前灌水造墒，及时在畦内耢松耙细，然后播种。晚茬地可在前作收割前灌水，争取时间早播。灌水的适宜时间，还应根据土壤性质、整地方法和播种时间来确定。黏重土壤若先灌水，往往因灌后土壤含水量过大，推迟整地时间，造成跑墒，播种时表土仍然缺墒，坷垃多，不利于苗齐苗壮，所以要先耕翻，后冲沟（每隔 1m 左右冲一条沟），然后沿沟灌水，再耙播种。其他一般土壤可先灌水，再耕翻整地播种。播前灌水定额一般为 50～80m³/亩，要求灌匀灌透。

（2）冬水（冻水）。适当灌冬水，可以促根促蘖促壮苗。因水的比热大，在冬季严寒的地方，当气温降低时，灌冬水可平抑地温，冬灌麦田比未冬灌的可高 1～2℃，还能缩小昼夜温差，有利于麦苗安全越冬，较少冻害。冬灌后的麦田经冻消作用，还能使坷垃变酥，结构改善，表土疏松，减少蒸发，为来年早春麦苗生长发育创造良好条件。因此，在北方寒冷地区，适当灌冬水有显著的增产作用。例如，山东省冶源灌区实验结果，在 1976 年干旱低温无雪的情况下，冬灌小麦比不冬灌的每亩增产超过 50kg（表 7.2.2）。

表 7.2.2　　　　　　　　　　冬小麦不同灌水处理下的产量对比

品种	处理	分蘖 /(万株/亩)	返青死亡率 /%	每亩穗数 /万穗	每穗粒数 /粒	千粒重 /g	亩产 /kg	增产 /(kg/亩)
1	冬灌	18.5	31	17.9	36.8	39.5	260.2	66.3
	不冬灌	10.7	57.3	14.1	38	36.2	194.0	
2	冬灌	31.4	13	36	33.8	37.2	326.9	69.8
	不冬灌	18.4	51	20.7	35.2	35.2	257.1	

注　冬灌灌水日期为 11 月 5 日，品种 1 和品种 2 分别为高三八号和太山四号。

必须指出，绝不是任何情况下冬灌都可以增产。有些地方盲目推行冬灌，结果适得其反。河南一些社队的经验认为，如果冬灌不当，反会使地温降低，不利于小麦分蘖，甚至造成严重死苗。因此，小麦冬灌必须因地制宜，掌握好冬灌技术，主要应考虑土壤墒情、苗情和气温。

根据一些地区的经验，如果麦田 0～20cm 土层的含水量低于田间持水量的 65%，就需要进行冬灌。如果秋冬多雨，土壤含水量高或者地势低洼，地下水位较高的麦田，则不要冬灌。从苗情来说，一般旺苗不要冬灌，过于瘦弱的苗应提前冬灌。冬灌的时间，过去的经验是以日消夜冻，即日平均气温在 3℃ 左右时进行为好。近年来，一些高产单位认为应适当提前浇灌，在土壤开始夜冻昼消前结束，这样可以避免浇后受寒潮侵袭而引起冻害，同时有利于冬前中耕除草，促进根系发育。冬灌水量不宜过大，应根据灌前土壤含水量和土壤质地等条件而定，一般为 30～60m³/亩，砂性土和盐碱土应适当加大。

（3）返青起身水。适当浇返青水，有促进返青，巩固冬前分蘖，争取部分早春分蘖的作用。但返青水究竟要不要浇，早浇还是晚浇，各地有不同的看法，必须根据具体情况而定。一般是没有冬灌的或虽冬灌过，但土壤仍然缺墒，分蘖不多（三类苗），群体不够大的麦田，都要浇返青水，而且要结合追肥早浇。反之，冬灌过的或虽未冬灌而由于冬春雨雪较多，土壤不缺墒，冬前长势过旺，群体过大的麦田，都不要浇返青水。

一般北方浇返青水的时间，应在土壤冻结层全部化透以后或在表土下 5cm 平均地温稳定在 5℃ 以上时开始浇为宜。浇水过早，会引起土温下降，推迟返青，有时还会引起冻害，尤其是晚茬弱苗和涝洼地麦田更应注意。浇水顺序一般是先浇土质松散、地势较高、墒情较差、苗情较好的麦田，后浇土质黏重、地势低平、墒情较好和苗情较弱的麦田，并注意浇水后适时锄地，松土保墒。

小麦从起身开始转入旺盛生长时期，同时也是转入营养生长和生殖生长并进的时期，植株的生长发育中心，转入以茎穗为主，光合产物主要供茎穗发育，是确定小穗多少的重要时期。北方冬麦起身期常遇天旱缺水，适当灌起身水，一般不增加分蘖数，但能促进大分蘖成穗，提高成穗率。对地力差或有脱肥趋势的麦田，缺水时应早浇起身水，结合施起身肥。对肥地和有旺长趋势的麦田，起身水应迟浇或不浇，避免导致中上部叶片过大，基部节间太长，过早封垄，而造成后期倒伏的局面。返青水和起身水的灌水定额应小，一般为 30～45m³/亩。

（4）拔节孕穗水。小麦拔节孕穗期的营养生长和生殖生长都很旺盛，消耗水分和养分都较多，对水肥及光照等条件十分敏感，是增穗增粒的关键时期。此时，在温度上升快、降雨稀少、蒸发强烈的麦区，应结合施拔节肥，浇好拔节水，以满足拔节后根、茎、叶、穗多种器官迅速生长的需要，这对争取穗大粒多创高产有很大的作用。灌拔节水的时间，主要应着眼于控制群体结构，防止后期倒伏，一般应在拔节中期进行，拔节初期保持水分略少的状态，使麦茎基部第一、二节长度适当缩短，秆壁增厚，以提高抗倒伏的能力。同时要注意苗情和群体结构。通常是壮苗宜晚浇，弱苗应早浇，或掌握"群体大、中、小，灌水晚、中、早"的原则。

河南省偃师县岳滩大队对合理浇灌拔节水有丰富的经验。他们根据拔节期的苗情，形象地分为 3 种类型：①分蘖少，根系弱，叶片黄绿上翘着的"马耳朵（弱苗）"；②分蘖不过多，单株四五个，叶片青绿下披着，能够获得高产的"驴耳朵"（壮苗）；③生长过旺分蘖多，叶片黑绿下垂着，往往会造成倒伏的"猪耳朵"（旺苗）。他们对弱苗以促为主，提早在拔节前几天浇水，结合增施氮肥；对壮苗适时浇好拔节水，酌情施氮肥；对旺苗原则上要控制水肥，进行蹲苗防倒，等第二节已基本拔出（约拔节后 7d 左右）时，若叶色减退，酌情浇水施肥。

拔节水浇的较早，孕穗期土壤水分不足时，应及时浇好孕穗水，保证孕穗期有足够的水分供应。同时结合浇水，对脱肥地块补追孕穗肥，以促进花粉粒发育良好，提高结实率和穗粒数。

拔节孕穗水的灌水定额一般为 $30\sim50\text{m}^3/$ 亩，应严格掌握。如果水肥过多，易引起徒长和通风透光不良，造成倒伏。

（5）抽穗扬花水。小麦在抽穗开花期，植株仍在继续生长，并且此时气温升高，耗水多，天旱时应适当灌水，维持土壤和空气的适宜湿度，以利抽穗开花和授粉，增加粒数。此外，小麦这时穗头轻，灌水后不易引起倒伏，而且保存较多的水分到灌浆期，既可使灌浆期遇风雨时能推迟灌水，又可避免灌浆期灌水土壤易"糊烂"而造成小麦倒伏。灌水定额一般控制在 $40\sim50\text{m}^3/$ 亩。

（6）灌浆麦黄水。小麦抽穗开花后，每亩穗数及每穗粒数已基本定局。这时主攻目标应是籽饱粒重。"灌浆有墒，粒饱穗方"的农谚，说明了浇好灌浆水的重要性。小麦灌浆期在北方冬麦区常比较干旱。有些地方还常有干热风危害。由于空气湿度猛烈下降，空气温度急剧上升，可使小麦强烈蒸腾失水，造成青枯逼熟或温死，结果籽粒干秕，千粒重下降。所以，在这个时期，特别是在将发生干热风的情况下，注意浇好灌浆水和麦黄水，保证小麦顺利灌浆，正常落黄，是最后夺取小麦高产的关键。据调查研究，适当浇灌浆水和麦黄水的小麦千粒重比不浇的要重 $2\sim3\text{g}$。但此时期穗头已大，头重脚轻，如果灌水不当，则易造成倒伏减产。5 月 15 日灌水遇风倒伏的地块，千粒重要比未灌的低 10g 左右。故应特别注意灌水时间和水量。灌水时间应争取在土壤含水量不太低和无四级以上大风时。灌水定额宜小不宜大，至多 $30\sim40\text{m}^3/$ 亩。要求快灌，均匀灌，分次灌，密切注意天气变化，做到无风抢浇，有风不浇，雨前停浇。避免浇后遇风雨而倒伏，造成损失。

总之，麦田灌水的次数、时间和水量，应根据小麦各个生育期对水分的需要，根据降雨和土壤水分变化等情况来确定。表 7.2.3 为北京地区不同降水年的小麦灌溉制度，供参考。

表 7.2.3 　　　　　　　　北京地区的小麦灌溉制度（中壤，四平地）

不同灌水年	灌水次数 前期-中期-后期	灌水次序	灌水时间 平均灌水时间	生育期	灌水定额 /(m³/亩)	灌溉定额 /(m³/亩)
湿润年	1-1-1	1	11月上旬	越冬期	40～45	120～135
		2	4月中、下旬	拔节	40～45	
		3	5月中、下旬	灌浆	40～45	

续表

不同灌水年	灌水次数 前期-中期-后期	灌水时间			灌水定额 /(m³/亩)	灌溉定额 /(m³/亩)
		灌水次序	平均灌水时间	生育期		
一般年	1-2-1	1	11月上旬	越冬期	45～50	175～195
		2	3月下旬	起身	40～45	
		3	4月中、下旬	拔节	45～50	
		4	5月中、下旬	灌浆	45～50	
干旱年	1-2-2	1	11月上旬	越冬期	45～50	205～230
		2	3月下旬	起身	40～45	
		3	4月中、下旬	拔节	40～45	
		4	5月中、下旬	抽穗	40～45	
		5	5月下旬—6月初	麦黄	40～45	
	2-2-2	1	9月中、下旬	播种以后	45～50	245～275
		2	11月上旬	越冬期	40～45	
		3	3月下旬	起身	40～45	
		4	4月中、下旬	拔节	40～45	
		5	5月中、下旬	抽穗	40～45	
		6	5月下旬—6月初	麦黄	40～45	

注　资料来源：北京市水利科学研究所资料。

7.2.3　冬小麦的生长过程模拟方法

作物的生长主要取决于光合作用和呼吸作用，光合作用主要取决于光合有效辐射强度的大小，然而大气温度、土壤水分养分状况对光合作用也有一定的影响，呼吸作用包括生长呼吸和维持呼吸。日光合作用形成作物的生物量中一部分用于生长呼吸作用，而维持呼吸作用强度为干物质总量和气温的函数，冬小麦日干物质增长量可以表示为

$$\Delta W = \frac{\alpha I}{1+\beta I} f(\theta) f(T) f(N) - \gamma Q_{10} W \tag{7.2.1}$$

式中：ΔW 为干物质日增长量，kg/hm^2；W 为计算时刻干物质量，kg/hm^2；I 为作物冠层接收到的有效光合辐射，MJ/m^2；α 为光能转换系数，$2.0kg/MJ$；β 为光饱和点控制系数，m^2/MJ，根据冬小麦实测资料拟合为 0.222；$f(\theta)$、$f(T)$、$f(N)$ 分别为水分、温度和氮肥对作物生长的响应函数，在 $0\sim1$ 之间变化；γ 为维持呼吸速率常数，$0.0096kg$ CH_2O/kg 干物质；Q_{10} 为温度对维持呼吸作用的影响因子。

可以看出，方程式（7.2.1）右边第一项表示光合作用和生长呼吸作用所产生的干物质增量，第二项则为维持呼吸所消耗的干物质。

有效光合辐射采用冠层截留的辐射能近似计算：

$$I = R_n [1 - \exp(-kLai)] \tag{7.2.2}$$

式中：R_n 为外界辐射能，MJ/m^2；k 为冠层消光系数（0.4）；Lai 为冠层叶面积指数。

温度响应函数 $f(T)$ 随着日平均温度在最低温度 T_{min} 到最高温度 T_{max} 之间，从 $0\sim1$

线性变化：

$$f(T)=(T_a-T_{\min})/(T_{\max}-T_{\min}) \quad 0<f(T)\leqslant 1 \tag{7.2.3}$$

式中：T_a、$T_{\min}$、$T_{\max}$ 分别为日均温度、日最低温度、日最高温度，℃。

水分修正函数 $f(\theta)$ 等于实际腾发量 T 与潜在腾发量 T_p 的比值：

$$f(\theta)=T/T_p \quad 0<f(\theta)\leqslant 1 \tag{7.2.4}$$

实际蒸腾量与潜在蒸腾量的比值可以近似表示为

$$T/T_p=(\theta-\theta_w)/(\theta_f-\theta_w) \tag{7.2.5}$$

式中：θ 为根系层平均含水量，cm^3/cm^3；θ_f 为田间持水率，cm^3/cm^3；θ_w 为凋萎点含水率（cm^3/cm^3）。

氮素响应函数为

$$f(N)=(1+N_{hlf})/[1+N_{hlf}/R_{tpyN}(t)] \tag{7.2.6}$$

其中

$$R_{tpyN}(t)=\min[1, P_N(t)/P_{crtN}(W)]$$

式中：N_{hlf} 近似取为常数（0.6）；$P_N(t)$ 为 t 时刻作物单位干物质含氮量，%；$P_{crtN}(W)$ 为临界含氮量，即作物生长不受氮素胁迫所要求的最低含氮量，%：

$$P_{crtN}(W)=1.35(1+3e^{-0.26W^*}) \tag{7.2.7}$$

其中

$$W^*=\max(1, W)$$

W 单位为 t/hm^2。温度对维持呼吸的影响因子为

$$Q_{10}=2^{(T_a-T_c)/10} \tag{7.2.8}$$

式中：T_a 为日均温度，℃；T_c 为冬小麦理想的生长温度，25℃。

植物的生物量分为根（W_r）、茎（W_s）、叶（W_l）和谷粒（W_g）4 个部分，4 个部分对所吸收生物量的分配取决于谷粒的发育，当一个控制指数的日累计数量（i_v）为 1 时，谷粒开始从其他组织吸收物质（i_v 作为谷粒开始发育的"开关"）：

$$i_v=\sum_{t=t_0}^{t}c_0[1-e^{c_1(T_a-c_2)}][1-e^{c_3(D-c_4)}] \tag{7.2.9}$$

式中：D 为每日的白昼长度，h；c_0、c_1、c_2、c_3、c_4 为系数，分别为 0.0252、−0.153、3.51、−0.301 和 9.154。

在谷粒发育的情况下（$i_v\geqslant 1$），谷粒的生物量（W_g）的日增加值为其他组织生物量的函数 b_g，对于冬小麦而言，根、茎、叶转移到谷粒中的干物质系数可近似取为 0.02（d^{-1}）为

$$\Delta W_g=b_g(W_l+W_s+W_r) \quad 如果 i_v<1,则 b_g=0 \tag{7.2.10}$$

根系干物质增量 ΔW_r 为日生物量增量 $\Delta W_t(in)$ 的一部分（b_r）与根系转移到谷粒中生物量之差：

$$\Delta W_r=b_r\Delta W_t(in)-b_gW_r \quad 如果 i_v<1,b_g=0 \tag{7.2.11}$$

式中：W_r 为根系生物量；b_r 为生物量增量分配到根系的比例，与叶片的含氮浓度（n_1）有关，在叶片含氮浓度为最大值（$n_{1\max}$）时有最小值 $[b_{r0}(0.15)]$，并随着 n_1 的减小而增加。

$$b_r=b_{r0}+1-\{1-[(n_{1\max}-n_1)/n_{1\max}]^2\}^{0.5} \tag{7.2.12}$$

生物量日总增长量的剩余部分分配到地上部分中：

$$\Delta W_{ta} = \Delta W_l + \Delta W_s + \Delta W_g$$
$$\Delta W_{ta} = (1 - b_r)\Delta W_t \tag{7.2.13}$$

根据叶面积指数的发育（ΔLai）和叶面积比（叶面积和地上部分干物质重的比例 a_{ls}，冬小麦近似取为 $0.022 \text{m}^2/\text{g}$），将地上部分生物量日增量 ΔW_{ta} 在叶和茎中进行分配。且叶面积指数 Lai 和生物量 W_{ta} 中存在一种平衡，可以用一个比例（$b_i = Lai/W_{ta}$）来表示，该比例随着作物干物质的增加而减小 $[b_i = b_{i0} - b_{i1}\ln(W_{ta})]$，$\Delta Lai$ 由下式计算：

$$\Delta Lai = \Delta W_{ta}[b_{i0} - b_{i1}(1 + \ln W_{ta})] \qquad \Delta Lai > 0 \tag{7.2.14}$$

b_{i0} 和 b_{i1} 为系数，分别取值为 0.048 和 0.0064。然而对 ΔLai 作出限制是有必要的，必须满足条件 $\Delta Lai \leqslant a_{ls}W_t'$。叶的生物量增量 ΔW_l 为日生物量增量分配给叶的部分 $\Delta W_l(in)$ 与转移到谷粒中生物量之差：

$$\Delta W_l = \Delta W_l(in) - b_g W_l \qquad \text{如果 } i_v < 1, b_g = 0 \tag{7.2.15}$$

其中
$$\Delta W_l(in) = \Delta Lai / a_{ls} \tag{7.2.16}$$

茎的生长量（ΔW_s）为地上部分生物量日增量的剩余部分减去转移到谷粒中的生物量：

$$\Delta W_s = \Delta W_{ta} - \Delta W_l(in) - b_g W_s \qquad \text{如果 } i_v < 1, b_g = 0 \tag{7.2.17}$$

根系发育深度 z_r 由根系的干物质量 W_r 确定：

$$z_r = p_{zroot}\left(\frac{W_r}{W_r + p_{zroot}/p_{incroot}}\right) \tag{7.2.18}$$

根系总长度 L_{zr} 由根系干物质量估算：

$$L_{zr} = W_r / p_{rlsp} \tag{7.2.19}$$

其中，p_{zroot}、$p_{incroot}$ 和 p_{rlsp} 为系数。

7.3　玉米的生长及其合理用水

玉米在我国分布很广泛，各省（自治区）都有种植，总产量仅次于水稻、小麦，栽培面积以河北、四川、山东、黑龙江、河南等省最大。玉米是我国东北、华北和西南的主要粮食作物。

7.3.1　玉米的生育概况及其与环境条件的关系

1. 玉米的形态特征

玉米属禾本科植物，但与同为禾本科的水稻、小麦等作物有较大的区别，如根系较发达，株高叶大，雌雄同株异花（图 7.3.1）。此外，生长发育较快，全生育期也比较短。

玉米具有初生根、次生根、气生根 3 种根。初生根在玉米生长的最初 2～3 个星期内起主要作用。当幼苗出现三片真叶后，地下茎节长出次生根，并逐渐发展成根系的主要部分。气生根又叫支持根，在拔节后从地面上的茎节上轮生长出，并扎入土壤，起支撑植株的作用，也能吸收水分和养分。玉米次生根的入土深度可达 1～2m，向旁扩展可达 60～70cm，主要分布是在靠地面 30cm 的土层内。玉米根系虽然比较发达，但是根系的重量与地上部分重量的比值不大（据试验，作物根系与地上部分的重量比值：玉米为 16%～25%），而此，合理供应水肥，特别在苗期适当蹲苗，对促进玉米根系生长，显得非常重要。

玉米的茎秆粗壮，直径 3～4cm，茎秆的高度 1～4m，因品种、气候、土壤条件、栽培措施等不同而异。靠近地面节间的粗细、长短和生长状况，是鉴定玉米根系发育好坏和抗倒伏能力强弱的重要标志。苗期如果水肥过多，特别是氮肥施用过多时，可使茎秆第一和第二节间过度伸长，机械组织不发达，后期倒伏的可能性就比较大。当水肥充足时，在基部茎节上也能发生分蘖。但玉米的分蘖很少能结实，生产上一般及时摘除，以免水分和养分的无益消耗。

玉米茎秆上每节着生一叶，因而叶片数与茎节数一致。通常早熟品种的玉米有 8～11 叶，晚熟品种可多达18～25 叶以上。玉米叶片数目是一种比较稳定的品种特征，一般很少因条件不同而变化。叶片通常长 80～100cm，宽 6～10cm。单株叶面积早熟品种约 0.4～0.8m^2，晚熟品种可达 1m^2 以上。玉米叶面积大，能较好地接纳雨水，使之流向根际，加深土壤湿润层。另外，玉米叶片上表皮内有一些细胞壁薄的大型细胞，叫运动细胞，能控制叶面水分的蒸腾。当气候干旱时，细胞失水收缩，将叶片卷缩成筒状，从而减少蒸腾面积，增强抗旱能力。

图 7.3.1 玉米植株的形态
1—雄穗；2—叶片；3—花丝；4—果穗；
5—叶鞘；6、7—气生根；8—根

玉米为雌雄同株异花植物。雄花序为圆锥花序，着生于植株的顶端，由主茎的顶芽发育而成。雌花序为肉穗花序，又叫雌穗或果穗，着生于植株中部，由主茎中部的腋芽发育而成，外面被苞叶裹着。果穗的穗轴上着生小穗和小花，花丝很长，开花时伸出苞叶，承受花粉。玉米茎的每个节上都有一雌穗，但通常只有其中的 1～2 个雌穗能够发育成长，其余的都不发育。

玉米的籽粒外形，最通常的有近圆形的硬粒型和扁平形而顶端下陷的马齿型两类。籽粒颜色有白、黄、红、紫等几种。每穗约有 800～900 粒，千粒重 200～400g。

2. 玉米的生长发育与环境条件的关系

玉米从种子发芽到成熟的整个生长发育过程，可分为发芽出苗期、苗期、结实器官形成期（幼穗分化期）、开花受精期和结实成熟期等 5 个生育期，或者分为播种到出苗、出苗到拔节、拔节到抽穗、抽穗到灌浆、灌浆到成熟等 5 个生育阶段。各个阶段（或时期）的延续时间和生育状况，随品种类型和外界环境条件的不同而有一定的变化。

（1）发芽出苗期：玉米播种后发芽，先长出胚根，然后长出胚芽，再经胚轴的延伸，芽鞘伸出地面，随着第一片真叶慢慢展开，即为出苗。从播种发芽到出苗的时期称为发芽出苗期。影响发芽出苗的环境因素很多，其中最主要的是温度和水分。玉米种子发芽要吸收相当于种子干重 50% 左右的水分。当土壤耕层温度升高到 10℃ 以上，土壤水分达田间持水量的 60% 左右时，便能使玉米发芽出苗。在适宜的土壤水分和通气良好的土壤中，温度在 10～12℃时，播后 18～20d 出苗；在 15～18℃时，8～10d 出苗；在 20℃时，5～6d 就可以出苗。为使发芽出苗良好，必须做好精细整地，蓄好底墒，精选种子和种子处理，以及适时播种等工作。

（2）苗期：从出苗到主茎顶端生长锥开始分化为雄穗前的一段时期，称为苗期。苗期生育的特点是，一叶至三叶期生长很快，以后根系生长比较迅速而地上部分生长比较缓慢。据测定，从三叶期到拔节期，根系增重比地上部茎叶大 1～1.1 倍。玉米苗期生长要求稳壮。如果水肥过多，则形成徒长的旺苗，缺水缺肥时则形成黄苗弱苗，都对高产不利。为了培育壮苗，应适时早间苗和定苗，搞好移苗补缺，防虫除草，中耕松土和合理蹲苗等工作，以促进根系发育，防止地上部分徒长，达到苗全、苗匀、苗壮，根深叶绿，植株敦实。

（3）结实器官形成期：从幼穗开始分化到抽出雄穗这一段时期称为结实器官形成期。这时期植株的新陈代谢活动旺盛，茎秆拔节伸长及植株体积增长很快，对环境条件的反应也很敏感，需要大量的水分和养分。如果缺水缺肥，就会引起营养体生长不良，使架子搭不起来，严重影响结实器官的发育成长。结实器官形成期也是玉米一生中对光照条件反应最敏感的时期。玉米是短日照植物，较短的光照（一般指每 12h 以下）能使结实器官的形成提前，特别是加快雌穗的发育，从而使雌雄穗的开花期接近协调。植株过密时空秆增多，也与光照不足有关。这时期应特别注意看天、看地、看苗情，做好灌水施肥和中耕培土，以保证结实器官的顺利形成。

（4）开花受精期：从抽雄穗到受精过程完成的时期，称为开花受精期。玉米的雄穗抽出后 2～3d 就开始开花（散粉），昼夜都能开，但以上午开花最多，午后逐渐减弱。天气晴朗时，每日 7：00—11：00 为盛花期，如遇阴雨，开花时间推迟。雄穗开花的适宜温度为 25～28℃，适宜的相对湿度为 70%～90%。温度超过 30℃和相对湿度低于 60%时，开花很少。雌穗开花（抽花丝）时间一般比雄穗开花时间晚 2～5d。花丝一抽出，就有受精能力。这种受精能力通常可保持 10～15d，但以花丝全部抽出后的 1～5d 效果最好。

雄穗上的花粉散落到雌穗花丝上，经 6h 左右开始发芽，花粉管伸长进入胚囊，完成受精过程后就可进而发育成籽粒。

玉米在开花受精过程中，如果土壤和空气过于干燥，花粉容易丧失生活力，花丝也不易吐出，即使已吐出的花丝，也易枯萎。干旱还会使雄花和雌花出现的间隔时间延长，因而严重影响受精，降低结实率。另外，当土壤过湿而抑制根系呼吸能力，以及磷、钾营养过分缺乏时，也会影响受精作用的正常进行。所以，这时期必须注意及时灌排，结合进行追肥和人工辅助授粉等，以克服上述不良影响。

（5）结实成熟期：玉米受精后到籽粒完全成熟的时期，称为结实成熟期。其中 20d 左右的时间内，籽粒逐渐长到正常大小，胚乳贮积乳状物质，是为乳熟期，或称灌浆期。以后约 20d 内，籽粒含水量显著下降，干物质大量增加，胚乳由乳状变为蜡状，称为蜡熟期。再后 10d 左右籽粒含水量进一步下降到 25% 左右，籽粒变硬而呈现该品种的固有色泽，即为完熟期。

结实成熟的适宜温度为 16～25℃，高于 26℃或低于 16℃均不利于养分的制造、积累和运转，致使籽粒秕瘦。如乳熟期遇上高温干旱，易造成"高温逼熟"，产量降低。若遇上秋霜，则不能正常成熟，减产更甚。玉米成熟初期仍要求适当的水肥供应，以利养根保叶，防止早衰。

玉米生长发育全过程所需时间（全生育期），依品种和栽培地区的气候等条件而异，一般早熟品种在100d以内，中熟品种100～120d，晚熟品种120d以上。

玉米是高产作物之一。但欲达到高产更高产，必须根据其生育规律，提供良好的环境条件。我国各地涌现了很多玉米高产单位，创造了很多可贵的高产经验。

7.3.2 玉米的合理用水

1. 玉米的需水特性

玉米植株高大，叶片茂盛，生育期间又多处于高温季节，叶面蒸腾和棵间蒸发大，为了制造大量的有机物质，需要消耗较多的水分。据山东山西两省灌溉试验和调查，在生长盛期内，一株玉米每昼夜耗水量为1.5～3.5kg，而生产1kg籽粒，则需耗水1000kg左右。另据试验调查，黑龙江省春玉米的需水量为263～400m³/亩；内蒙古黄河灌区亩产350～500kg的春玉米需水量为220～308m³/亩；陕西省亩产400kg左右的夏玉米需水量约为170～200m³/亩。北方有些地区的群众把玉米称为"水布袋""水罐罐"庄稼，说明玉米是需水较多的作物，比高粱、谷子、黍等作物的需水量要多得多。但是玉米对水的利用率是比较高的。从蒸腾系数来说，玉米只有240～300，比小麦（400～450）、大麦（280～400）、棉花（368～650）、苜蓿（568～1068）等作物都低。

在玉米一生中，发芽出苗期和苗期日需水量少，拔节以后大大增加，抽穗开花期达最高峰，灌浆期仍需较多的水分，蜡熟期以后才显著减少。在抽雄穗期以前10～15d和以后20d左右（共30d左右）的时期是玉米需水的临界期。如果这时期缺水受旱，会对产量造成严重的影响。

玉米一生的总需水量，各生育阶段日平均需水量和阶段需水量占总需水量的比例等，都与品种类型、栽培制度及地区气候、土壤条件等不同而异，表7.3.1和表7.3.2资料可供参考。

表7.3.1 　　　　　　　　　　　　**夏玉米各生育阶段需水情况**

生育阶段	起止 /（月．日）	天数	需水量 /（m³/亩）	占总需水量 /%	平均日耗水量 /（m³/亩）
播种-拔节	6.13—7.1	19	27	11.8	1.4
拔节-抽穗	7.2—7.18	17	60	21.6	3.5
抽穗-灌浆	7.19—8.6	19	60	23.5	3.2
灌浆-乳熟	8.7—8.20	14	42	22.8	3
乳熟-收获	8.21—9.9	20	21	15.3	1.1
播种-收获	6.13—9.9	89	210	100	2.4

注 资料来源：河南省人民胜利渠灌区。

2. 玉米地的灌溉

根据玉米需水情况，如果全靠降雨来供给，一般来说，在玉米全生育期内至少要有300mm左右的雨量，特别在抽雄穗前后一个多月内要有150mm的雨量。我国各地玉米生育期间的雨量分布不均，干旱、半干旱地区雨量不足，常出现干旱，需要进行多次灌溉。南方玉米有时也需要抗旱灌溉。各地玉米灌溉的经验很多，下面综合介绍各次灌水的作用和主要技术要求。

（1）底墒水。我国北方春玉米区经常受到春旱的威胁，"春雨贵如油"，说明春天雨水稀少而很可贵。有灌溉条件的地方应灌好底墒水，以满足玉米发芽出苗的需要，并保证玉米适时播种，苗全苗壮。灌底墒水的时间最好在冬前，结合深耕施肥进行冬灌。冬灌比春灌好，因春灌易使地温降低而影响适时播种，而且冬灌可以避免与春播作物争水的矛盾。深耕后冬灌，还有利于沉实土壤，冻死土壤中的越冬害虫。冬季土壤水分蒸发少，冬灌后只要做好早春顶凌耙地，土壤中就能保蓄大量水分。冬灌水量一般为40～60m³/亩。

夏玉米播种时，正是 6 月高温季节，蒸发量大，前茬收获后，往往由于土壤干旱而不能及时播种。为了争取夏玉米适时早播，常需浇水造墒，方法有两种：

1）于前茬作物收割前灌水一次，如麦地在麦收前，结合灌一次麦黄水，既可使小麦增加粒重，又可在小麦收后抢墒早播玉米，随收随播。其灌水定额 40m³/亩左右，不能大水漫灌，以防小麦倒伏。

2）前作物收后马上整地开沟，浇水播种。夏玉米浇底墒水的水量要小，以免造成积水和浇后遇雨，耽误适时播种。如采用沟浇、穴浇或喷灌，灌水定额 10m³/亩左右即可。

（2）苗期水。玉米苗期需水不多，一般在灌了底墒水的情况下，苗期不需灌水而要进行蹲苗。蹲苗是我国劳动农民在长期生产实践中，根据玉米生育规律，用人为的方法来"控上促下"，解决地上部分与地下部分生长矛盾的一项有效措施。即通过控制灌水，多次中耕和扒土晒根等，促使玉米根系向纵深发展，扩大根系吸收水分和养分的范围，并使玉米植株基部节间短而敦实粗壮，增加后期抗旱和抗倒伏的能力，为玉米高产打下有利的基础。

蹲苗一般可于齐苗后开始，至拔节前结束，但应根据玉米类型、品种、苗情、地力和墒情等灵活掌握。春玉米生育期较长，蹲苗时间约 30～40d；夏玉米生育期短，蹲苗时间约 20～30d。北方劳动农民有"蹲黑不蹲黄，蹲肥不蹲瘦，蹲湿不蹲干"的经验。就是说，苗子深绿，地力肥，墒情好的地块应蹲苗；反之，苗子瘦黄，地力薄，墒情很差时就不宜蹲苗。在蹲苗期间，中午苗叶萎蔫，傍晚又能伸展开的，不要急于灌水；如果傍晚叶子还不能复原，就应当灌水。据一些地区的经验，苗期土壤含水量以保持在田间持水量的60%～65%为适宜，如低至 55%时就必须灌水。苗期灌水时水量不宜大，地面灌时宜采用隔沟灌或细流沟灌。

播种较晚的夏、秋玉米，因适宜的生育季节较短，苗期又往往遇上雨季，形成弱苗，故一般不要蹲苗，而应采取排水、中耕、追肥等措施，促进弱苗转变为壮苗。

（3）拔节孕穗水。玉米开始拔节后，植株茎叶迅速生长，幼穗迅速发育，并且此时气温高，叶面蒸腾大，要求有充足的水分供应。一般在蹲苗结束后，结合追肥浇好拔节水，使土壤水分保持在田间持水量的 70%左右，既有利于根系的发育，又能满足玉米拔节对水分的需要，从而提高产量（表 7.3.2）。但是拔节水也必须防止水量过大而引起植株徒长和倒伏。灌水定额 40m³/亩左右，宜隔沟先灌一半水，第二天再灌一半水。

表 7.3.2 玉米灌拔节水的增产效果

类型	实 验 单 位	处理	产量 /(kg/亩)	增产 /%
春玉米	山东省临沂地区农场	灌拔节水	317.4	38.87
		不灌	231.9	—
	山西省农科院	灌拔节水	402.25	17.96
		不灌	341	—
夏玉米	原山东省德州灌溉实验站	灌拔节水	216.65	42.3
		不灌	152.25	—

玉米抽雄穗前 10~15d 左右,雌穗进入分化小穗和小花的阶段。若此时干旱缺水,便会造成"掐脖旱",叶片萎蓿,抽穗期延迟,雌穗不能正常发育或不能形成果穗,从而空秆增多,减产严重。因此,必须适时浇好孕穗水(或叫攻穗水),灌水定额 45m³/亩左右。

拔节孕穗水灌后都要结合进行中耕松土,消灭田间杂草,破除土壤板结,使水、肥、气、热协调。

(4)抽穗开花水。玉米抽穗开花期日耗水量最大,是需水临界期的重要阶段。此时期土壤水分保持在田间持水量 70%~80%,空气相对湿度 70%~90%,对抽穗开花和受精最为适宜。如果水分不足,空气温度低于 30%,会使生育受到显著抑制,表现在雌穗花丝抽出的时间推迟,不孕花粉量增多。如果干旱与高温(38℃以上)同时发生,不仅会造成雌、雄开花期脱节,而且花粉和花丝的寿命缩短,花粉生活力降低,花丝也容易枯萎,影响开花受精的顺利进行,常常造成严重的秃顶缺粒现象。这时期如果天气大旱,一般5~6d 就要浇一次水,要连浇二三水,才能满足抽穗开花和受精的需要。据山西省农科院的试验研究,浇足抽穗开花水,对缩短雌雄穗抽出的间隔时间,提高花粉生活力,减少果穗秃顶长度,促进穗大粒多都有良好作用。对比试验结果,抽穗期浇水的果穗秃顶仅0.6cm,比不浇水的果穗秃顶长度减少 1/2,产量增加 32.1%(表 7.3.3)。

表 7.3.3 玉米抽穗期灌水的增产效果

类型	实 验 单 位	处理	产量 /(kg/亩)	增产 /%
春玉米	山西省农科院	抽穗期灌水	450.5	32.11
		不灌水	341	—
	山东省太行提灌区	抽穗期灌水	271.2	79.41
		不灌水	151.15	—
	浙江省东阳县安文镇	抽穗期灌水	251.65	62.25
		不灌水	154.15	—

(5)灌浆成熟水。玉米受精后的乳熟期和蜡熟期,是籽粒形成和决定粒重的重要时期。乳熟期玉米植株的光合作用和蒸腾作用仍较强,同化作用旺盛,茎叶中的可溶性养分源源不断地向果穗运输。适宜的水分条件,能延长和增强绿叶的光合作用,促进灌浆饱

满。反之，如土壤水分不足，会使叶片过早衰老枯黄，秕粒和秃顶长度增加。群众所谓"春旱不算旱，秋旱减一半"的农谚，说明玉米苗期有一定的耐旱性，而开花灌浆阶段干旱则减产很大。据山西省农业科学院试验，灌浆期土壤水分不足时，灌水的比不灌的增产23.02%。春玉米乳熟期前后：东北、华北各地正值雨季，一般可不灌或少灌；西北大部分地区处在常年少雨季节，应及时灌水。灌浆水的灌水定额不能大，一般为 $30\sim35\mathrm{m}^3$/亩。同时要注意天气变化，防止灌后遇雨，造成水分过多而引起玉米倒伏。玉米到蜡熟期后，对水分的要求显著减少，但若遇干旱，也应浇好"白皮水"（苞叶刚发黄时），防止果穗早枯和下垂，使之正常成熟，籽粒饱满。

　　3. 玉米地的排水

　　玉米的生长发育虽然需要较多的水分，但也怕水分过多。当土壤湿度达田间持水量的80%以上时，就对玉米生育不利。特别是幼苗期和灌浆成熟期最怕涝。发芽出苗期土壤水分过多，通气不良时，会使种子霉烂，造成缺苗。苗期受涝时，玉米的叶子变红，失去光泽，甚至停止生长，不能得到收成。拔节至抽雄穗前受涝，玉米雌穗细小，抽穗大大推迟，不能正常受粉结实。灌浆期受涝，体内养分输送困难，籽粒营养物质的积累受阻，甚至植株提前枯死。此外，玉米受涝时，还易引起大、小叶斑病蔓延和植株倒伏，造成严重减产。

　　因此，玉米地特别是低洼易涝的玉米地也必须修好排水系统，保证遇涝能排。播前应做好田间沟畦，中耕时结合进行培土，雨季应加强沟渠的检查和疏通，以保证玉米不受涝害。

7.3.3　夏玉米生长的动力学模拟方法

　　夏玉米生物量的增长主要取决于光合作用对二氧化碳同化作用和呼吸作用产生消耗之差。单位叶面积光合作用速率 P_i 可表示为

$$P_i = P_{i\min} + (P_{i\max} - P_{i\min})g_1(R_{np})g_2(\psi_l)g_3(D)g_4(N_c) \tag{7.3.1}$$

式中：$P_{i\min}$ 为日光合作用的最小速率，$4.6\mu\mathrm{mol}/(\mathrm{m}^2\cdot\mathrm{s})$；$P_{i\max}$ 为日光合作用最大速率，$38.04\mu\mathrm{mol}/(\mathrm{m}^2\cdot\mathrm{s})$；$g_1(R_{np})$ 为冠层接收到的光能通量对光合作用速率的修正因子；$g_2(\psi_l)$ 为叶水势对光合作用速率所产生的修正；$g_3(D)$ 大气饱和差对光合作用速率的修正；$g_4(N_c)$ 为作物含氮量对光合作用速率的修正。

　　外界光能，叶水势以及饱和差修正因子可表示为

$$g_1(R_{np}) = 1 - \mathrm{e}^{-R_{np}/K^g_{Par}} \tag{7.3.2}$$

$$g_2(\varphi_l) = [1 + (\psi_l/\psi^g_{1/2})^{K^g_\psi}]^{-1} \tag{7.3.3}$$

$$g_3(D) = 1 - (D/K^g_d) \tag{7.3.4}$$

式中：K^g_{Par}、K^g_ψ、$\psi^g_{1/2}$、K^g_d 为经验参数，分别为 $18.46\mathrm{MJ/m}^2$、0.1、$-650\mathrm{kPa}$、$84\mathrm{kPa}$。含氮量对于夏玉米光合作用的影响可表示为

$$g_4(N_c) = c_0\left[\frac{c_1}{1 + \mathrm{e}^{-c_2(N_c - c_3)}} - 1\right] \tag{7.3.5}$$

式中：c_0、c_1、c_2、c_3 为经验系数，分别取值为 1.29、1.97、0.27、5.0；N_c 为作物含氮量，%。

　　以上各式中，一些参数，如冠层截留辐射能 R_{np}，空气饱和差 D 可以通过常规气象观

测资料获得，而叶水势和含氮浓度则通过模拟计算求得。作物蒸腾量可采用下式计算：

$$LT = \frac{\Delta R_{np} + \rho C_p [e_s(T_a) - e_a]/r_a}{\Delta + \gamma(1 + r_{st}/r_a)} \qquad (7.3.6)$$

式中：T 为作物蒸腾速率，mm/d；ρ、C_p 分别为空气密度（kg/m³）和定压比热 [J/(kg·K)]；e_s、e_a 分别为大气温度 T_a 对应的饱和水汽压和实际水汽压，Pa；r_a、r_{st} 分别为大气边界层阻力和叶片气孔阻力，s/m；L 为水的汽化潜热，J/m³；Δ 为饱和水汽压-温度曲线斜率，Pa/K；γ 为湿度计常数，Pa/K。

SPAC 系统中，水分运动的基本规律是从势能高的地方向势能低的地方运动，流动速度与水势梯度成长比，与水流阻力成反比，蒸腾量可以表示为

$$T = (\phi_m - \psi_l)/(R_s + R_p) \qquad (7.3.7)$$

式中：ϕ_m 为土壤基质势，Pa；R_s、R_p 分别为水从土壤流到根表面的阻力和从根表面到叶片的阻力，s/m。

叶片传导度 g_s（m/s）是外界辐射和叶水势的函数，表示为

$$g_s = g_{min} + g_{max} f_s(R_{np})/f(\psi_l) \qquad (7.3.8)$$

式中：g_{min}、g_{max} 分别为 g_s 的最小值和最大值；$f_s(R_{np})$ 为外界辐射能对叶片传导度的修正；$f(\psi_l)$ 为叶水势对叶片传导度的修正。

g_{min} 可近似的取为 0。

$$f_s(R_{np}) = 1 - e^{-R_{np}/c} \qquad (7.3.9)$$
$$f(\psi_l) = 1 + b_1 \psi_l + b_2(\phi_c - \psi_l)\delta_\psi$$
$$\delta_\psi = \begin{cases} 0 & \psi_l > \psi_c \\ 1 & \psi_l < \psi_c \end{cases} \qquad (7.3.10)$$

式中：c、b_1、b_2 为经验系数，分别为 $50MJ/hm^2$、$-2 \times 10^{-3} s/m/MPa$ 和 $40s/m/MPa$；ψ_c 为临界叶水势，$-1.4MPa$。

将式（7.3.9）、式（7.3.10）代入式（7.3.8），得

$$g_s = g_{max} f_s(R_{np})/[1 + b_1 \psi_l + b_2(\phi_c - \psi_l)\delta_\psi] \qquad (7.3.11)$$

叶片阻力为叶片传导度的倒数：

$$r_{st} = 1/g_s \qquad (7.3.12)$$

综合式（7.3.6）、式（7.3.7）得

$$\frac{\phi_s - \psi_l}{R_s + R_p} = \frac{\Delta R_{np} + \rho C_p [e_s(T_a) - e_a]/r_a}{L[\Delta + \gamma(1 + r_{st}/r_a)]} \qquad (7.3.13)$$

可对式（7.3.13）进行迭代计算叶水势 ψ_l，土壤阻力 R_s 用 Gardner - Cowan 公式计算：

$$R_s = 125(\phi_m/\phi_{ms})^{2.57} \qquad (7.3.14)$$

式中：ϕ_m 为土壤基质势；ϕ_{ms} 为土壤饱和时相应进气值时的基质势，植物阻力 R_p 为水流经根、茎到达叶片气孔的阻力，研究表明植物阻力中水流通过根系的阻力是最大的，其他部分对水流所产生的阻力较根系阻力而言，可近似忽略。

呼吸作用采用 Dierckx（1988）提出的公式计算：

$$R_m = \sum_{i=1}^{4} (CG_i R_{oi} CT_i) \qquad (7.3.15)$$

式中：R_m 为呼吸作用速率，$\text{kg}/(\text{hm}^2 \cdot \text{d})$；$CG_i$ 分别为根、茎、叶和果实器官的干物质重，kg/hm^2；R_{ai} 为参考温度下相应器官的维持呼吸系数，对于根、茎、叶和果实器官分别为 0.01、0.15、0.03 和 0.01；CT_i 为温度对呼吸作用的影响因子，计算如下：

$$CT = 2^{(T_a - T_c)/10} \tag{7.3.16}$$

式中：T_a 为作物实际温度，℃，可根据冠层能量平衡方程推算；T_c 为参考温度，25℃。

日干物质增量是光合作用和呼吸作用的最终结果：

$$\Delta W_i = \left(\int_{LA} P_i \, \mathrm{d}LA - R_m \right) C_{vf} \tag{7.3.17}$$

式中：ΔW_i 为日干物质增量，$\text{kg}/\text{hm}^2/\text{d}$；$LA$ 为叶面积，hm^2；C_{vf} 为基本光合产物成为干物质的转化效率：

$$C_{vf} = \left[0.72F_{lv} + 0.69F_{st} + 0.72(1 - F_{lv} - F_{st}) \right] F_{sh} + 0.72(1 - F_{sh}) \tag{7.3.18}$$

式中：F_{lv}、F_{st}、F_{sh} 分别为干物质分配给叶、茎和地上部分的比例，是生育期的函数，如图 7.3.2 所示。

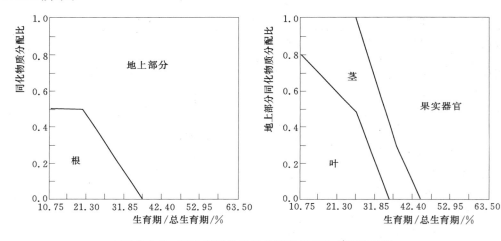

图 7.3.2　夏玉米同化物质分配比值与生育期的关系

根（ΔW_r）、茎（ΔW_s）、叶（ΔW_l）和果实器官（ΔW_g）的干物质日干物质增长量 $[\text{kg}/(\text{hm}^2 \cdot \text{d})]$，分别用下式计算：

$$\Delta W_r = \Delta W (1 - F_{sh}) \tag{7.3.19}$$

$$\Delta W_s = \Delta W F_{sh} F_{st} \tag{7.3.20}$$

$$\Delta W_l = \Delta W F_{sh} F_{lv} \tag{7.3.21}$$

$$\Delta W_g = \Delta W F_{sh} (1 - F_{st} - F_{lv}) \tag{7.3.22}$$

叶面积指数采用下式计算：

$$LAI_t = W_l / P_{lsp} \tag{7.3.23}$$

$$W_{lt} = W_{lt-1} + \Delta W_t - RDRW_{t-1} \tag{7.3.24}$$

式中：P_{lsp} 为叶面积比，kg/hm^2；W_{lt} 为 t 时刻叶片重量，kg/hm^2；RDR 为叶片相对死亡率。

7.4 棉花的生长特性及其合理用水

7.4.1 棉花的生育概况及其与环境条件的关系

1. 棉花的主要特性

棉花原产热带、亚热带地区，属多年生木本植物，经过劳动人民的长期培育，发展成一年生作物，但仍具有一些多年生植物的特点，如根深叶茂，生育重叠，喜温好光，蕾铃大量脱落等。

（1）根系发达。棉花根系属圆锥根系，由主根、侧根、支根和根毛组成发达的根系网。主根入土深度可达 2～3m，侧根、支根分布广，水平宽幅可达 60～80cm。但一般棉花根系主要分布于地面以下 5～40cm 的土层中。由于棉花根系发达，故具有较强的吸收水分和养分的能力，同时也表现出一定的耐旱性。

（2）无限生长。棉花具有无限生长的习性，只要温度、光照、水肥等环境条件适宜，就能像多年生植物一样，继续不断地进行生长和发育。这种无限生长的习性是可以控制的。人们可以利用这种习性来调节控制棉花的生长发育。例如，人们既可以在低密度（每亩千株左右）的情况下，通过使用大肥大水，促进棉株的生长，造成一种植株高大、大叶、长果枝的松散类型，实现稀植大棵高产；又可以在高度密植（每亩万株以上）的情况下，通过合理使用肥、水、中耕、整枝和化学激素等措施，控制棉株的生长，造成一种植株矮小、小叶、短果枝、十分紧凑的株型，通过小株密植，实现早熟高产。

棉花的无限生长习性还表现出较强的再生能力。当棉花受到风、雹、虫、旱、涝等自然灾害侵袭之后，哪怕枝、叶、蕾、铃受到严重损伤，只要抓紧灾后管理，仍能促使棉株上潜伏的各种生长点，再生出枝、叶、蕾、铃，从而获得丰收。

（3）营养生长和生殖生长并进的时间长。棉花生长发育过程中，营养生长和生殖生长重叠并进的时间，可长达全生育期的 3/4，一般为 60～70d。即从现蕾到有枝开花末期的长时间内，既进行根、茎、叶营养器官的大量生长，又进行蕾、花、铃生殖器官的大量生长。稳健的营养生长是正常生殖生长的物质基础，如果生殖生长失常，又会反过来影响营养生长的正常进行。二者互相影响，互相制约，既矛盾，又统一。栽培过程中应采用科学管理措施，以保证营养生长和生殖生长的协调进行，力争棉株早发不早衰，多结棉桃夺高产。

（4）喜温好光。棉花是一种喜温作物。温度高低对棉花的生长发育影响很大。在一定温度范围内，棉花的生理代谢过程随温度升高而加速进行，各生育期会相应缩短。棉花对低温的反应甚为敏感，当遇到早春和晚秋霜冻时，会发生死苗或落叶枯枝。即使在生长发育中期，当温度显著降低时，生育过程也会受到抑制。后期遇到低温，还会减轻铃重，降低纤维品质。

棉花又是喜光作物。棉花的叶片，尤其是幼嫩的顶部叶，有随着日光移动而转动的向光性，日落后则下垂。光照时间的长短和光照强度，会影响到各生育期所需的时间。光照充足时，棉株生长健壮，节间紧凑，铃多铃大，纤维品质好；光照不足时，茎枝节间细长，蕾铃瘦弱。生长后期如光照不足，会导致铃轻，种子瘪，衣分低。当棉花在 5 万～8

万烛光/m 的光照下，光合作用最旺盛（小麦等作物一般在 2 万～5 万烛光/m 下最旺盛），故如种植密度过大，水肥管理不善，造成棉田荫蔽，光照不足，会导致生育不良，蕾铃大量脱落而减产。此外，棉花是短日照作物，在短日照条件下，可加速其发育，表现出早熟的效果。

　　2. 棉花的生育过程与环境条件的关系

　　（1）发芽-出苗。播种的棉籽，在 5cm 深处地温 12℃ 以上，吸收相当于本身重 80% 以上的水分，并在有一定的空气供应的条件下，即开始发芽。发芽生长至两片子叶顶出地面并展开时，即为出苗。棉籽发芽后，根的生长很快，到出苗时，一般能长达 10～20cm。

　　从播种到发芽出苗的时期称为萌发期。萌发期的长短，主要决定于温度、水分和土壤表层的松紧状况。条件适宜时，一般 7～8d 即可出苗。如果条件差，要 10 余天甚至 20 多天才能出苗。为使发芽出苗良好，达到早、齐、全、匀、壮的要求，需要作好选种和种子处理，精细整地，适时播种等措施。

图 7.4.1　棉花的叶枝和果枝

　　（2）出苗-现蕾。棉苗长出后，在两片子叶中间的幼茎顶芽向土生长，逐渐生长出真叶。一般到长出 3～4 片真叶时，叶腋间开始长出枝条。先长出的几个枝条为叶枝，以后长出的才是果枝。叶枝是由叶腋间的正芽发育长成的（图 7.4.1 中 a），与主茎成锐角向上延伸，多在棉株下部 1～7 节发生。如果雨水过多，排水不良，或灌溉施肥不当，上部正芽也会发育起来成为叶枝。叶枝不能直接开花结铃；故生产上要及早把叶枝整掉，并采取合理措施，争取少发叶枝。果枝是由叶腋间的旁芽发育而成，果节上能直接长出花蕾。成长的果枝呈曲折状，与主茎成钝角向外生长（图 7.4.1 中 b）。

　　一般当棉苗上长出 6～9 片真叶时，第一果枝就开始出现像荞麦粒状的花蕾，称为现蕾。从出苗到现蕾的时期称为苗期，一般苗期有 40～45d。

　　出苗以后，根系很快向下生长，到现蕾时，根的长度约为地上部分的 4 倍。在此期间，如果土松地温高，水肥适宜，棉根就长得快，扎得深，分布广，地上部分也就相应地长得秆粗脚矮苗发横。如果水肥过多，则往往造成根系分布拢，侧根细弱，棉苗也长得高而不横，旺而不壮。当过分缺水缺肥时，则上部侧根往往过早枯萎，新生根的滋长也受抑制，棉苗长得矮小瘦弱。

　　高产棉花要求苗期壮苗早发，需采取以促为主的早管促早发的技术措施，如早间苗、补苗、定苗，早中耕松土，早施促苗肥，早防治病虫以及保持主壤适宜温度等，为蕾期稳长打好基础。

　　（3）现蕾-开花。棉株现蕾具有一定的规律性，即由下而上和由内而外呈螺旋形进行。同一果枝上相邻的两个节位，现蕾的时间相差约 6～7d；上下两个相邻的果枝上，同一节位的现蕾时间相差约 2～3d。开花的顺序也和现蕾一样。花蕾一般在上午 8：00—10：00 开放，到下午 15：00—16：00 以后逐渐萎缩，同时花瓣也随之变成淡红色，再经过一二天整个花冠现红色，第三天全部凋落。

棉花从开始现蕾到开始开花的时期称为蕾期。蕾期一般 25d 左右，是营养生长与生殖生长并进的主要阶段，以营养生长为主，常表现出稳长增蕾与疯长或生长停滞的矛盾。此时期应根据气候和棉花生长情况，管好水，稳施蕾肥，多中耕，深中耕结合培土和及时整枝等。做到以控为主，促控结合，使果枝节位低，早现蕾，养分较早地向下部生殖器官输送，而不致茎叶生长过旺，以达到稳长增蕾。

（4）开花-吐絮。棉花开花受精后逐渐形成棉铃，大约经过 25～30d，棉铃和棉籽即已定形，棉纤维也长到应有的长度，以后直到成熟吐絮。从开始开花到开始吐絮的时期称为花铃期。花铃期一般有 50d 左右，如温度、日照不足，可延长达 60～70d。

花铃期是棉花生育的最盛时期，营养生长和生殖生长仍同时进行，常出现群体生育与个体生育的矛盾，以及生长发育所需条件与外界不适条件（如高温、干旱或多雨、病虫盛发等）的矛盾。高产棉花特别要求抓好花铃期以水、肥为中心的田间管理，正确处理各种矛盾，减少花、铃脱落，做到带桃入伏，伏桃满腰，秋桃盖顶。

（5）吐絮以后。棉花从开始吐絮到枯霜来临棉株停止生长的时期为吐絮期。由于各地区无霜期长短不同，棉花吐絮期长短相差很大，一般持续 40～70d 不等。在这一时期内，随着气温降低，光合作用强度下降，棉株对水肥的要求渐减，营养器官的生长衰退，生殖器官的生长也逐渐转慢。高产棉花对这一时期的要求是早熟不早衰，既要避免贪青晚熟，防止铃壳变厚不利正常成熟吐絮，又要防止叶子过早衰败枯落，以至后期出现干瘪桃。要尽量做到下部僵瓣烂桃少，上部霜后花比例小，才能实现早熟、优质、高产。

棉花全生育期和各个生育阶段的长短，随地区气候、品种、栽培条件等不同而异。例如，黄河流域棉区 4 月上、中旬播种，10 月中、下旬收花完毕，全生育期 190d 左右。而华南棉区一般于 3 月中旬就开始播种，11 月上旬才收花完毕，全生育期 230d 左右。棉花生育期长短是灌区设计灌溉制度和用水管理的必要依据。表 7.4.1 为全国各棉区棉花生育期概况。

表 7.4.1　　　　　　　　　我国各棉花种植区生育期概况（陆地棉）

棉花种植区	萌发期		苗期		蕾期		花铃期		吐絮期	
	起止时间	天数/d	起止时间	天数/d	起止时间	天数/d	起止时间	天数/d	起止时间	天数/d
华南	3 月中旬至 4 月上旬	7～15 一般 10	4 月中下旬至 5 月中旬	40～50	5 月上旬至 6 月中旬	20～30	6 月下旬至 8 月中下旬	40～50	8 月下旬至 11 月上旬	60～75
长江流域	下游 3 月下旬至 4 月初，中游 4 月下旬 下游 4 月上中旬		4 月底或 5 月初至 5 月底或 6 月初		6 月上旬或中旬至 6 月底或 7 月初		7 月上旬至 8 月下旬		9 月初至 10 月底	

续表

棉花种植区	萌发期		苗期		蕾期		花铃期		吐絮期	
	起止时间	天数/d	起止时间	天数/d	起止时间	天数/d	起止时间	天数/d	起止时间	天数/d
黄河流域	4月上中旬		4月底或5月初至5月底或6月初		6月上中旬至6月底或7月初		7月上旬至8月下旬		9月初至10月底	
北部特早熟棉区	4月中下旬		5月上旬至6月中旬		6月中下旬至7月上中旬		7月中旬至8月下旬		9月初至10月上旬	30
西北内陆	南疆3月底至4月上旬，其他地区4月中下旬		5月上旬至6月中下旬		6月底至7月中下旬		7月下旬至9月上旬		9月初至10月上旬	

棉花的产量是由每亩株数、单株成铃数、平均铃重和衣分4个因素构成。一些地区的经验表明，采用宽行壮株密植的高产途径时，欲获得110kg以上的皮棉，种植密度可根据情况由4000~7000株不等，每亩需留果枝6万~7万个，现蕾20万个左右。南方棉区，蕾铃脱落率必须降到65%~70%以下，有效桃不少于6万~7万个，平均铃重达4~4.5g，衣分率（单位重量的籽棉与轧出的皮棉的比例，以百分数表示）在38%以上。北方棉区，蕾铃脱落率应低于60%~65%，有效桃7万~8万个，平均铃重争取达到4g左右，衣分率不低于35%。

7.4.2　棉花的合理用水

1. 棉花的需水特性

棉花株高叶大，全生育期较长，而且多处于高温季节，是一种需水较多的旱作物。

棉田耗水量的多少，不同地区差异很大，但都随着气温上升和棉株叶面积系数的增加而逐渐增大。拿黄河流域棉区的水浇地来说，棉花从播种到出苗的半个月中，耗水量大体占一生总耗水量的3%；从出苗到现蕾一个半月左右时间，耗水量占12%（其中地面蒸发占80%~90%，棉株蒸腾仅10%~20%），现蕾前，气温较低，平均每天耗水量只1~2m³/亩；现蕾开始后，时间进入初夏，气温显著上升，到开花之前约25d时间内，共耗水占21%，平均每天耗水达5m³/亩左右（其中蒸腾和蒸发约各占一半），从开花到吐絮，棉田封行，叶面积系数达最大值，需水进入高峰期，在这五六十天时间内，耗水量占总耗水量的53%，平均每天耗水上升到6m³/亩（其中植株蒸腾占70%~75%，土壤蒸发相对减少）；成熟吐絮期随着气温下降，平均每天耗水量下降到2~3m³/亩，在这将近两个月的时间中，其耗水量约占总耗水量的11%（其中蒸腾和蒸发约各占一半）。综合南方棉区的一些试验资料分析，棉花各生育阶段的耗水量情况见表7.4.2。

棉花一生中的总耗水量，各地差异较大，如黄河流域棉区一般为400~600m³/亩；陕西省关中各灌区一般为270~350m³/亩；长江流域棉区一般为250~450m³/亩。

表 7.4.2　　　　　　　　　　　棉　田　耗　水　情　况

生育阶段	日耗水量 /(m³/亩)	阶段耗水量/ 总耗水量/%	土壤蒸发/总耗 水量/%	植株蒸腾/总耗 水量/%
出苗-现蕾	0.5～1.5	<15	80～90	10～20
现蕾-开花	1.5～2.5	12～20	45～55	45～55
开花-吐絮	2.5～3.0	45～65	25～30	70～75
吐絮后	<2.0	10～20	25～30	70～75

棉田耗水量的大小，受自然条件和农业技术措施的影响很大。自然因素中影响最显著的是天气情况，其次是地下水位及土壤性质等。如北方棉区常较南方棉区干旱多风，空气湿度小，棉株蒸腾和土壤蒸发都较大，因而日耗水量和总耗水量大。地下水位高的棉田，植株可以吸收大量地下水，从而加大蒸腾量；土壤水分因地下水补给而增大，土壤蒸发也会增加。土壤结构和质地不好的棉田，土壤蒸发大，耗水量也就较大。

农业技术措施中，如土壤耕作、施肥、密植等情况的不同，都会影响棉田耗水量的大小。一般在深耕密植的条件下，由于土壤含水量增大，根系活动范围和地面茎叶面积增大，蒸腾耗水增多；而多施有机肥，灌溉后及雨后中耕松土等，可以减少土壤蒸发，降低耗水量。

各种农业技术措施与耗水量的关系，最后综合反映在产量与耗水量的关系上。有关单位的试验说明，一般产量提高，耗水量有所增加，但耗水系数都随产量的提高而显著降低（表7.4.3），因而水的经济效益随产量的提高而显著增大。

表 7.4.3　　　　　　　　　　　棉花产量和耗水量的关系

籽棉产量 /(kg/亩)	耗水量 /(m³/亩)	每立方米耗水籽棉产量 /(kg/m³)	耗水系数 /%
150	289	0.519	100.0
200	364	0.549	94.4
250	423	0.591	87.8
300	411	0.729	71.1

2. 棉田的灌溉

棉花虽具有一定的抗旱能力，但欲使其生长发育良好而获得高产，必须及时满足各生育期所需水分。所以在干旱、半干旱地区，常需进行多次灌溉。在雨水虽多但分布不均的地区，干旱季节里也需进行灌溉。棉田灌溉可以分为播前储水灌溉和生育期灌溉。

棉花全生育期内的灌溉，应根据各生育期的需水特性和当时的雨水、土壤、棉花的长势长相等情况适时适量进行。

（1）各生育期对灌水的要求。萌发期：棉花种子发芽要吸收比本身约重一倍的水分。如果土壤干旱，即使播前浸种，播后种子内的水分也会被干燥土壤吸收，使开始萌动的种子丧失生活力而死亡。所以播种时，要求土壤耕层有较高的湿度。但此时期南方棉区雨水较多，北方棉区多进行了冬灌，一般不需进行灌溉。如未进行储灌而又遇上干旱，土壤水分不足，则应进行抗旱播种或催苗灌溉。

1）苗期：棉花苗期温度低，棉苗小，需水少。南方棉区苗期阴雨多，不需灌溉而应注意排水。北方棉区进行过储水灌溉的棉田，一般苗期不浇水。过去经验还认为，苗期应进行蹲苗，主要是通过控制水分，促进根系下扎，控制茎叶徒长，以提高抗旱能力，并为高产打好基础。

2）蕾期：棉花蕾期生长发育所需水量比苗期增多。北方棉区蕾期的前期往往干旱，后期进入雨季。南方棉区蕾期的前期多值梅雨季节，后期多雷阵雨，有时也会出现伏旱。当蕾期呈现旱象时要适当灌溉，但蕾期灌溉要与稳长增蕾的要求结合起来，慎重考虑。如果土壤肥沃，叶色浓绿，棉株生长旺盛或正常，即使天旱也不要灌或推迟灌水时间；若土壤肥力低，生长缓慢，主茎顶端由绿转红，中午叶片又有凋萎现象时，应及时灌溉。如果持续干旱，在浇头水后，还应根据缺墒情况继续浇第二水甚至第三水。蕾期浇水也必须掌握水量要小，一般 $20\sim30\,\mathrm{m}^3/$ 亩，宜采用隔沟浇的灌水方法。如遇雨季来临，要特别注意避免浇后遇雨。

3）花铃期：棉花花铃期时间长，气温高，植株生育旺盛，是一生中需水最多而又最敏感的时期。如果供水不足或不及时，就会造成花铃大量脱落，产量大大降低。在此时期，华北等地要碰上雨季，有时是涝后又旱，有时是旱涝交错；长江流域和华南棉区常有伏秋旱，往往需要进行多次灌溉。陕西关中地区"头水晚，二、三、四水接连赶"和"头水小，二、三、四水饱"的棉田灌水经验，也说明花铃期需要进行多次灌溉。所以花铃期是棉花一生中灌水的主要时期。群众在花铃期灌水方面，有很丰富的经验。一般认为在花铃期如有 10d 左右不下透雨，就要灌水抗旱。如果土壤质地不良，保水力差，则往往 $7\sim8\mathrm{d}$ 不下透雨就要灌溉。从棉株形态来说，当花铃期出现以下任何一种指标时，应立即灌水：①上部叶子（主要看上数第二、三叶）变小，叶色变深（暗绿，叶片失去光泽和向阳性，叶主脉不易折断，中午萎蔫；②生长缓慢，顶尖比上部果枝低；③主茎节间变短，顶端颜色变红；④开花部位上升，最上一朵花离顶端不到 6 节。

花铃期一般可采用逐沟灌，灌水定额 $40\,\mathrm{m}^3/$ 亩左右。但南方棉区如旱象早临，棉花尚未坐住桃时，宜开沟进行小水沟灌或隔沟灌，以防灌水过多，引起棉株徒长。

花铃期灌水，除要求适时适量外，还应注意宜在早晚灌，不宜在中午灌，以防止土温骤然降低，造成花铃大量脱落。由于花铃期灌水后，棉株迅速生长，容易出现脱肥、发生虫害和芽子增生等情况，所以灌水前要做好追肥、防虫和整枝等工作。灌后要及时中耕松土，破除板结，做好保墒工作。

4）吐絮期：这时棉株需水逐渐减少，但是吐絮初期如遇干旱，仍需适量灌溉，以防早衰，并使棉铃和棉纤维能正常发育成熟。北方棉区干旱年的灌水时间，可延续到 9 月中、下旬。南方棉区吐絮期也常需灌溉。但如灌水量太大，土壤水分过多，则会引起棉株贪青迟熟，增加烂铃。所以吐絮水要早浇巧灌，可采用快灌快排的方法，严格控制灌水量，避免田间积水。

（2）棉花适宜土壤湿度和灌水生理指标。棉田的适时适量灌溉，除根据天气干旱情况、土壤墒情变化和作物形态表现外，经常测定土壤含水量和棉株水分生理指标的变化，并用来指导灌水，比较科学可靠，能显著提高棉花产量。综合一些试验资料，棉花各生育期的适宜土壤湿度见表 7.4.4。

表 7.4.4   棉花各生育期适宜的土壤湿度

生 育 期	萌发期	苗期	蕾期	花铃期	吐絮期
土层深度/cm	0～20	0～40	0～60	0～80	0～80
适宜湿度（占田间持水率的百分比）	70～80	55～70	60～70	70～80	55～70

3. 棉田的排水

当棉田积有土壤潜层水，或地下水位过高，或地面积涝时，都会造成土壤水分过多，通气条件恶化，使根系吸收受阻，甚至腐烂死亡，棉花茎秆也会变得软弱，叶子发黄，抗病能力降低，有时造成棉苗死亡。在蕾期和花铃期水分过多时，还会引起植株徒长（水促）或生长停滞（水控），使蕾、花、铃脱落增多。吐絮期水分过多往往导致贪青晚熟。因此，为使棉花生育正常而获得高产，必须搞好棉田排水工作。

棉田排水主要应修建完善的排水系统，田间开挖好沟渠。一般田间应有厢沟、腰沟、围沟、主沟。沟的深浅大小间距等，要因地制宜，于播种前开好。雨前雨后勤清沟，做到雨停田干，及时排除明水和暗水。在地下水位高的平原棉区，应将地下水位降低至 1～1.5m 以下。在地形低洼，地面水难于排出的地区，应进行抽排。

在种植上采用垄作或深沟窄厢等方式，防涝除渍的效果也很显著。垄作是北方低洼易涝棉区用来解决田间排水，提高土温，改善土壤通气，促进棉株生育的有效措施。整地时在地面上培起高 15～25cm 的高垄，垄距 60cm，花种在垄上，垄沟的两端与毛渠相接，既便于排水，又可以用来灌溉。